Stephan Sommer

Taschenbuch automatisierte Montage- und Prüfsysteme

In der Praxisreihe Qualitätswissen, herausgegeben von Franz J. Brunner, sind bereits erschienen:

Franz J. Brunner, Karl W. Wagner,
unter Mitarbeit von Peter H. Osanna, Kurt Matyas, Peter Kuhlang
Taschenbuch Qualitätsmanagement
Leitfaden für Ingenieure und Techniker
3., vollständig neu bearbeitete Auflage
ISBN 978-3-446-22830-6

Kurt Matyas
Taschenbuch Instandhaltungslogistik
Qualität und Produktivität steigern
3., überarbeitete Auflage
ISBN 978-3-446-41192-0

Arno Meyna, Bernhard Pauli
Taschenbuch der Zuverlässigkeits- und Sicherheitstechnik
Quantitative Bewertungsverfahren
ISBN 978-3-446-21594-8

Wilhelm Kleppmann
Taschenbuch Versuchsplanung
5., überarbeitete Auflage
ISBN 978-3-446-41595-9

Johann Wappis, Berndt Jung
Taschenbuch Null-Fehler-Management
Umsetzung von Six Sigma
2., überarbeitete Auflage
ISBN 978-3-446-41373-3

Stephan Sommer

Taschenbuch automatisierte Montage- und Prüfsysteme

Qualitätstechniken zur fehlerfreien Produktion

Praxisreihe Qualitätswissen
Herausgegeben von Franz J. Brunner

HANSER

Der Autor:
Dr.-Ing. Dipl.-Wirtsch.-Ing. Stephan Sommer ist Leiter Qualitätsmanagement im Geschäftsbereich Entwicklung Maschinensysteme der Schaeffler KG in Herzogenaurach.

Bibliografische Information Der Deutschen Bibliothek:
Die Deutsche Bibliothek verzeichnet diese Publikation in der Deutschen Nationalbibliografie; detaillierte bibliografische Daten sind im Internet über <http://dnb.ddb.de> abrufbar.

ISBN 978-3-446-41466-2

www.hanser.de
Lektorat: Dipl.-Ing.Volker Herzberg
Herstellung: Der Buchmacher, Arthur Lenner, München
Coverconcept: Marc Müller-Bremer, Rebranding, München, Germany
Umschlaggestaltung: MCP • Susanne Kraus GbR, Holzkirchen
Druck und Bindung: Druckhaus »Thomas Müntzer« GmbH, Bad Langensalza
Printed in Germany

Vorwort

Das Qualitätsniveau von Lieferungen in der Automobilindustrie strebt eine Fehlerquote von „Null Fehlern“ an. Einen wesentlichen Beitrag dazu liefern automatisierte Montage- und Prüfsysteme (AMPS). Jedoch muss der große Investitionsaufwand in diese Systeme durch eine hohe Qualitätsleistung und Verfügbarkeit möglichst schnell kompensiert werden.

Zwei neuartige Absicherungs-Algorithmen führen eine bedarfs- und risikogerechte Kombination verschiedener Methoden der Fehlererkennung durch. Ergebnis sind fehlersichere AMPS, die auftretende Fehler selbstständig erkennen.

Durch den Einsatz dieser neuen Qualitätstechniken wird sowohl die Qualitätsleistung als auch die Verfügbarkeit von AMPS deutlich verbessert.

Das vorliegende Buch entstand während meiner Tätigkeit als Leiter der Abteilung Qualitätsmanagement im Zentralbereich Entwicklung Maschinensysteme der Schaeffler KG in Herzogenaurach.

Meinem akademischen Lehrer Herrn Prof. Dr.-Ing. habil. Gerhard Linß danke ich sehr herzlich für seine Anregung und für seine fachliche Unterstützung.

Meine Verbundenheit gilt dem Unternehmen Schaeffler KG. Stellvertretend möchte ich mich bei Herrn Dr.-Ing. Rainer Woska, Geschäftsleiter des Bereiches Einkauf und Produktionsverfahren, bei Herrn Dipl.-Ing. Walter Süß, Leiter Zentrale Qualitätssicherung der Schaeffler Gruppe, Herrn Dr.-Ing. Ralf Gottmann, Leiter der Produktlinie Radlager und bei Herrn Bernd Wollenick, Leiter des Bereiches Entwicklung Maschinensysteme in Herzogenaurach, für ihre wohlwollende Unterstützung bedanken.

Zum Schluss möchte ich allen danken, die zu diesem Buch beigetragen haben, insbesondere Herrn Prof. Dr. Brunner, für seine wertvollen fachlichen Beiträge, Herrn Dipl.-Ing. Volker Herzberg für die verlagstechnische Umsetzung und Herrn Dipl.-Ing. (FH) Matthias Gräfensteiner für die Verbesserung des Layouts.

Meiner gesamten Familie, insbesondere meiner Frau Sabine und meiner Tochter Sophia, danke ich von ganzem Herzen für die Unterstützung, den vermittelten Rückhalt und die sorgfältige Korrektur des Manuskriptes.

Allen Lesern bin ich dankbar für konstruktive Anregungen und Kritik. Ich wünsche Ihnen viel Erfolg bei der Verbesserung automatisierter Montage- und Prüfsysteme.

Herzogenaurach, im Februar 2008 Stephan Sommer

Geleitwort

Univ.-Prof. Dr.-Ing. habil. Gerhard Linß

Technische Universität Ilmenau

Institut für Präzisionstechnik und Automation

Qualitätsmanagement hat in den letzten Jahrzehnten in der modernen arbeitsteiligen und spezialisierten Produktion immer mehr an Bedeutung gewonnen. Für die Herstellung von Qualitätsprodukten sind beherrschte und stabile Fertigungsprozesse eine notwendige Voraussetzung. Insbesondere in der Automobilindustrie ist die Realisierung von „Null Fehlern" in der gesamten Lieferkette eine Voraussetzung für den nachhaltigen Erfolg des Unternehmens.

Diese Herausforderungen führten in den letzten Jahren zu verstärkten Investitionen in die Automatisierungstechnik bei der Montage und Prüfung von Serienprodukten. Dabei handelt es sich überwiegend um Sondermaschinen, die für eine spezielle Montage- und Prüfaufgabe konzipiert wurden. Die hohen Investitionen für die Automatisierung des letzten Wertschöpfungsschrittes müssen durch eine hohe Ausbringungsmenge bei gleichzeitig exzellenter Qualität schnell amortisiert werden.

Vor diesem Hintergrund werden im vorliegenden Buch theoretisch fundierte und in der Praxis sehr gut anwendbare Algorithmen entwickelt, die die konkurrierenden Ziele der Anlagenverfügbarkeit und der Qualitätsleistung auf „Null-Fehler-Niveau" gleichzeitig optimieren.

Das vorliegende Buch stellt ein sehr gutes Nachschlagewerk für die Entwicklung, Konstruktion, Bau und Betrieb von automatisierten Montage- und Prüfsystemen dar. Es sollte in dieser Branche auf keinem Schreibtisch und keiner Werkbank fehlen.

Ilmenau, im Februar 2008 — Univ.-Prof. Dr.-Ing. habil. Gerhard Linß

Inhaltsverzeichnis

1 Einleitung 1

1.1 Motivation 1

1.2 Anforderungen an automatisierte Montage- und Prüfsysteme 4

1.3 Handlungsbedarf zum Stand der Technik, das Dilemma der Messunsicherheit 4

1.4 Inhaltlicher Aufbau 7

2 Qualitätsmerkmale des Betriebsverhaltens automatisierter Montage- und Prüfsysteme (AMPS) 8

2.1 Qualitätsfähigkeit und Qualitätsleistung 9

2.1.1 Fähigkeit des Prüfprozesses und Prüfprozesseignung 11

2.1.2 Fähigkeit des Montageprozesses 16

2.1.3 Berücksichtigung der Messunsicherheit 21

2.1.4 Produktions-, Funktionstoleranzen und Risikobereiche 26

2.2 Verfügbarkeitsverhalten und Nutzungsgrad 31

2.2.1 Technische Zuverlässigkeit 35

2.2.1.1 Ausfall- und Versagensursache technischer Erzeugnisse 35

2.2.1.2 Ziele und Zuverlässigkeitsprüfung 37

2.2.1.3 Zuverlässigkeitsschaltbilder 37

2.2.1.4 Zuverlässigkeitsanalyse von Systemen 44

2.2.1.5 Ausfallartenanalyse 47

2.2.1.6 Ausfallratenanalyse 53

2.2.1.7 Systemzustandsanalyse 63

2.2.1.8 Untersuchung einer Montagelinie mit Bauteilzählmethode (Parts Count Method) 64

2.2.2 Instandhaltbarkeit 70

2.2.3 Organisatorische Ausfallzeiten 72

2.3 Leistungsmerkmale und Leistungsgrad 72

2.4 Total Productive Maintenance (TPM) und Gesamtanlageneffektivität 74

2.5 Zusammenfassung zur Systemfähigkeit 77

2.5.1 Ablauf der Ermittlung 77

2.5.2 Übersicht Systemfähigkeit (Tabelle 2-19) 78

3 Struktur und Fehlerpotenzial automatisierter Montage- und Prüfsysteme (AMPS) 80

3.1 Komponenten von AMPS 80

3.2 Strukturierung von AMPS in Funktionsbereiche 82

3.2.1 Messebene (Messkette) 82

3.2.2 Stationsebene 83

3.2.3 Prozessebene 85

3.2.4 Manuelle Eingriffs-Ebene (Rüst- und Instandhaltungsebene) 86

3.2.5 Schnittstellenabgrenzung und Strukturmatrix 86

3.3 Analyse des Fehlerpotenzials von AMPS 88

3.4 Zusammenfassung der Fehlermöglichkeiten zu finalen Fehlern in den Funktionsbereichen 89

4 Methoden der Fehlererkennung zur Steigerung der Qualitätsleistung von automatisierten Montage- und Prüfsystemen 92

4.1 Überblick und Definition 92

4.2 Redundanzkonzepte 94

4.2.1 Hardwareredundanz 95

4.2.2 Analytische Redundanz 102

4.2.2.1 Wiederholmessungen in der Messstation 102

4.2.2.2 Parallele baugleiche Messstationen 104

4.2.2.3 Aktoren als Messsysteme 108

4.3 Selbsttests zur Fehlererkennung 112

4.3.1 Selbsttests zur Fehlererkennung in der Messkette 112

4.3.2 Selbsttests zur Fehlererkennung an Motor, Getriebe und Lager 116

4.4 Plausibilitätskriterien 118

4.4.1 Kalibrierwertregelkarte 118

4.4.2 Normale 119

4.4.3 Handhabung von Schlechtteilen 122

4.4.4 Teilerückverfolgbarkeit 126

4.4.5 Zwischenkastenprinzip 129

4.4.6 Bewegungs- und Zeitüberwachung 129

4.4.7 Messbereichsüberwachung beim Kalibrieren 130

4.4.8 Bewegungsüberwachung in der Messkette 131

4.4.9 Mehrmalige Schlechtbewertung in Folge 131

4.4.10 Rüstvorgänge 132

4.4.11 Poka Yoke Maßnahmen 133

5 Absicherungs-Algorithmen zur Steigerung der Qualitätsleistung 134

5.1 Standard-Absicherungs-Algorithmus (S-Ab-Al) 134

5.2 Erweiterter-Absicherungs-Algorithmus (E-Ab-Al) 135

6 Steigerung der Verfügbarkeit von AMPS 141

6.1 Verfügbarkeitsgewinn durch fehlersichere Montage- und Prüfkomponenten 141

6.2 Verfügbarkeitsverlust durch das Ausfallverhalten zusätzlicher Komponenten 144

7 Steigerung der Qualitätsleistung und Verfügbarkeit am Beispiel Nockenwellenversteller 147

7.1 Systembeschreibung und Aufgabenstellung 147

7.2 Standard-Absicherungs-Algorithmus 149

7.3 Erweiterter-Absicherungs-Algorithmus 150

7.4 Vorläufige Systemfähigkeit 155

7.5 Erwarteter Verfügbarkeitsgewinn 156

7.6 Probelauf 157

7.7 Gesamtanlageneffektivität 160

7.8 Zusammenfassung zur Systemfähigkeit (Tabelle 7-18) 164

8 Zusammenfassung und Ausblick 167

9 Literaturverzeichnis 170

10 Abbildungs-, Tabellen- und Abkürzungsverzeichnis 179

11 Anhang 190

Stichwortverzeichnis 224

1 Einleitung

1.1 Motivation

Der Produktionsstandort Deutschland ist in den letzten zehn Jahren aufgrund seiner hohen Lohn- und Lohnnebenkosten Gegenstand permanenter Diskussionen [Milberg 1994; Ernst & Young 2004]. Während noch vor 10 Jahren die Steigerung der Wettbewerbsfähigkeit durch die Verlagerung von personalintensiven Montagearbeiten in benachbarte Niedriglohnländer unter Einbeziehung betriebswirtschaftlich-strategischer und sozialpolitischer Gesichtspunkte angezweifelt wurde [Lotter 1995], ist heute der Beweis der effizienten Produktion in diesen Ländern längst erbracht. Die damals angeführten Nachteile der geringen Qualität sowie der fehlende Informationsaustausch zwischen Produktion und Entwicklung sind heute weitgehend kompensiert. Die negativen Auswirkungen auf die Beschäftigungsstruktur und damit auf die sozialpolitische Entwicklung im Inland sind jedoch geblieben. Die Tendenz zur Verlagerung der Produktion in Niedriglohnländer wird auch in Zukunft anhalten[1], obwohl es durchaus Perspektiven für den Standort Deutschland gibt [McKinsey 2005]. Diese Perspektiven ergeben sich aus folgender Argumentationskette:

Das Qualitätsniveau von Lieferungen in der Automobilindustrie strebt eine Fehlerquote von 0 parts per million (ppm) an. Während im Jahr 1997 eine Fehlerquote von durchschnittlich 30 ppm Stand der Technik war, wird heute eine Fehlerquote[2] von weniger als 10 ppm im gesamten Produktportfolio eines Serienherstellers realisiert. Einen wesentlichen Beitrag zu dieser Verbesserung liefert die stetige Automatisierung von Montage- und Prüfprozessen. Die hohen Investitionen in die Produktionstechnologie des letzten Wertschöpfungsschrittes führt zu Ausbringungsmengen auf höchstem Qualitätsniveau bei gleichzeitig minimalem Personaleinsatz. Mit diesen automatisierten Montage- und Prüfsystemen (AMPS) können die Standortnachteile kompensiert und gleichzeitig die Standortvorteile der hochqualifizierten Arbeitskräfte besser genutzt werden.

Diese Entwicklung führte in den letzten Jahren bei den deutschen Herstellern von Automatisierungssystemen zu einem Expansionsschub (Abbildung 1-1). Der Um-

[1] Durch die Integration weiterer osteuropäischer Länder in die Europäische Gemeinschaft zum 01. Mai 2004 wurden die politischen und wirtschaftlichen Bedingungen des Warenaustausches weiter stabilisiert [Ernst & Young 2004].

[2] Hersteller, die höhere (durchschnittliche) Fehlerquoten im Produktportfolio aufweisen, haben hohe Haftungsrisiken. Neben dem obligatorischen Ersatz des mangelhaften Produktes wird häufig die gesamte Lieferung zurückgewiesen. Führt das nicht spezifikationskonforme Produkt zu Schäden, ist außerdem der sogenannte Mangelfolgeschaden zu ersetzen. Die verschuldensunabhängige Haftung aus dem Produkthaftungsgesetz hat diese Haftungsrisiken für den Hersteller zusätzlich verschärft.

satz in dieser Branche wird für 2005 auf 7,2 Mrd. Euro geschätzt. Davon entfallen ca. 1 Mrd. Euro auf die industrielle Bildverarbeitung, 4,3 Mrd. Euro auf Montage- und Handhabungstechnik sowie 1,9 Mrd. Euro auf die Hersteller von Robotik.

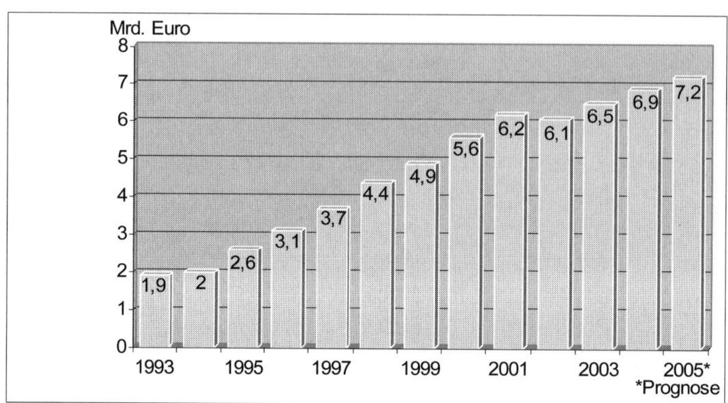

Abb. 1-1: Umsatzentwicklung in der deutschen Automatisierungsbranche [VDI-Z 2004, S. 15; VDI 2005, S. 31]

Bei den Montage- und Prüfsystemen handelt es sich um typengebundene Spezialsysteme mit hohem Automatisierungsgrad, die für einen speziellen Zweck konstruiert und gebaut wurden. Der Automatisierungsgrad gibt an, „...wie hoch der Anteil der automatisierten Operationen an der Gesamtzahl innerhalb eines abgegrenzten Montagesystems ist“ [Spur 1986, S. 594]. In Tabelle 1-1 werden verschiedene Grade der Automatisierung dargestellt. Es handelt sich um einen manuellen Prozess, wenn sämtliche Tätigkeiten durch den Menschen ausgeführt werden. Im Gegensatz dazu handelt es sich um einen vollautomatischen Prozess, wenn sich die Tätigkeit des Menschen auf die Störungsbehebung beschränkt.

Ein Beispiel für ein automatisiertes Montage- und Prüfsystem (AMPS) ist in Abbildung 1-2 dargestellt. AMPS arbeiten in der Regel 18 Schichten pro Woche mit hohen Ausbringungsmengen bei minimalem Personaleinsatz. Beim Personal handelt es sich um hochqualifizierte Mitarbeiter, die sowohl über das mechanische und elektrische Know-how als auch über Basiswissen zur Fehlerdiagnose bei der Software zur Maschinensteuerung verfügen. Ihre Hauptaufgaben liegen in der Sicherstellung einer reibungslosen Produktion, der frühzeitigen Fehlererkennung sowie der Fehlerdiagnose. Diese Maschinen-Manager müssen sich auf die fehlerfreie Produktion der Werkstücke bzw. auf die zuverlässige Erkennung und Ausschleusung fehlerhafter Teile verlassen können. Eine manuelle Plausibilitätsprüfung der Produktionsergebnisse ist nur sehr eingeschränkt möglich.

Tab. 1-1: Grad der Automatisierung [Spur 1986, S. 594 f]

Aufgabenbereiche	Grad der Automatisierung bei Montage- und Prüfprozessen			
	manuell	mechanisiert	halbautomatisch	vollautomatisch
Zuführung der Energie	Mensch	Antrieb	Antrieb	Antrieb
Zuführung der Werkstücke	Mensch	Mensch	Mensch	Maschine
Zuführung der Werkzeuge	Mensch	Mensch	Mensch	Maschine
Steuern des Prozesses	Mensch	Mensch	Steuerung	Steuerung
Überwachen	Mensch	Mensch	Messsysteme	Messsysteme
Störungsbehebung	Mensch	Mensch	Mensch	Mensch

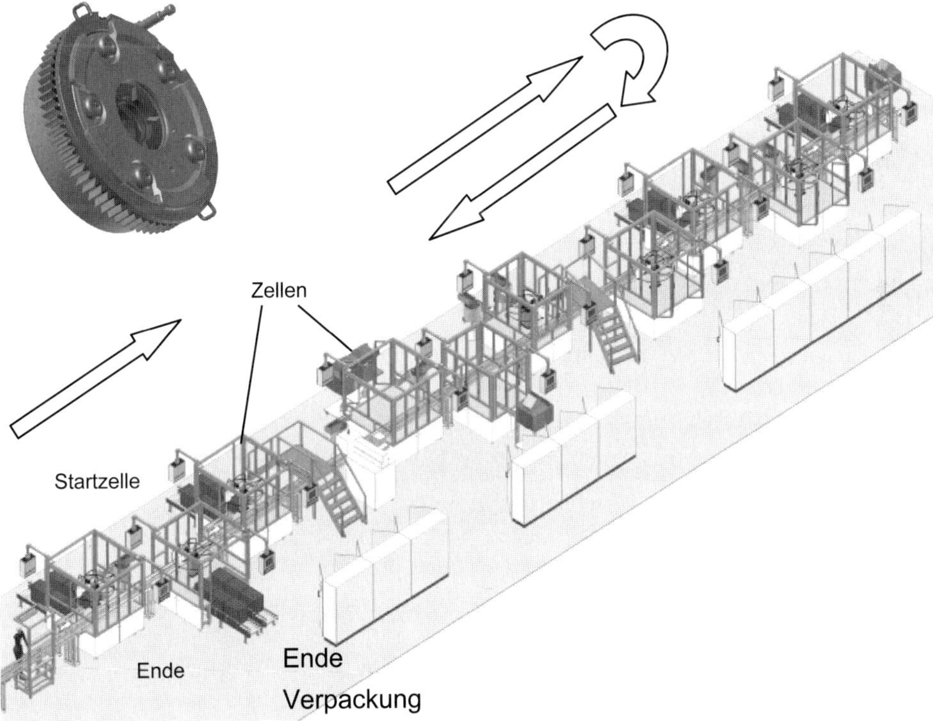

Abb. 1-2: Automatisiertes Montage- und Prüfsystem (AMPS) für Nockenwellenverstellsysteme (oben links)

1.2 Anforderungen an automatisierte Montage- und Prüfsysteme

Um die Erfolgskombination Hochautomation mit hochqualifizierten Arbeitskräften am Standort Deutschland betriebswirtschaftlich effizient umzusetzen, müssen die AMPS immer höhere Anforderungen erfüllen. So erfordert die (Montage-) Produktdifferenzierung eine hohe Variantenflexibilität der AMPS [Reinhard, 1997, S. 185]. Gleichzeitig muss der hohe Investitionsaufwand durch eine hohe Verfügbarkeit sowie durch einen hohen qualitativen und quantitativen Output (Qualitätsleistung, Leistungsgrad) bei niedrigem Betreuungsaufwand (Wartbarkeit) möglichst schnell kompensiert werden (Amortisationszeit).

Neben diesen Anforderungen hat sich in jüngster Zeit ein weiteres Qualitätsmerkmal, die Fehlersicherheit von AMPS, herausgebildet. Während die Überwachung von Montagevorgängen Stand der Technik ist [Spur 1986], stellt sich bei automatisierten Prozessen die Frage: Wer überwacht die Wächter? Um diesen neuen Anforderungen gerecht zu werden, bedarf es der Einführung zusätzlicher Überwachungsalgorithmen. Die systematische Strukturierung, Planung und Umsetzung dieser Überwachungsalgorithmen liefert einen entscheidenden Beitrag zur Steigerung der Qualitätsleistung und Verfügbarkeit automatisierter Montage- und Prüfsysteme. Gegenstand der zusätzlichen Überwachung sind die Prüfprozesse in AMPS. Diese automatisierte Fertigungsmesstechnik unterscheidet sich von der Labormesstechnik in ihrer Überwachbarkeit. Während der Bediener in der Labormesstechnik das Messergebnis einer Plausibilitätsprüfung unterziehen kann und die abschließende Bewertung durchführt, kann die automatisierte Produktion diesen „gesunden Menschenverstand“ nicht abbilden. Deshalb müssen zusätzliche Verfahren und Methoden eingesetzt werden, um alle möglichen Fehlerquellen auszuschließen.

1.3 Handlungsbedarf zum Stand der Technik, das Dilemma der Messunsicherheit

Das Dilemma der Messunsicherheit besteht darin, dass sie nur nachträglich (ex post) durch zusätzlichen analytischen Aufwand ermittelt werden kann. Die Messunsicherheit eines aktuell ermittelten Messwertes bleibt zunächst unbekannt. Gängige Praxis in der Fertigungsmesstechnik ist deshalb die (einmalige) Ermittlung der Messunsicherheit eines Messsystems zu einem bestimmten Zeitpunkt unter bekannten und stabilen Bedingungen. Während des Einsatzes eines auf diese Weise qualifizierten Messsystems, sorgt der Bediener für die Erfüllung der stabilen Bedingungen, wie z.B. Temperatur und Sauberkeit, und beobachtet mit Sachverstand den Ablauf der Messung. Den ermittelten Messwert prüft der Bediener auf Plausibilität. Den Messablauf bewertet er hinsichtlich seiner Störungsfreiheit und zieht zusätzliche Hilfsgrößen, wie z.B. die Temperatur, zur qualitativen Bewertung hinzu. Diese Erkenntnisse, gepaart mit der in der Vergangenheit ermittelten Messunsicherheit, erlauben es, ein vollständiges Messergebnis an zugeben. Dieses entspricht dem aus der Messung ermittelten Messwert und der dieser Messung nachträglich zugeordneten Messunsicherheit.

Messergebnis = Messwert +/- Messunsicherheit

Bestehen Zweifel an dem Messergebnis, so wird der Bediener Maßnahmen zur Überprüfung einleiten. Dies sind zunächst die Kalibrierung des Messgerätes und eine Wiederholmessung oder Vergleichsmessungen mit anderen Messgeräten oder Messungen durch andere Messlaboratorien (Ringversuche). Auf diese Weise ist die Ermittlung eines richtigen und sicheren Messergebnisses gewährleistet.

In der automatisierten Montage- und Prüftechnik sind die erwähnten Maßnahmen aus Zeitgründen nicht bei jedem Messergebnis durchführbar. Die einmal ermittelte Messunsicherheit wird zwar durch periodische Überwachung überprüft, zwischen den Überwachungen wird jedoch von der Zuverlässigkeit des AMPS und damit von der Gültigkeit der in der Vergangenheit ermittelten Messunsicherheit ausgegangen. Wie fehlerhaft diese Annahme sein kann, zeigt ein Vergleich der Einflussfaktoren der automatisierten Fertigungsmesstechnik (FMT) mit den Einflussgrößen der bedienergeführten Koordinatenmesstechnik, die in diesem Beispiel stellvertretend für die Labormesstechnik (LMT) stehen soll (Abbildung 1-3).

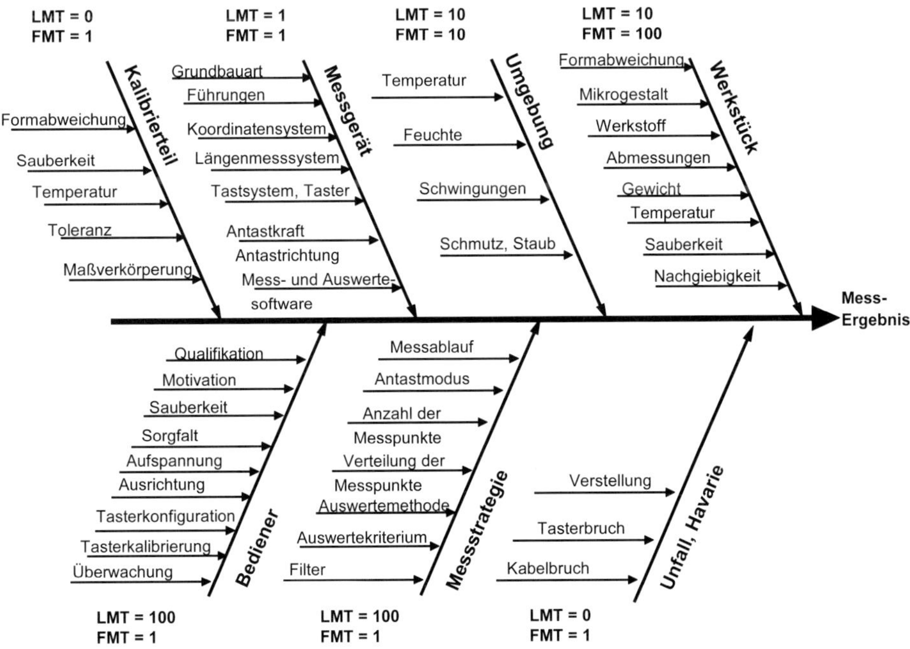

Abb. 1-3: Einflussgrößen auf das Messergebnis in der Labormesstechnik [Weckenmann 1999] und automatisierten Fertigungsmesstechnik [Herz 2004]

Während in der Labormesstechnik der Bediener und die gewählte Messstrategie das Messergebnis dominieren [Weckenmann 1999, S. 195], spielen diese Faktoren bei AMPS eine untergeordnete Rolle, da sie den Abnahmeprozess bereits erfolgreich durchlaufen haben. Bei AMPS wird das Messergebnis durch die objektbedingte (Werkstück) Unsicherheiten, die Zuverlässigkeit des Messsystems sowie durch die Umgebungsbedingungen bestimmt [Herz 2004]. Bei automatisierten Prüfprozessen können sich die Werkstückeigenschaften, wie z.B. geometrische Eigenschaften, Grate oder Verschmutzung, der VDMA bezeichnet das als „Teilehygiene" [VDMA 1996, S. 137], von Messung zu Messung verändern. Auch sind die Umgebungsbedingungen i. d. R. weit weniger stabil als im Messlabor.

Diese Einflüsse führen dazu, dass die Messunsicherheit eines AMPS größeren Schwankungen unterliegen kann. Diesen Herausforderungen begegnet man heute mit dem Einsatz robuster Messsysteme, mit der systematischen und periodischen Überwachung und Kalibrierung sowie mit dem Materialflussprinzip „Zwischenkasten". Beim Zwischenkasten-Prinzip wird ein gefertigtes Los erst dann zur Lieferung freigegeben, wenn die nachträgliche Überwachung des AMPS die fehlerfreie Funktion seit der letzten Überwachung vermuten lässt.

Bei dieser Vorgehensweise ergibt sich jedoch ein Zielkonflikt zwischen der qualitativen Leistungsfähigkeit (Qualitätsleistung) und Verfügbarkeit eines AMPS. Aus qualitativer Sicht ist eine möglichst häufige Überprüfung des AMPS wünschenswert, um die Unsicherheit zwischen den Überprüfungen und die Größe des Zwischenkastens möglichst klein zu halten. Aus verfügbarkeitstechnischer Sicht ist dagegen eine möglichst seltene Überprüfung wünschenswert, da die Produktion zur Überprüfung gestoppt werden muss. Besonders dann, wenn in AMPS mehrere zu überprüfende Systeme integriert sind, vergrößert sich der Zeitverlust durch die notwendige Produktionsunterbrechung spürbar.

Zielkonflikt zwischen:

Qualitativer Absicherung des Lieferloses

und

Verfügbarkeit des automatisierten Montage- und Prüfsystems (AMPS)

Eine Lösungsmöglichkeit dieses Zielkonfliktes besteht in der Verwendung **„fehlersicherer Montage- und Prüfsysteme"**. Diese Systeme zeichnen sich dadurch aus, dass sie ihre Funktionsfähigkeit automatisch überwachen und dadurch die Häufigkeit der manuellen Überwachung reduziert werden kann. Die automatische Überwachung erfolgt idealer Weise vor jedem Montage- oder Messvorgang oder spätestens nach einer definierten kurzen Periode. Zusätzlich sind diese Systeme optimiert, fehlerhafte Teile sicher auszuschleusen. Das Ergebnis dieser Vorgehensweise sind AMPS, die sich durch eine hohe Qualitätsleistung (geringe Anzahl von Fehlerteilen) sowie durch eine verbesserte Verfügbarkeit und damit durch ein besseres Leistungsniveau als herkömmliche AMPS auszeichnen.

1.4 Inhaltlicher Aufbau

Aus dem Handlungsbedarf ergeben sich mehrere Arbeitsschwerpunkte, die die Gliederung dieses Buches bestimmen. Nachdem der Stand der Technik zur Bewertung von AMPS zusammengefasst wurde, erfolgt die Analyse des Fehlerpotenzials. Dazu werden die AMPS in 4 Komponenten gegliedert.

Tab. 1-2: Komponenten von AMPS

Automatisierte Montage- und Prüfsysteme (AMPS)			
Messkette	Montage- oder Messstation	Prozesskomponente	Rüstkomponenten

Im Hauptteil des Taschenbuches werden Methoden der Fehlererkennung vorgestellt, die sich zur Steigerung der Qualitätsleistung eignen. Jeder Methode wird eine Fehler-Entdeckungswahrscheinlichkeit zugeordnet. Hieraus leitet sich die Art und Anzahl der grundsätzlichen Absicherungsmaßnahmen ab, die in allen AMPS vorhanden sein müssen. Aus Qualitätssicht wäre es wünschenswert, möglichst viele Methoden der Fehlererkennung zu installieren. Dies würde aber die Kosten für AMPS erhöhen und damit die Wettbewerbsfähigkeit des herzustellenden Produktes belasten. Deshalb stellt sich die Frage nach einer

- Standardausstattung (Standard-Absicherungs-Algorithmus, S-Ab-Al) und
- einer Einzelfall bezogenen produkt- und prozessoptimierten Ausstattung (Erweiterter-Absicherungs-Algorithmus, E-Ab-Al) von AMPS.

Zur Lösung dieser Fragestellung wird ein Planungswerkzeug vorgestellt, mit dem die Methoden der Fehlererkennung bedarfsgerecht zu Algorithmen kombiniert werden können.

Im zweiten Teil des Taschenbuches wird der Beitrag der beiden Absicherungs-Algorithmen auf die Steigerung der Verfügbarkeit beschrieben. Besonders die Reduktion der manuellen Überwachungstätigkeit liefert hier das Verbesserungspotenzial.

Die entwickelten Algorithmen werden im dritten Teil des Taschenbuches am Beispiel der Serienproduktion von Motorenelementen für Verbrennungsmotore erprobt.

Ziel des Taschenbuches ist es, einen Beitrag zur Optimierung der automatisierten Serienproduktion im Bereich der Montage- und Prüftechnik zu liefern.

2 Qualitätsmerkmale des Betriebsverhaltens automatisierter Montage- und Prüfsysteme (AMPS)

Das Betriebsverhalten automatisierter Montage- und Prüfsysteme (AMPS) lässt sich durch Leistungsmerkmale, durch das Verfügbarkeitsverhalten (bzw. Nutzungsgrad) sowie durch die Qualitätsfähigkeit beschreiben [Spur 1986].

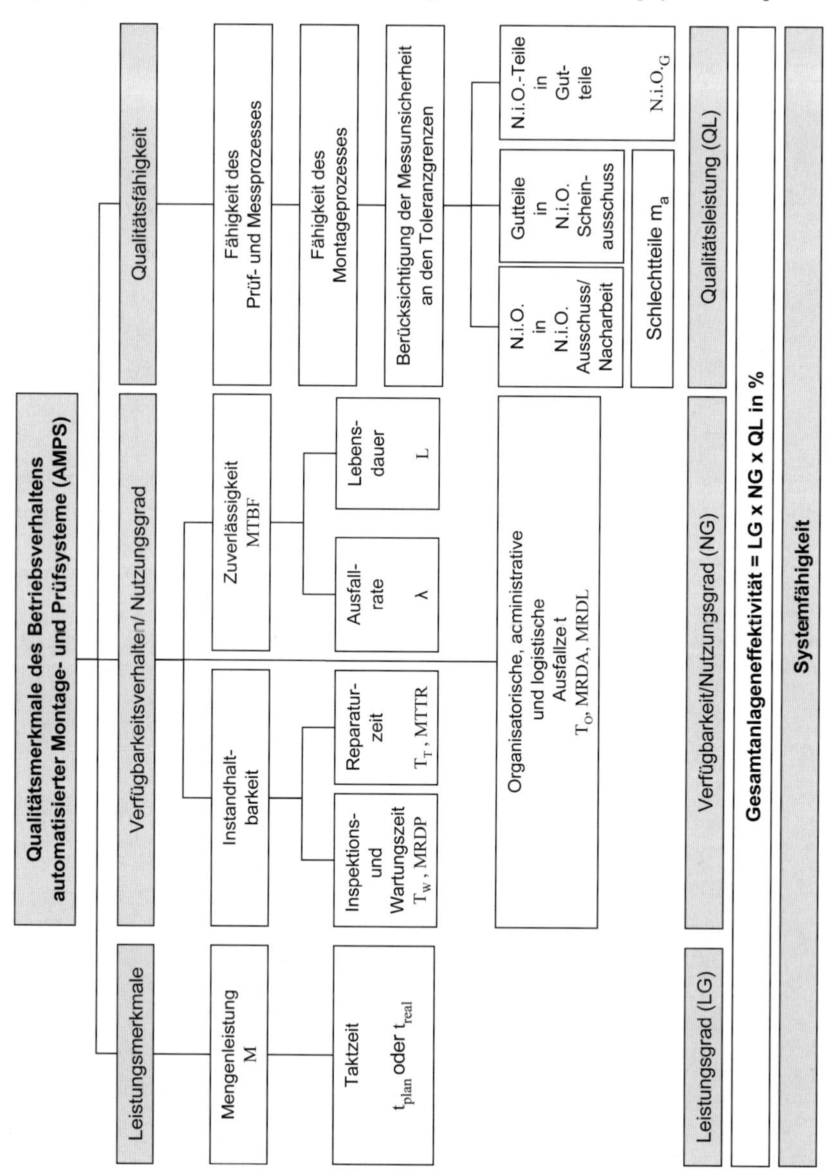

Abb. 2-1 Qualitätsmerkmale des Betriebsverhaltens von AMPS

Die Kennzahlen werden in der Systemfähigkeit zusammengefasst [VDMA 1996]. Die Gesamtanlageneffektivität ($G.A.E$) wird aus den Größen Leistungsgrad (LG), Verfügbarkeit (V) bzw. Nutzungsgrad (NG) und Qualitätsleistung (QL) berechnet [Nakajima 1988 und 1995]. Die Hierarchie das Kennzahlensystems zeigt Abbildung 2-1.

2.1 Qualitätsfähigkeit und Qualitätsleistung

Definition:

> Die Qualitätsleistung (QL) ist ein Maß für die Fähigkeit eines AMPS, Produkte innerhalb vorgeschriebener Spezifikationsgrenzen zu montieren und zu prüfen [VDMA 1996].

Nach dem Stand der Technik wird die Qualitätsleistung als der Anteil fehlerfreier Produkte (Gutteile, $m\text{-}m_a$) an der Gesamtmenge produzierter Produkte (m) berechnet [VDMA 1996]. Die produzierte Schlechtteilmenge (m_a) setzt sich aus der Menge von Ausschuss und Nacharbeit, aus der zunächst unbekannten Menge der Gutteile, die fälschlicherweise als Schlechtteile aussortiert wurden (Scheinausschuss) sowie aus der Menge der Schlechtteile, die fälschlicherweise in die Menge der Gutteile sortiert wurden ($N.i.O._G$), zusammen.

$$QL = \frac{m\text{-}m_a}{m} \cdot 100\,\% \qquad (2.1)$$

Bei dieser Vorgehensweise nach dem Stand der Technik ergibt sich folgendes Verbesserungspotenzial:

1. Die Berechnung der Qualitätsleistung schließt in der Gesamtmenge der Schlechtteile auch jene Schlechtteile ein, die in die Menge der Gutteile sortiert und folglich an den Kunden verkauft wurden. Dieses große Risiko der Reklamation und eventuell folgender Rückrufaktionen wird durch die Kennzahl (QL) nicht ausreichend abgebildet. Nach bisheriger Rechnung wäre es möglich, eine scheinbar zufriedenstellende Qualitätsleistung zu realisieren und trotzdem Schlechtteile an den Kunden zu liefern.
2. Die Kennzahlen berücksichtigen eine Gesamtanlagensicht. Dies ist nur teilweise befriedigend, da nicht zwischen maschinenbedingten und nicht maschinenbedingten Ursachen unterschieden werden kann. Insbesondere in der Montagetechnik treten häufig unnötige Unterbrechungen wegen mangelnder Einzelteilequalität oder mangelnder Teilehygiene, z.B. Verschmutzung der Einzelteile, auf. Die bisherige Betrachtungsweise erschwert die Ursachenanalyse, da durch zusätzliche Untersuchungen die wahren Gründe für Störungen und Unterbrechungen ermittelt werden müssen.

Für die weitere Vorgehensweise wird deshalb die erweiterte Definition der Qualitätsleistung sowie die Unterscheidung zwischen maschinenbedingter Qualitätsleistung und Gesamtqualitätsleistung vorgeschlagen. Dadurch wird gewährleistet, dass bereits ein Schlechtteil in der Menge der Gutteile die Qualitätsleistung auf Null sinken lässt und Störungsursachen besser zugeordnet werden können (Tabelle 2-1).

Die Unterscheidung zwischen maschinenbedingter Qualitätsleistung und Gesamtqualitätsleistung erfordert eine leicht veränderte Berechnung sowie eine neue Definition des produzierten Mengengerüstes.

Tab. 2-1: Neue Berechung der Qualitätsleistung (QL) und Mengengerüst

maschinenbedingte Qualitätsleistung QL_{mb}	Gesamtqualitätsleistung QL
$QL_{mb} = \begin{cases} \frac{m - m_{amb}}{m} \cdot 100\% & \text{für } N.i.O._{Gmb} = 0 \\ 0 & \text{für } N.i.O._{Gmb} > 0 \end{cases}$	$QL = \begin{cases} \frac{m - m_{a}}{m} \cdot 100\% & \text{für } N.i.O._{G} = 0 \\ 0 & \text{für } N.i.O._{G} > 0 \end{cases}$

Mengengerüst der Qualitätsleistung

$m = m_{gut} + m_a$	m Anzahl produzierter Teile m_{gut} Anzahl Gutteile
$m_a = m_{amb} + m_{anmb}$	m_a Anzahl Schlechtteile
m_{amb} Anzahl maschinenbedingter, d. h. durch das AMPS verursachte Schlechtteile.	
$m_{amb} = AA_{mb} + NA_{mb} + SA_{mb}$	AA_{mb} Arbeitsausschuss maschinenbedingt NA_{mb} Nacharbeit maschinenbedingt SA_{mb} Scheinausschuss maschinenbedingt
m_{anmb} Anzahl nicht maschinenbedingter, d. h. durch andere Störgrößen (z.B. Teileverschmutzung) verursachte Schlechtteile.	
$m_{anmb} = AA_{nmb} + NA_{nmb} + SA_{nmb}$	AA_{nmb} Arbeitsausschuss nicht maschinenbedingt NA_{nmb} Nacharbeit nicht maschinenbedingt SA_{nmb} Scheinausschuss nicht maschinenbedingt
$N.i.O._G$ Anzahl Schlechtteile in Gutteile	
$N.i.O._G = N.i.O._{Gmb} + N.i.O._{Gnmb}$	$N.i.O._{Gmb}$ Anzahl Schlechteile in Gutteile maschinenbedingt $N.i.O._{Gnmb}$ Anzahl Schlechtteile in Gutteile nicht maschinenbedingt

Die Qualitätsleistung wird durch die Fähigkeit des Prüf- und Montageprozesses sowie durch Berücksichtigung der Messunsicherheit an den Toleranzgrenzen beeinflusst (Abbildung 2-1).

2.1.1 Fähigkeit des Prüfprozesses und Prüfprozesseignung

Voraussetzung für die Bewertung von Qualitätsmerkmalen in Montageprozessen ist ein fehlerfreier Prüfprozess.

	Definition	Beschreibung
Auflösung	Die **absolute Auflösung**, auch als Ansprechschwelle (Discriminator) bezeichnet, ist der kleinste Wert der Änderung des zu messenden Merkmals, die das Messsystem noch eindeutig erfassen kann. Die **relative Auflösung** stellt den Zusammenhang zwischen absoluter Auflösung und der Toleranz des zu messenden Merkmals her.	$\text{Relative Auflösung} = \frac{\text{absolute Auflösung}}{\text{Toleranz des zu messenden Merkmals}} \cdot 100\%$
Genauigkeit	Unter **Genauigkeit** wird die Abweichung zwischen dem Mittelwert der Anzeige des Messsystems unter Wiederholbedingungen und dem wahren Wert des Merkmals verstanden. Die Genauigkeit entspricht weitgehend der systematischen Messabweichung.	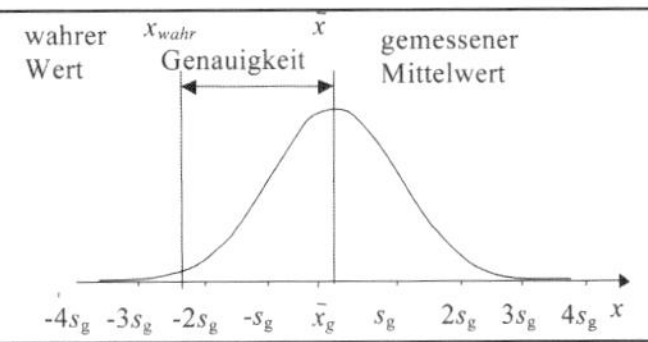
Wiederhol-präzision	Die **Wiederholpräzision** (Repeatability), auch als Standardunsicherheit oder früher als Wiederholbarkeit bezeichnet, ist die empirische Standardabweichung (experimental standard deviation) s_g der Messwerte unter Wiederholbedingungen. Sie repräsentiert die zufälligen Messabweichungen und ist ein Maß für die Streuung des Messsystems.	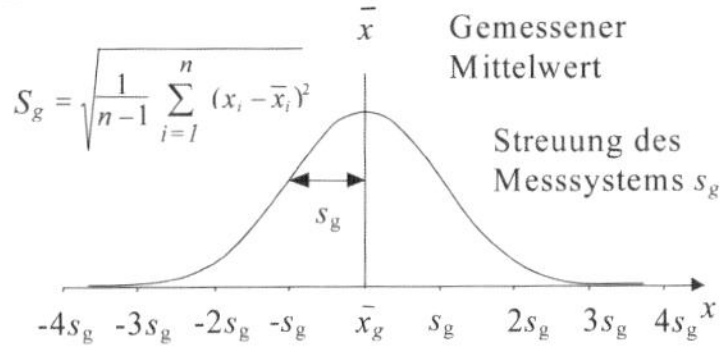
Vergleichs-präzision	Die **Vergleichspräzision** (Reproducibility) oder früher auch als Nachvollziehbarkeit oder Vergleichbarkeit bezeichnet, ist die Spannweite der Mittelwerte der Messreihen eines identischen Merkmals, jedoch von verschiedenen Prüfern, an verschiedenen Standorten oder mit verschiedenen Messsystemen ermittelt.	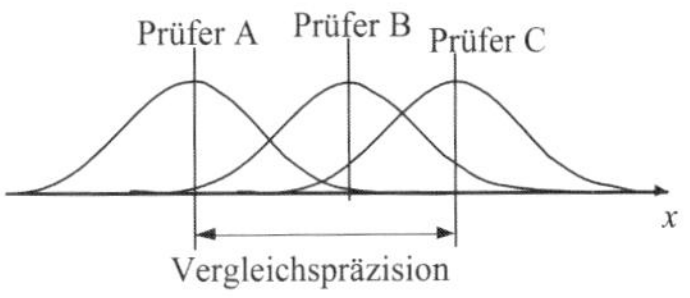
Stabilität	Die **Stabilität** (Stability), auch als Drift bezeichnet, ist die Spannweite der Mittelwerte der Messreihen eines identischen Merkmals derselben Einheit mit demselben Messsystem und durch denselben Prüfer, jedoch über einen ausgedehnten Zeitraum ermittelt. Die Stabilität ist die Wiederholpräzision über die Zeit.	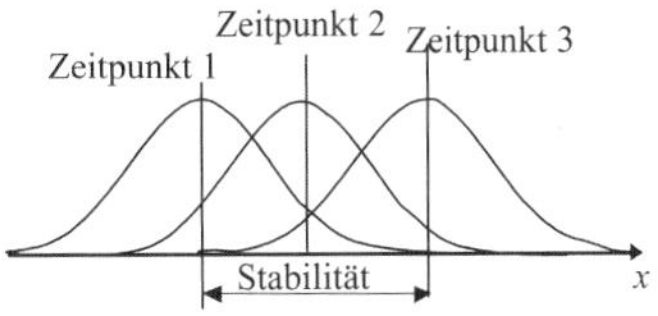
Linearität	Die **Linearität** (Linearity) ist ein Maß der Konstanz der systematischen Messabweichungen über den Messbereich. Die Linearität ist die Genauigkeit über den Messbereich.	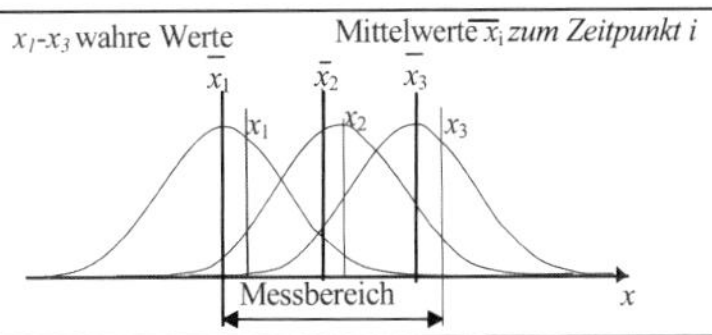

Abb. 2-2: Kenngrößen der Prüfprozesseignung [MSA 2002; DIN 1319-1 bis 4 1995; Dietrich 1998a; Linß 2005]

Diese Forderung muss aber insoweit relativiert werden, als dass Prüfprozesse niemals völlig fehler- bzw. abweichungsfrei ablaufen können, da stets eine Vielzahl von Einflüssen wirken, die das Messergebnis zufällig oder systematisch verfälschen. Vor diesem Hintergrund sind in der Vergangenheit eine Vielzahl von Normen und Richtlinien entstanden, die die Vorgehensweise bei der Bestimmung der Messabweichung festlegen. Die Kenngrößen der Prüfprozesseignung sind in Abbildung 2-2 zusammengefasst. Zu unterscheiden ist die Vorgehensweise im gesetzlichen Messwesen und in der industriellen Praxis. Obwohl die Intention beider Entwicklungsrichtungen die Vergleichbarkeit der Messergebnisse bei der Beurteilung der Übereinstimmung mit Sollvorgaben ist, haben sich unterschiedliche mathematische Modelle zur Berechnung entwickelt. Repräsentativ für industriellen Verfahren sind die QS 9000/MSA [MSA 2002] und der VDA Band 5 [VDA 5 2003] sowie im gesetzlichen Messwesen der „Guide to the expression of uncertainty in measurement (GUM)“ [DIN V ENV 13005 1999]. In Tabelle 2-2 sind die genannten Verfahren gegenübergestellt.

Tab. 2-2: Stand der Technik bei der Prüfprozesseignung [Linß 2005b]

	bestehende Verfahren sowie QS 9000/MSA	**VDA 5**	**GUM**
Auflösung	Auflösung (%) ≤ 5% der Toleranz	1. Auflösung(%) ≤ 5% und 2. $u_{\mathrm{Aufl}} = 0{,}5\,(0{,}6 \cdot \mathrm{Auflösung})$ u_{Aufl} - Unsicherheit der Auflösung	$u_{\mathrm{Aufl}} = \dfrac{\delta x}{\sqrt{12}}$ mit δx -Auflösung
Kalibrierunsicherheit	nicht berücksichtigt	$u_{\mathrm{kal}} = \dfrac{U_{\mathrm{kal}}}{k_{\mathrm{kal}}}$ U_{kal} - erweiterte Kalibrierunsicherheit	$u_{\mathrm{kal}} = \dfrac{U_{\mathrm{kal}}}{k_{\mathrm{kal}}}$ k_{kal} - Kalibriererweiterungsfaktor
Wiederholpräzision (ohne Bedienereinfluss)	$C_{\mathrm{g}} = \dfrac{0{,}2 \cdot T}{6 s_{\mathrm{g}}}$ oder $C_{\mathrm{g}} = \dfrac{0{,}15 \cdot s_{\mathrm{p}}}{6 s_{\mathrm{g}}}$ (99,73 % Vertrauensniveau) s_{p} - Prozessstandardabweichung s_{g} - empirische Standardabweichung der Einzelwerte T -Toleranz	Methode A: **n* = 1**: $u(x_{\mathrm{A}}) = s_{\mathrm{n}} = u_{\mathrm{w}}$ **n* > 1**: $u(x_{\mathrm{A}}) = s_{\bar{x}\mathrm{i}} = s_{\mathrm{n}} / \sqrt{n^*}$ Methode B: $u(x_{\mathrm{B}}) = U / k$ mit $k = 2$ (95% *VN*) $u(x_{\mathrm{B}}) = a \cdot b$ $u(x_{\mathrm{i}})$- Standardunsicherheit nach Methode $\mathrm{i} = A$ oder B a - Fehlergrenzwert b - Verteilungsfaktor n - Anzahl der Messungen am Referenzteil n^* - Anzahl Messungen zur Ermittlung eines Messergebnisses im Fertigungsprozess	Methode A: **n* = 1**: $u(x_{\mathrm{i}}) = s_{\mathrm{n}}$ **n* > 1**: $u(\bar{x}_{\mathrm{i}}) = \dfrac{u(x_{\mathrm{i}})}{\sqrt{n^*}}$ Methode B: $u(x_{\mathrm{B}}) = a \cdot b$ $u(\bar{x}_{\mathrm{i}})$ - Messunsicherheit der Einflussfaktoren x_i $u(\bar{x}_{\mathrm{i}})$ - Unsicherheit des Mittelwertes aller Stichproben

Wiederholpräzision (ohne Bedienereinfluss)	Bedingung: Ein Bediener führt 25 Messungen an einem Referenzteil durch (kein Referenzwert notwendig)	Bedingung: Ein Bediener führt an einem Referenzteil in einer definierten Messebene 25 Messungen durch	Bedingung: Forderung nach ausreichender Anzahl von Messungen
	Berechnungsbasis: s_g - empirische Standardabweichung der Einzelwerte T - Toleranz	Berechnungsbasis: s_n - Standardabweichung der Einzelwerte ermittelt in einer definierten Messebene $s_{\bar{x}_i}$ - Standardabweichung der Mittelwerte aus Mehrfachmessungen	Berechnungsbasis: s_n - Standardabweichung der Einzelwerte $s_{\bar{x}_i}$ - Standardabweichung der Mittelwerte aus Mehrfachmessungen im Fertigungsprozess
Genauigkeit	$C_{gk} = \dfrac{0{,}1 \cdot T - (\bar{x}_g - x_M)}{3 s_g}$ $\bar{x}_g$ - Mittelwert der Einzelwerte x_M - Referenzwert	$u_{sys} = 0{,}60[\text{Max}\{e_{si}\}]$ $e_{si} = \lvert \bar{x}_i - x_{mi} \rvert$ $\bar{x}_i$ - Mittelwert der Einzelwerte x_{mi} - Referenzwert u_{sys} - systematischer Anteil der Unsicherheit	Die unbekannten systematischen Abweichungen besitzen zufälligen Charakter und werden geometrisch addiert (Fehlerfortpflanzungsgesetz). Ermittelt werden diese durch Ringversuche.
	Bedingung: Ein Bediener führt 25 Messungen an einem Referenzteil durch	Bedingung: Ein Bediener misst drei Referenzteile je 10 mal oben, in der Mitte und unten im Toleranzbereich (Referenzwert notwendig)	Bedingung: keine Angabe
Wiederholpräzision mit Bedienereinfluss	$EV = K_1 \bar{\bar{R}}$ EV - Wiederholpräzision $\bar{\bar{R}}$ - Mittelwert der mittleren Spannweiten K_1 = 0,8862	$u_{MM} = \dfrac{1}{K_1} \cdot \bar{\bar{R}}$ u_{MM} - Unsicherheit des Messmittels K_1 - Faktor ist abhängig von Anzahl der Prüfer, Teile- g und Wiederholungen- m (K_1 =1,128 für g=10, m=2 mit drei Prüfern für $g \cdot \text{Prüfer} = 30 > 15$) $\bar{\bar{R}}$ - Mittelwert der mittleren Spannweiten	Die Wiederholbarkeit kann durch Streuungswerte der Ergebnisse aufgezeigt werden. Die Vorgehensweise wird nicht beschrieben.
Vergleichspräzision (Bedienereinfluss)	Bedingung: Drei Bediener messen 10 Serienteile oben, in der Mitte und unten im Toleranzbereich je 2-mal	Bedingung: 1. Mögl.: 10 Werte von drei Bedienern 2./3. Mögl.: Bediener messen ein Referenz teil jeweils 20 mal; Ermittlung der Standardabweichung aus den Messwerten	Bedingung: ausreichend große Anzahl von Messwerten, keine weiteren Angaben

Vergleichspräzision mit Bedienereinfluss	$AV =$ $= \sqrt{(\bar{x}_{Diff} K_2)^2 - EV^2/(nr)}$ AV - Vergleichspräzision $\bar{x}_{Diff}$ Spannweite der Mittelwerte n - Anzahl der Messwerte pro Reihe r - Anzahl der Messreihen pro Bediener EV - Wiederholpräzision K_2 = 0,5231	1. Mögl.: $u_{Bed} = R_{max}/(2 \cdot h)$ 2. Mögl.: $u_{AV} = K_2 \bar{x}_{Diff}$ 3. Mögl.: $u_{Bed} = \sqrt{\frac{1}{n-1}\sum_{j=1}^{n}(\bar{x}_j - \bar{\bar{x}})^2}$ $u_{Bed} = s_{Bed} = s_{\bar{x}_i}$ u_{Bed}- Unsicherheit durch Bedienereinfluss R_{max}- größte Spannweite zwischen den Mittelwerten der drei Messreihen der Bediener $\bar{x}_{Diff}$ - Spannweite der Mittelwerte	Mit der Methode der Varianzanalyse werden die Messreihen mit einander verglichen. Diese Messwerte werden durch Ringversuche ermittelt. $H_0 : \mu_1 = \mu_2 = ... = \mu_n$ $H_1 : \mu_1 \neq \mu_2 \neq ... \neq \mu_n$
	Berechnungsbasis: $\bar{x}_{Diff}$ -durchschnittliche Differenz zwischen den Mittelwerten der Bediener	Berechnungsbasis $s_{Bed} = u_{Bed}$ s_{Bed} -Standardabweichung der Mittelwerte der Bediener	Berechnungsbasis $s_{Bed} = u_{Bed}$ s_{Bed} -Standardabweichung der Mittelwerte der Bediener
Objekteinfluss	indirekt im *GRR-Wert* mit zehn Serienteilen berücksichtigt	$u_{objekt} = \frac{s_{obj}}{\sqrt{n^*}}$ mit: $s_{obj} = \sqrt{s^2 - s_n{}^2}$	Mit der Varianzanalyse werden die Messreihen verglichen. Diese Messwerte werden durch Ringversuche ermittelt. $H_0 : \mu_1 = \mu_2 = ... = \mu_n$ $H_1 : \mu_1 \neq \mu_2 \neq ... \neq \mu_n$
	Bedingung: drei Bediener messen zehn Serienteile oben, in der Mitte und unten im Toleranzbereich je zweimal	Bedingung: drei Bediener messen zehn Serienteile (oben, in der Mitte und unten im Toleranzbereich) je zweimal	Bedingung: keine Angaben
	Berechnungsbasis: $\bar{\bar{R}} =$ Mittelwert der mittleren Spannweiten	Berechnungsbasis: $s_{obj} = \sqrt{s^2 - s_n{}^2}$ s_n - Standardabweichung der Einzelwerte in einer definierten Messeben oder an einem idealen Körper (Maßverkörperung) s - Standardabweichung der Einzelwerte inklusive Formabweichungen der Messobjekte	Berechnungsbasis: s_n - Standardabweichung der Einzelwerte $s_{\bar{x}i}$ - Standardabweichung der Mittelwerte aus Mehrfachmessungen im Fertigungsprozess

Umgebungseinflüsse	Kurzfristige Umwelteinflüsse werden indirekt im c_g-, c_{gk}- sowie dem *GRR*-Wert berücksichtigt	$u_{Temp} = Tabellenwert[u_1]\frac{Prüfmaß}{100}$ und $u_{Temp} = 0{,}6 \cdot a$ $a = \lvert \Delta L \rvert + 2u_{rest}$ ΔL - Längenänderung zur effektiven Länge u_{rest} - die Unsicherheiten der Ausdehnungskoeffizienten und Temperaturen	$u(\mu_t) = a \cdot b$
Kriterium Prüfmittel	$c_g \ge 1{,}33$ $c_{gk} \ge 1{,}33$ → Prüfmittel fähig	$u_{PM} = \sqrt{u(x_{A/B})^2 + u^2_{sys} + u^2_{kal} + u^2_{Aufl}}$ $G_{pp} \ge \frac{6u_{PM}}{T}$ → Prüfmittel geeignet G_{pp}- Grenzwert des Eignungskennwertes des Prüfprozess (je nach Toleranzklasse DIN 287 von 0,2-0,4) u_{PM} - Standardunsicherheit des Prüfmittels	Es erfolgt keine getrennte Bewertung des Prüfmittels, es wird eine Gesamtbewertung vorgenommen.
Kriterium Prozess	$GRR = \sqrt{AV^2 + EV^2}$	$u_{pp} = \sqrt{u^2_{temp} + u^2_{Bed} + u^2_{objekt} + u^2_{MM}}$	Es erfolgt keine getrennte Bewertung des Prozesses, es wird eine Gesamtbewertung vorgenommen.
Zusammenfassung der Kriterien (Prüfprozess und Prüfmittel)	$c_g \ge 1{,}33$ $c_{gk} \ge 1{,}33$ und $\%GRR < 10\ \%$ für neue Messsysteme $\%GRR \le 30\ \%$ für im Einsatz befindliche Messgeräte → Prüfmittel und Prüfprozess fähig	$u(y) = \sqrt{u^2_{PM} + u^2_{PP}}$ $U = k \cdot (u(y))$ $g_{pp} = \frac{2U}{T} \le 0{,}2...0{,}4$ → Prüfprozess geeignet u_{pp} - Unsicherheit des Prüfprozesses g_{pp} - Eignungskennwert Prüfprozess $u(y)$ - kombinierte Standardunsicherheit U - erweiterte Unsicherheit k - Erweiterungsfaktor (z.B. k = 2 für ein 95% Vertrauensniveau)	$u_c^2(y) = \sum_{i=1}^{N} c_i^2 u^2(x_i) +$ $2\sum_{i=1}^{N-1}\sum_{j=1}^{N} c_j u(x_i) u(x_j) r(x_i; x_j)$ mit $r(x_i; x_j) = \frac{u(x_i; x_j)}{u(x_i) u(x_j)}$ $c_i = \frac{\delta f}{\delta x_i}$ $u(x_i, x_j)$ - Kovarianz $r(x_i, x_j)$ - Korrelationskoeffizient c_i- Sensitivitätskoeffizienten Für r = 0 und c_i = 1 ergibt sich wie nach VDA 5 $u_c = \sqrt{\sum_{i=1}^{n} u(x_i)^2}$ und $U = k \cdot (u_c(y))$

Während die Berechnung der Prüfprozesseignung nach GUM einem wissenschaftlich-technischen Anspruch genügt, jedoch dem Anwender in mancher Hinsicht Interpretationsmöglichkeiten offen lässt, gehen die QS 9000/MSA und der VDA Band 5 einen praktisch-empirischen Weg, der durch eine detaillierte Vorgehensweise festgelegt ist. Alle drei Verfahren ermitteln einen Schätzwert für Messabweichungen zu deren Berechnung die Streuungsgröße (Standardabweichung oder Spannweite) einer Messreihe verwendet wird. Nach GUM und VDA ist zusätzlich die Möglichkeit der Abschätzung (Methode B) gegeben. Dies wäre auch für die in der industriellen Praxis nach wie vor dominierte Vorgehensweise nach QS 9000/MSA wünschenswert, da dabei Erfahrungswissen eingebracht und der Aufwand bei der empirischen Untersuchung reduziert werden könnte.

2.1.2 Fähigkeit des Montageprozesses

Zur Analyse und Bewertung des Qualitätsverhaltens von Montageprozessen werden Methoden der statistischen Qualitätsbewertung herangezogen. Durch Stichprobeninformationen versucht man Aussagen über das Verteilungszeitverhalten des Montageprozesses zu gewinnen. Abbildung 2-3 zeigt den allgemeinen Ablauf der statistischen Analyse und Bewertung von (Montage-) Prozessen.

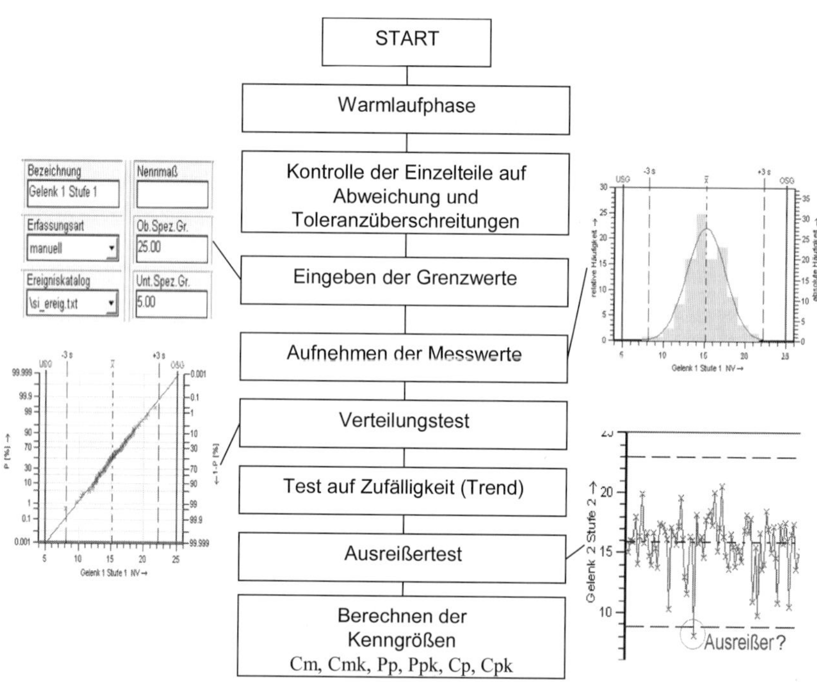

Abb. 2-3: Ablauf der statistischen Prozessanalyse [Sandau 1999]

Ergebnisse der Untersuchung sind die kurzfristige Maschinenfähigkeit (*Cm*, *Cmk*), die vorläufige (*Pp*, *Ppk*) und die langfristige (*Cp*, *Cpk*) Prozessfähigkeit. Die Maschinenfähigkeit ist ein Maß für die kurzzeitige Merkmalsstreuung, die von der

Maschine ausgeht. Die Prozessfähigkeit gibt Aufschluss über das Langzeitverhalten des Gesamtsystems unter den herrschenden Rahmenbedingungen (Mensch, Maschine, Methode, Arbeitsumgebung) [Linß 2002]. Die Maschinenfähigkeit und die vorläufige Prozessfähigkeit dienen der Beurteilung vor Serienanlauf. Für die Maschinenfähigkeit wird eine Stichprobenumfang von 50 Werkstücken, für die vorläufige Prozessfähigkeit von 125 Werkstücken vorgeschlagen. Die Langzeit-Prozessfähigkeit dient der Prozessanalyse über einen großen Betrachtungszeitraum. Linß schlägt hierzu 20 Tage vor [Linß 2002, S. 340]. Abbildung 2-4 verdeutlicht den Zusammenhang [Dietrich 1998a].

Bei der Fähigkeitsbeurteilung wird zunächst die potenzielle Fähigkeit definiert. Diese kennzeichnet die Fähigkeit einer Maschine oder eines Prozesses, Merkmale zu realisieren, deren Häufigkeitsverteilung innerhalb der geforderten Toleranz liegt. Das Potenzial wird durch das Verhältnis von Toleranz (T) und Streubreite (z.B. Standardabweichung) gebildet. Kennzahlen für das Potenzial sind:

Abb. 2-4: Fähigkeitskennwerte

Cm – Maschinenpotenzial,
Pp – vorläufiges Prozesspotenzial und
Cp – Langzeit-Prozesspotenzial.

Zur Beurteilung der Fähigkeit muss zusätzlich die Lage des Mittelwertes der produzierten Merkmalsverteilung berücksichtigt werden. Dazu werden Kennwerte der kritischen Fähigkeit definiert:

Cmk – Kritische Maschinenfähigkeit,
Ppk – kritische vorläufige Prozessfähigkeit und
Cpk – kritische Langzeit-Prozessfähigkeit. [Linß 2002, S. 343]

Bei der Berechnung der Fähigkeitskennwerte müssen normalverteilte von nicht normalverteilten Merkmalswerten unterschieden werden.

Nach dem zentralen Grenzwertsatz der Wahrscheinlichkeitsrechnung nähert sich die Verteilung einer Zufallgröße einer Normalverteilung an, wenn mehrere Einflussgrößen ohne dominierenden Faktor wirken. Dies ist für ungestörte Montageprozesse mit symmetrischer Merkmalsausprägung der Fall. Für die Anwendung ist deshalb die Normalverteilung die dominierende Verteilungsform.

Tab. 2-3: Berechnung für normalverteilte Merkmalswerte [Linß 2002]

Potenzial	Fähigkeit
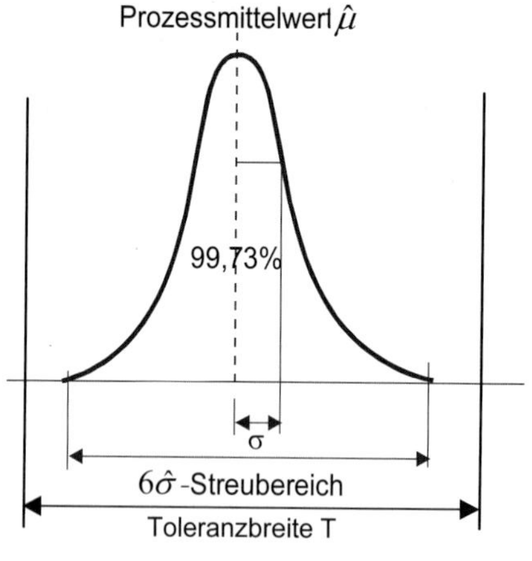 Prozessmittelwert $\hat{\mu}$ 99,73% σ $6\hat{\sigma}$-Streubereich Toleranzbreite T	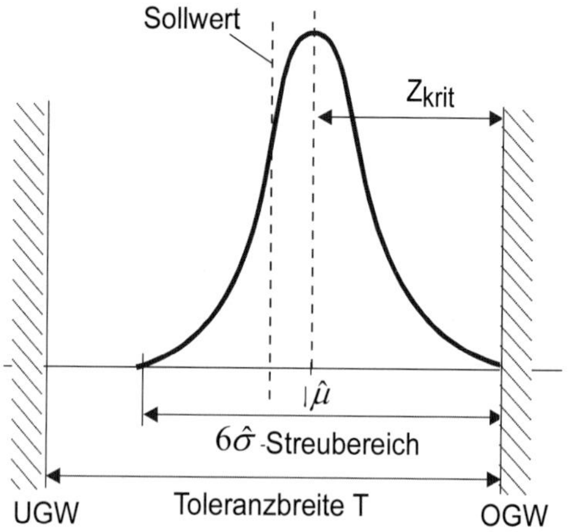 Sollwert Z_{krit} $\hat{\mu}$ $6\hat{\sigma}$-Streubereich UGW Toleranzbreite T OGW
$Cm, Pp, Cp = \dfrac{OGW - UGW}{6 \cdot \hat{\sigma}}$	$Cmk, Ppk, Cpk = Min\left\{\dfrac{OGW - \hat{\mu}}{3 \cdot \hat{\sigma}}; \dfrac{\hat{\mu} - UGW}{3 \cdot \hat{\sigma}}\right\}$

mit:

$\hat{\mu} = \bar{\bar{x}} = \dfrac{1}{k}\sum_{j=1}^{k} \bar{x}_j$	$\bar{x} = \dfrac{1}{n}\sum_{i=1}^{n} x_i$
$\hat{\sigma} = \sqrt{\bar{s^2}} = \sqrt{\dfrac{1}{k}\sum_{j=1}^{k} s_j^2}$	$s^2 = \dfrac{1}{n-1}\sum_{i=1}^{n}(x_i - \bar{x})^2$

$\hat{\mu}$ Schätzwert für den Prozessmittelwert
$\hat{\sigma}$ Schätzwert für die Prozess-Standardabweichung
$\bar{x}$ Mittelwert der Stichprobe
s Standardabweichung der Stichprobe
k Anzahl der Stichproben
$\bar{\bar{x}}$ Mittelwert der Stichprobenmittelwerte

Merkmale mit asymmetrischer Merkmalsausprägung sind nicht normalverteilt. Dazu zählen null-begrenzte Merkmale, wie z.B. Form- und Lageabweichungen. Das Entstehungsgesetz dieser Merkmale führt zu logarithmischen Verteilungen oder zur der Betragsverteilung erster und zweiter Art (Abbildung 2-5).

Merkmal		Verteilungsfunktion
Symbol	Eigenschaft	
Formabweichungen		
⏤	Geradheit	Betragsverteilung 1. Art
▱	Ebenheit	Betragsverteilung 1. Art
○	Rundheit	Betragsverteilung 1. Art
⌭	Zylinderform	Betragsverteilung 1. Art
⌒	Linienform	Betragsverteilung 1. Art
⌓	Flächenform	Betragsverteilung 1. Art
Lageabweichungen		
∥	Parallelität	Betragsverteilung 1. Art
⊥	Rechtwinkligkeit	Betragsverteilung 1. Art
∠	Neigung (Winkeligkeit)	Betragsverteilung 1. Art
⌖	Position	Betragsverteilung 2. Art
◎	Konzentrizität	Betragsverteilung 2. Art
⌯	Symmetrie	Betragsverteilung 1. Art
↗	Rundlauf	Betragsverteilung 1./2. Art
⌰	Gesamtlauf, Planlauf	Betragsverteilung 1. Art
Rauheit		Betragsverteilung 1. Art
Unwucht		Betragsverteilung 2. Art
Drehmoment		Normalverteilung
Längenabweichungen		Normalverteilung

Abb. 2-5: Verteilungsfunktionen für nicht normalverteilte Merkmale [Dietrich 2003, S. 129]

Für nicht normalverteilte Merkmalswerte erfolgt die Berechnung des Potenzials und der Fähigkeit nach der Prozentanteilmethode (Tabelle 2-4). Diese Form der Berechnung ist für beliebige Verteilungsmodelle anwendbar [Linß 2002, S. 346].

Tab. 2-4: Berechnung für nicht normalverteilte Merkmalswerte nach der Prozentanteilmethode [Dietrich 1998a; Linß 2002]

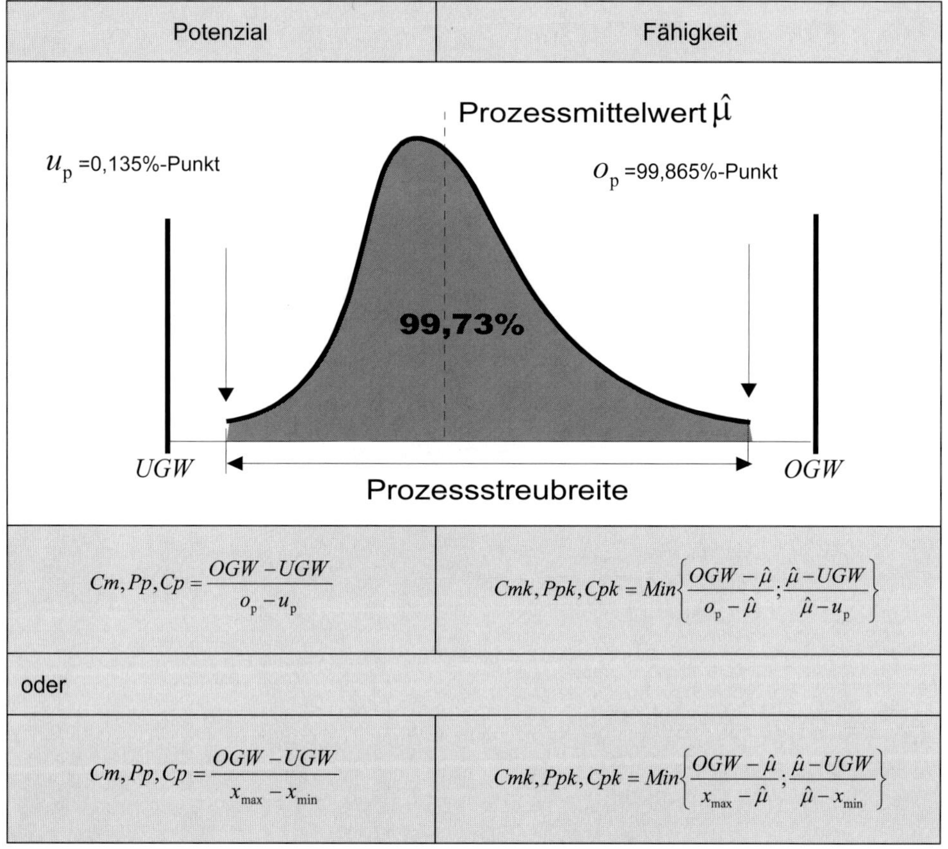

Potenzial	Fähigkeit
$Cm, Pp, Cp = \dfrac{OGW - UGW}{o_p - u_p}$	$Cmk, Ppk, Cpk = Min\left\{\dfrac{OGW - \hat{\mu}}{o_p - \hat{\mu}}; \dfrac{\hat{\mu} - UGW}{\hat{\mu} - u_p}\right\}$
oder	
$Cm, Pp, Cp = \dfrac{OGW - UGW}{x_{max} - x_{min}}$	$Cmk, Ppk, Cpk = Min\left\{\dfrac{OGW - \hat{\mu}}{x_{max} - \hat{\mu}}; \dfrac{\hat{\mu} - UGW}{\hat{\mu} - x_{min}}\right\}$

Die beschriebenen Verteilungsformen gelten für stabile Montageprozesse. In der Praxis wirken allerdings eine Vielzahl von Einflussfaktoren, die das Verteilungszeitverhalten der Prozesse beeinflussen. In der DIN 55319 wird das Verteilungszeitverhalten realer Prozesse systematisiert [DIN 55319 2000]. Auf Basis dieser Gliederung schlägt Dietrich neben der Normalverteilung und logarithmischen Normalverteilung die Anwendung der Mischverteilung vor. Allerdings erfolgt die Auswertung auch hier nach der Prozentpunktmethode [Dietrich 2003]. Bei der Analyse des Fehlerpotenzials von automatisierten Montage- und Prüfsystemen in Kapitel 3 dieser Arbeit wird der gestörte Montage- und Prüfprozess noch einmal aufgegriffen und diskutiert.

Unabhängig von der Verteilungsform und der gewählten Auswertemethode gelten für die Bewertung der untersuchten Prozesse folgende Mindestanforderungen.

Tab. 2-5: Mindestanforderungen für die Bewertung [Linß 2002, S. 348f]

Potenzial	Fähigkeit	empfohlener Analyseumfang
$Cm \geq 2{,}0$	$Cmk \geq 1{,}67$	50 Teile
$Pp \geq 1{,}67$	$Ppk \geq 1{,}33$	125 Teile
$Cp \geq 1{,}33$	$Cpk \geq 1{,}0$	20 Tage

2.1.3 Berücksichtigung der Messunsicherheit

In der DIN EN ISO 14253-1 wird die Einschränkung einer sicheren Qualitätseinstufung von Werkstücken durch die Wirkung der Messunsicherheit bewertet. Die Norm legt Entscheidungsregeln für die Feststellung der Übereinstimmung und Nichtübereinstimmung von Produktmerkmalen mit der Spezifikation fest [DIN EN ISO 14253-1 1999]. Nach Berndt kann die Berücksichtigung an den Spezifikationsgrenzen linear oder quadratisch erfolgen [Berndt 1968]. Bei der linearen Berücksichtigung wird zur Bestimmung des Übereinstimmungsbereiches die doppelte erweiterte Messunsicherheit (U) vom Spezifikationsbereich abgezogen (Abbildung 2-6). Hieraus resultiert eine starke Toleranzverkleinerung, die bei kleinen Werkstücktoleranzen (< 0,005 mm [Linß 2005, S. 170]) zu nahezu unlösbaren technischen und wirtschaftlichen Problemen führen kann.

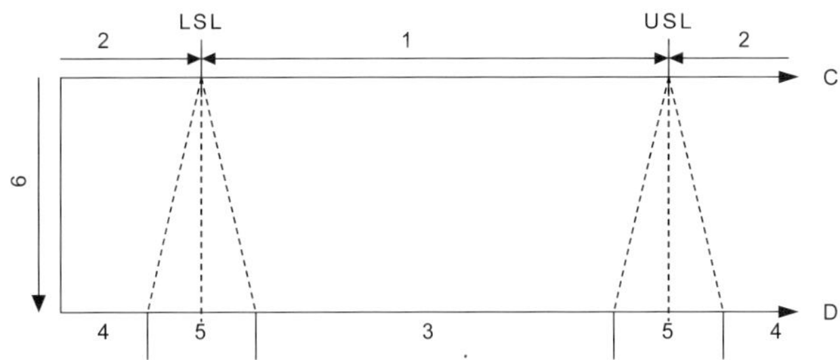

Abb. 2-6: Lineare Berücksichtigung der Messunsicherheit an den Spezifikationsgrenzen

Legende:

C	Konstruktions- /Spezifikationsphase	D	Verifikationsphase
1	Spezifikationsbereich	2	außerhalb der Spezifikation
3	Übereinstimmungsbereich	4	Nichtübereinstimmungsbereich
5	Unsicherheitsbereich	6	wachsende Messunsicherheit U
LSL	untere Spezifikationsgrenze	USL	obere Spezifikationsgrenze

Bei der quadratischen Berücksichtigung der Messunsicherheit wird zur Bestimmung des Übereinstimmungsbereiches (T`) die doppelte erweiterte Messunsicherheit (U) quadratisch von der Spezifikationstoleranz (T) subtrahiert (Abbildung

2-7). Dadurch bleibt eine etwas größere Toleranz zum Produzieren (Produktionstoleranz) als bei der linearen Berücksichtigung.

Dem Vorteil der größeren Produktionstoleranz steht der Nachteil eines höheren Überschreitungsanteils und damit das höhere Risiko der Fehlentscheidung an den Spezifikationsgrenzen gegenüber.

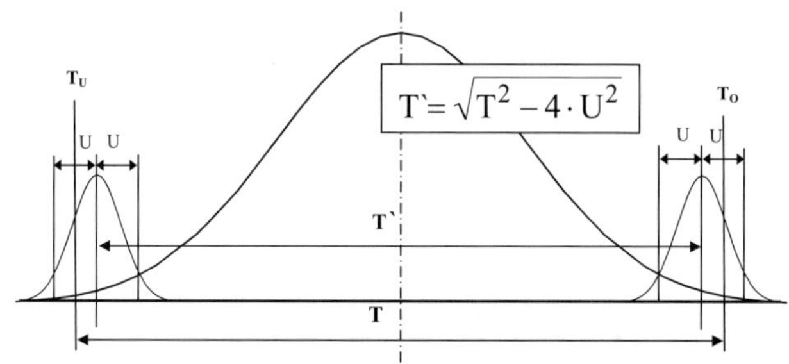

Abb. 2-7: Quadratische Berücksichtigung der Messunsicherheit [Berndt 1968]

In Abbildung 2-8 ist dieser Zusammenhang graphisch dargestellt [Hofmann 1988]. Die Prozessverteilung wird mit den Parametern μ_1 und φ_1 angegeben, die Messabweichung mit den Parametern μ_2 und φ_2. Wird nun ein Merkmal des Prozesses mit einem Messgerät das diese Messabweichung aufweist beurteilt, so ist die Wahrscheinlichkeit einer Fehlentscheidung um so größer, je näher das Merkmal an der Toleranzgrenze ist.

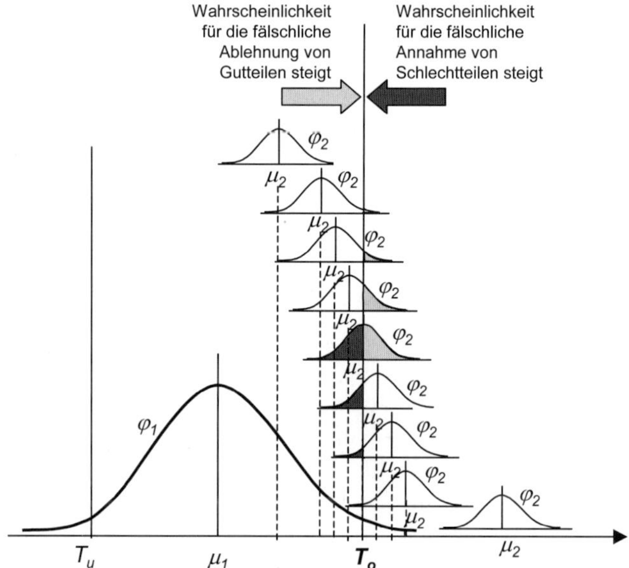

Abb. 2-8: Einfluss der Messunsicherheit auf Fehlentscheidungen an den Toleranzgrenzen [Hofmann 1988]

Liegt das Merkmal exakt auf der Toleranzgrenze, so ist die Wahrscheinlichkeit einer Bewertung innerhalb der Toleranz (Gutteil) genau so groß wie die Wahrscheinlichkeit der Bewertung außerhalb der Toleranz (Schlechtteil).

Dies wird in Abbildung 2-8 durch die fünfte Wahrscheinlichkeitsdichte von oben dargestellt. Links von der Toleranzgrenze besteht die Möglichkeit ein Gutteil als schlecht zu bewerten, während rechts davon ein Schlechtteil fälschlicherweise angenommen werden kann.

Zur exakten Berechnung der Anteile fälschlicherweise abgelehnter Gutteile und fälschlicherweise angenommener Schlechtteile sind Faltungsintegrale über eine zweidimensionale Wahrscheinlichkeitsdichtefunktion zu lösen. Dabei wird beispielsweise von einer normalverteilten Wahrscheinlichkeitsdichte sowohl für die Prozesssabweichung x_1 als auch für die Messabweichung x_2 ausgegangen [Linß 2005, S. 172]. Die Berechnung erfolgt nach Gleichung 2.2 und wird in Abbildung 2-9 für die Parameter $\mu_1 = 0$, $\varphi_1 = 1$ und $\mu_2 = 0$ und $\varphi_2 = 0{,}2$ graphisch dargestellt.

$$f(x_1,x_2) = \frac{1}{2\pi \cdot \sigma_1 \cdot \sigma_2} \exp\left(-\frac{(x_1-\mu_1)^2}{2\sigma_1^2} - \frac{(x_2-\mu_2)^2}{2\sigma_2^2} \right) \qquad (2.2)$$

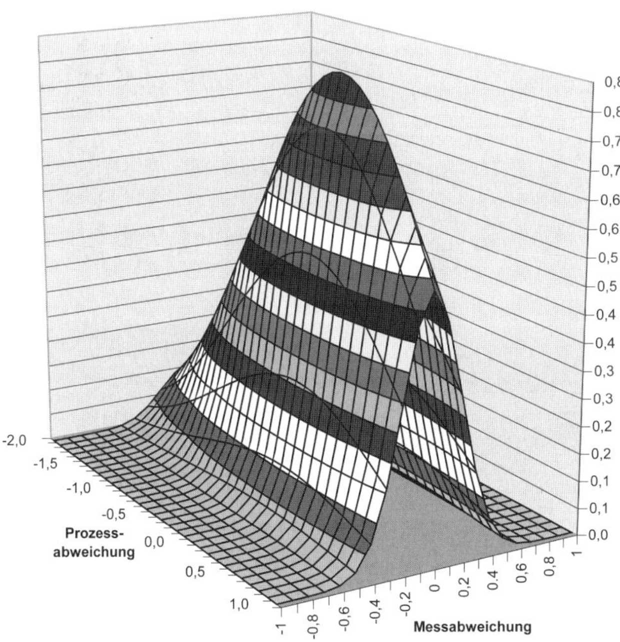

Abb. 2-9: Zweidimensionale Wahrscheinlichkeitsdichtefunktion von Prozess- und Messabweichung [Linß 2005]

Es werden folgende Fälle hinsichtlich der Annahme bzw. Ablehnung der geprüften Teile unterschieden:

1. Fall: Schlechtteil fälschlich angenommen
2. Fall: Gutteil fälschlich abgelehnt
3. Fall: Gutteil richtig angenommen
4. Fall: Schlechtteil richtig abgelehnt

Für die beiden ersten Fälle, bei denen es sich um Fehlentscheidungen handelt, müssen Fehleranteile bestimmt werden, die zur Ermittlung der Fehlerkosten notwendig sind. Die Fehleranteile berechnen sich durch die zweidimensionale Faltungsintegration der Produktionsabweichungen φ_1 und der Messabweichungen φ_2:

1. Fall: Schlechtteil fälschlich angenommen

$$p_{\mathrm{an,j}} = \frac{1}{2\pi \cdot \sigma_1 \cdot \sigma_2} \left[\begin{array}{l} \int\limits_{T_o}^{\infty} \int\limits_{T_u}^{T_o} \exp\left(-\frac{(x_1-\mu_1)^2}{2\sigma_1^2} - \frac{(x_2-x_1-\mu_2)^2}{2\sigma_2^2} \right) dx_2\, dx_1 + \\ \int\limits_{-\infty}^{T_u} \int\limits_{T_u}^{T_o} \exp\left(-\frac{(x_1-\mu_1)^2}{2\sigma_1^2} - \frac{(x_2-x_1-\mu_2)^2}{2\sigma_2^2} \right) dx_2\, dx_1 \end{array} \right] \tag{2.3}$$

2. Fall: Gutteil fälschlich abgelehnt

$$p_{\mathrm{ab,j}} = \frac{1}{2\pi \cdot \sigma_1 \cdot \sigma_2} \left[\begin{array}{l} \int\limits_{T_u}^{T_o} \int\limits_{T_o}^{\infty} \exp\left(-\frac{(x_1-\mu_1)^2}{2\sigma_1^2} - \frac{(x_2-x_1-\mu_2)^2}{2\sigma_2^2} \right) dx_2\, dx_1 + \\ \int\limits_{T_u}^{T_o} \int\limits_{-\infty}^{T_u} \exp\left(-\frac{(x_1-\mu_1)^2}{2\sigma_1^2} - \frac{(x_2-x_1-\mu_2)^2}{2\sigma_2^2} \right) dx_2\, dx_1 \end{array} \right] \tag{2.4}$$

3. Fall: Gutteil richtig angenommen

Der Anteil der richtig angenommenen Gutteile P_{an} berechnet sich zu:

$$P_{\mathrm{an}} = \frac{1}{2\pi \cdot \sigma_1 \cdot \sigma_2} \int\limits_{T_u}^{T_o} \int\limits_{T_u}^{T_o} \exp\left(-\frac{(x_1-\mu_1)^2}{2\sigma_1^2} - \frac{(x_2-x_1-\mu_2)^2}{2\sigma_2^2} \right) dx_2\, dx_1 \tag{2.5}$$

4. Fall: Schlechtteil richtig abgelehnt

Den Anteil der richtig zurückgewiesenen Schlechtteile P_{ab} erhält man aus:

$$P_{\text{ab}} = \frac{1}{2\pi \cdot \sigma_1 \cdot \sigma_2} \left[\begin{array}{l} \int\limits_{T_o}^{\infty} \int\limits_{T_o}^{\infty} \exp\left(-\frac{(x_1-\mu_1)^2}{2\sigma_1^2} - \frac{(x_2-x_1-\mu_2)^2}{2\sigma_1^2} \right) dx_2\, dx_1 + \\ \int\limits_{-\infty}^{T_u} \int\limits_{-\infty}^{T_u} \exp\left(-\frac{(x_1-\mu_1)^2}{2\sigma_1^2} - \frac{(x_2-x_1-\mu_2)^2}{2\sigma_2^2} \right) dx_2\, dx_1 + \\ \int\limits_{T_o}^{\infty} \int\limits_{-\infty}^{T_u} \exp\left(-\frac{(x_1-\mu_1)^2}{2\sigma_1^2} - \frac{(x_2-x_1-\mu_2)^2}{2\sigma_2^2} \right) dx_2\, dx_1 + \\ \int\limits_{-\infty}^{T_u} \int\limits_{T_o}^{\infty} \exp\left(-\frac{(x_1-\mu_1)^2}{2\sigma_1^2} - \frac{(x_2-x_1-\mu_2)^2}{2\sigma_2^2} \right) dx_2\, dx_1 \end{array} \right] \qquad (2.6)$$

In der industriellen Praxis der Automobil- und Automobilzulieferindustrie werden zur Bewertung der Prozessfähigkeit die Kennzahl Cpk und zur Bewertung der Messmittelfähigkeit die Kennzahl Cgk herangezogen [Dietrich 2003, 2003a]. Um den beschriebenen Zusammenhang an diese Kennzahlen anzupassen, wurde eine Faltung der Messabweichung mit der Prozessabweichung durchgeführt. Der Überschreitungsanteil ist einerseits abhängig von der Messunsicherheit und andererseits von der Prozessfähigkeit. Die Messunsicherheit bildet dabei einen Unsicherheitsbereich links und rechts von der Spezifikationsgrenze (Abbildung 2-10). In Abbildung 2-11 ist der quantitative Zusammenhang zwischen Messmittel- und Prozessfähigkeit durch Faltung der beiden Normalverteilungen dargestellt[1].

[1] Dieser Zusammenhang wird in ähnlicher Form auch von Weckenmann dargestellt. Weckenmann verwendet allerdings das Verhältnis U/T als Kennwert für die Messmittelfähigkeit [Weckenmann 1999].

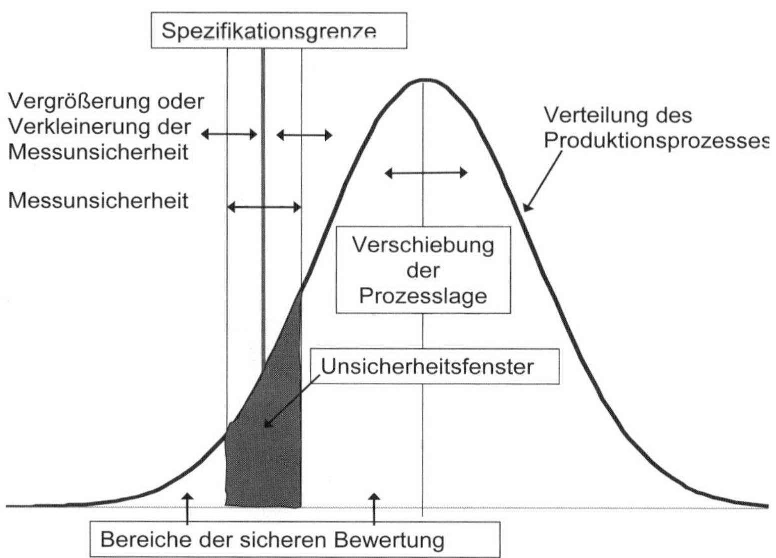

Abb. 2-10: Unsicherheitsbereich verursacht durch die Messunsicherheit und Prozessverteilung

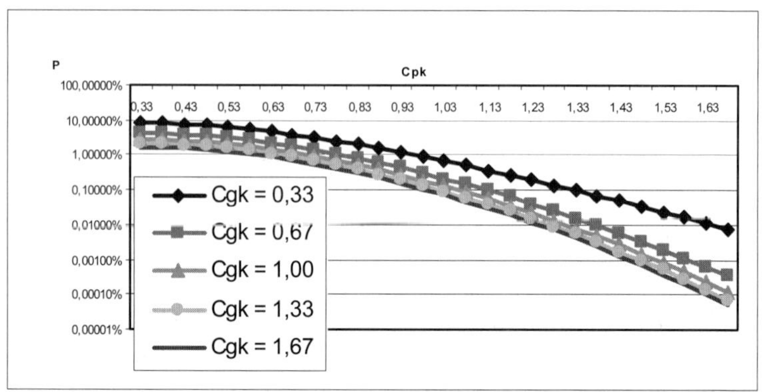

Abb. 2-11: Wahrscheinlichkeit für eine Fehlentscheidung in Abhängigkeit von Messmittel- und Prozessfähigkeit

Eine übersichtliche Entscheidungshilfe für die Berücksichtigung der Messunsicherheit im Produktionsprozess gibt der VDA Band 5. Diese Vorgehensweise kann als praktische Ergänzung der DIN EN ISO 14253-1 gesehen werden (Abbildung 2-12).

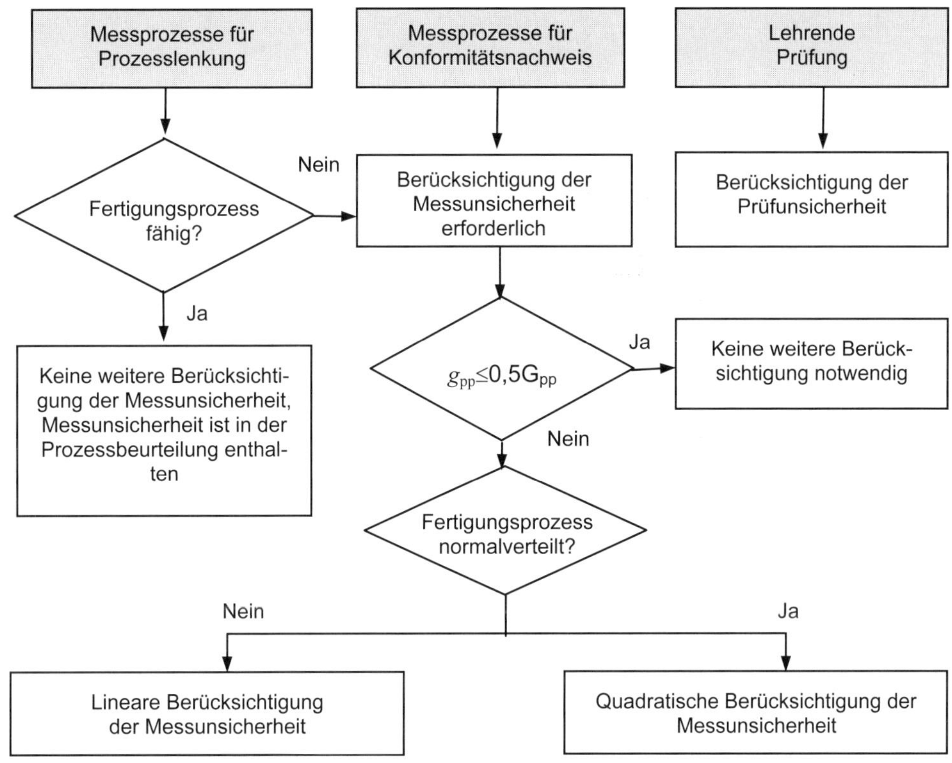

Abb. 2-12: Berücksichtigung der Messunsicherheit [VDA 5 2003, S. 44]

g_{pp}...Eignungskennwert Prüfprozess (g_{pp} = 2*(U/T)), G_{pp}...Empfohlener Grenzwert je nach Toleranzklasse zwischen 0,20 bis 0,40 [VDA 5 2003, S. 57] 2.1.4

2.1.4 Produktions-, Funktionstoleranzen und Risikobereiche

Sowohl in der DIN EN ISO 14253-1 als auch im VDA 5 wird die Behandlung der Messunsicherheit an den Spezifikatonsgrenzen behandelt. Beide Standards sollten aber um die Begriffe Fertigungstoleranz (auch Produktionstoleranz) und Funktionstoleranz[2] ergänzt werden. Der entscheidende Unterschied liegt darin, dass die Funktionstoleranzen, welche während der Produktentwicklung festgelegt werden, bereits um die Unsicherheit des vorgesehenen Produktionsprozesses reduziert wurden.

[2] Vgl. hierzu auch die Probleme des Austauschbaus wie sie in der Wälzlagerindustrie typisch sind und sehr treffend von Jürgensmeyer beschrieben werden [Jürgensmeyer, 1937, Vorwort]

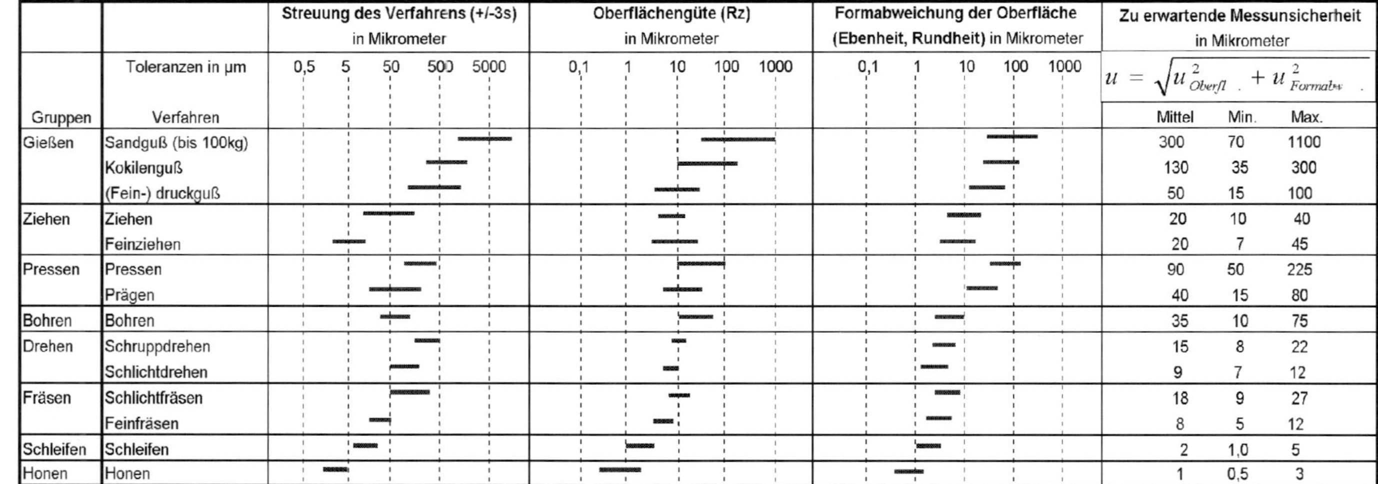

Gruppen	Verfahren	Streuung des Verfahrens (+/-3s) in Mikrometer	Oberflächengüte (Rz) in Mikrometer	Formabweichung der Oberfläche (Ebenheit, Rundheit) in Mikrometer	Zu erwartende Messunsicherheit in Mikrometer $u = \sqrt{u^2_{Oberfl.} + u^2_{Formabw.}}$		
	Toleranzen in µm	0,5 5 50 500 5000	0,1 1 10 100 1000	0,1 1 10 100 1000	Mittel	Min.	Max.
Gießen	Sandguß (bis 100kg)				300	70	1100
	Kokilenguß				130	35	300
	(Fein-) druckguß				50	15	100
Ziehen	Ziehen				20	10	40
	Feinziehen				20	7	45
Pressen	Pressen				90	50	225
	Prägen				40	15	80
Bohren	Bohren				35	10	75
Drehen	Schruppdrehen				15	8	22
	Schlichtdrehen				9	7	12
Fräsen	Schlichtfräsen				18	9	27
	Feinfräsen				8	5	12
Schleifen	Schleifen				2	1,0	5
Honen	Honen				1	0,5	3

Abb. 2-13: Zu erwartende Fehler in Abhängigkeit des gewählten Fertigungsprozesses

In Anlehnung an Hofmann zeigt Abbildung 2-13 mittlere Fertigungsfehler die zur Berechnung von Maß- und Toleranzketten zur Gewährleistung der vollständigen Austauschbarkeit herangezogen werden können [Hofmann, 1986. S. 222].

Einteilung in Risikobereiche

Sowohl in der DIN EN ISO 14253-1 als auch im VDA Band 5 wird die Behandlung der Messunsicherheit an den Spezifikationsgrenzen beschrieben. Beide Standards sollten aber um die Begriffe Produktionstoleranz und Funktionstoleranz ergänzt werden. Der entscheidende Unterschied liegt darin, dass die Funktionstoleranz, die während der Produktentwicklung festgelegt wird, bereits um die Unsicherheit des vorgesehenen Produktionsprozesses reduziert wurde und so die Produktionstoleranz bildet [Hofmann 1986]. Ziel dieser Vorgehensweise ist der vollständige Austauschbau[3].

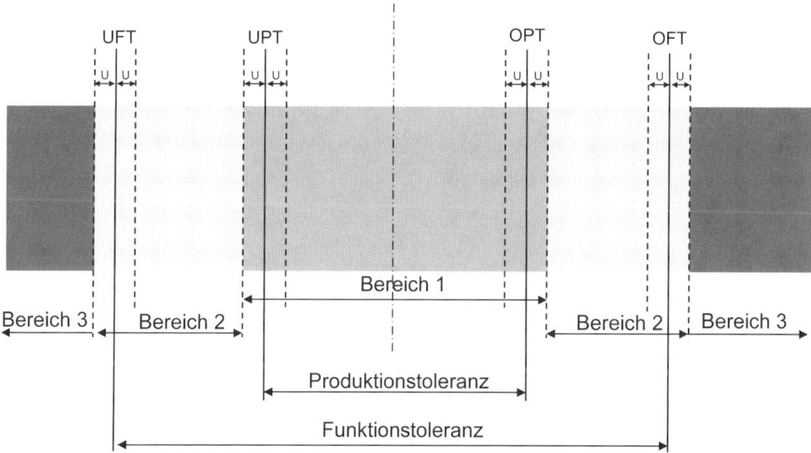

Abb. 2-14: Produktions- und Funktionstoleranz sowie Risikobereiche

Die Produktionstoleranz ist die vertragliche Basis zwischen Produzent und Abnehmer. Sie ist i.d.R. in einer Angebots- und Lieferzeichnung festgelegt.

Unter stabilen Bedingungen kann von einer erweiterten Messunsicherheit U ausgegangen werden. Die Berücksichtigung der Messunsicherheit wird zwischen den Geschäftspartnern vertraglich, z.B. auf Basis der DIN EN ISO 14253, geregelt. Für den Konformitätsnachweis muss der Abnehmer die Produktionstoleranz um die Messunsicherheit seines Messprozesses erweitern, um dem Produzenten

---

[3] Jürgensmeyer wirbt um „....Verständnis dafür..., dass auch ein „Massenartikel" wie das Wälzlager eine gewisse „Toleranz" erfordert, dass aber auch alle benachbarten Teile dem gleichen Genauigkeitsgrad entsprechen müssen." [Jürgensmeyer 1937, Einleitung]

zweifelsfrei die Nichteinhaltung nachweisen zu können. Folglich muss der Abnehmer Messwerte innerhalb des Bereiches 1 akzeptieren.

Der Bereich 1 stellt deshalb ein geringes ökonomisches Risiko (Low Risk Level) für den Produzenten dar. Kosten, die in diesem Zusammenhang entstehen, beziehen sich zumeist auf Abstimmungsprozesse. Dabei fallen Personal- und Kommunikationskosten (z.B. Telefon- und Reisekosten) an.

Die Funktionstoleranz ist die Spezifikation des Merkmals, innerhalb der die Funktion des gelieferten Bauteils im Gesamtsystem sicher gewährleistet ist. Werden Produkte geliefert, deren Merkmale außerhalb der Produktionstoleranz aber innerhalb der Funktionstoleranz liegen, so ist der Abnehmer im Rahmen der gesetzlichen Regelungen zum Werkvertrag berechtigt, das mangelhafte Produkt zurückzuweisen und stattdessen ein mangelfreies Produkt zu verlangen (§§ 633ff BGB). Das ökonomische Risiko für den Produzenten besteht in der Rücknahme der Teile inklusive des damit verbunden Aufwands. Für Produkte, die vom Abnehmer bereits in das Gesamtsystem eingebaut wurden, besteht kein Handlungsbedarf, da die Funktion der Teile fehlerfrei zu erwarten ist. Für den Produzenten bedeutet das, dass keine weiteren Forderungen durch Mangelfolgeschäden zu erwarten sind. Das ökonomische Risiko ist überschaubar. In der Praxis werden die Details und Vorgehensweisen vertraglich, z.B. in Qualitätsvereinbarungen, geregelt.
An den Grenzen der Funktionstoleranz muss ebenfalls die Messunsicherheit berücksichtigt werden. Es gilt, dass der Beweisführende die Messunsicherheit zu seinen Ungunsten berücksichtigen muss. Im dargestellten Fall müsste der Abnehmer die Funktionstoleranz um die Messunsicherheit erweitern. Das ergibt den Bereich 2. Dieser Bereich kann auch als Medium Risk Level bezeichnet werden. Kosten in diesem Bereich sind Rückweisekosten in Form von zusätzlichen Transportkosten, Sortierkosten, Kosten für die Verschrottung und für die Nacharbeit der fehlerhaften Teile [Linß 2002, S. 475ff].

Der Bereich 3 ist der High Risk Level. In diesem Bereich kann mit Sicherheit davon ausgegangen werden, dass die bereits verbauten Teile zu Ausfällen und zu möglichen Schäden im Gesamtsystem führen werden. Zusätzlich zur bereits beschriebenen Gewährleistungshaftung muss der Produzent auch den Mangelfolgeschaden [§ 823 ff BGB und Produkthaftungsgesetz] ersetzen. Der Mangelfolgeschaden kann folgenden Aufwand umfassen:

1. Demontage der „verseuchten" Gesamtsysteme
2. Rückruf der bereits ausgelieferten Gesamtsysteme
3. Reparatur aller betroffenen Gesamtsysteme
4. Ersatz der Schäden, die durch das mangelhafte Bauteil verursacht wurden

Weiterhin sind ein Verlust des Liefervertrages und damit des Kunden sowie ein Imageschaden für den Produzenten zu befürchten.

Kosten für diesen Fall setzen sich zusammen aus den Fehlerfolgekosten, die neben den quantifizierbaren Kosten für den Mangelfolgeschaden auch die nicht eindeutig quantifizierbaren Kosten für den Imageverlust beinhalten. Das ist ein erhebliches ökonomisches Risiko für den Produzenten, das in Einzelfällen zum

Konkurs des Unternehmens führen kann. Die Anzahl der Rückrufaktionen in der Automobilindustrie ist in den letzten Jahren erheblich gestiegen.

[Vgl. hierzu auch Malorny, u.a., 1994]

2.2 Verfügbarkeitsverhalten und Nutzungsgrad

Definition:

Die Verfügbarkeit ist die Fähigkeit einer Einheit, zu einem gegebenen Zeitpunkt oder während eines gegebenen Zeitraums in einem Zustand zu sein, der eine geforderte Funktion bei gegebenen Bedingungen unter der Annahme erfüllt, dass die erforderlichen äußeren Hilfsmittel bereitgestellt sind. [DIN EN 13306 2001, S. 12]. Nutzungsgrad wird als synonymer Begriff verwendet.

Die Berechnung der Verfügbarkeit gliedert sich in eine vergangenheitsorientierte Zeitraumberechnung und in eine zukunftsorientierte Zeitpunktprognose.

Die **Zeitraumberechnung** setzt die Summe der Betriebszeiten ins Verhältnis zur Summe der Ausfallzeiten und Summe der Betriebszeiten.

$$Verfügbarkeit = Nutzungsgrad = \frac{\sum Betriebszeiten}{\sum Betriebszeiten + \sum Ausfallzeiten} \quad (2.7)$$

Ergebnis ist ein Maß für die Effizienz der Nutzung eines AMPS während eines abgelaufenen Zeitraums [VDI 3423 2002, S.7].

Die **Zeitpunktprognose** stützt sich auf mittlere Betriebszeiten (**M**ean **T**ime **B**etween **F**ailures, $MTBF$) und mittlere Ausfallzeiten (**M**ean **D**own **T**ime, MDT) der Vergangenheit zur Prognose der Wahrscheinlichkeit, zu einem bestimmten Zeitpunkt die Einheit (hier AMPS) in einem funktionsfähigen Zustand anzutreffen [DIN 40041 1990, S.8].

$$Verfügbarkeit = Nutzungsgrad = \frac{MTBF}{MTBF + MDT} \quad (2.8)$$

Ergebnis ist ein Erwartungswert für die Funktionsfähigkeit einer Einheit in der Zukunft.

Tab. 2-6: Verfügbarkeit in Normen und Richtlinien

Verfügbarkeit	
Zeitraumbetrachtung für das Betriebsverhalten der Vergangenheit.	Zeitpunktbetrachtung als Prognosemodell für das Betriebsverhalten der Zukunft.
Definitionen: DIN EN 13306 2001 Berechnung: VDI 3423 2002	Definitionen: DIN 40041 1990 Berechnung: VDI 4004 Blatt 3, 4 1986
Relevant für den Nachweis der Erfüllung der vereinbarten Anforderungen zwischen Anlagenhersteller und Anlagenbetreiber.	Relevant für die Prognosebetrachtung als Basis für die Anlagenplanung, z.B. hinsichtlich Kapazität und Instandhaltungsintervalle.

Zur Bestimmung der Verfügbarkeit ist eine differenzierte Zeiterfassung der Betriebs- und Ausfallzeiten erforderlich.

Tab. 2-7: Zeiterfassung nach [VDI 3423 2002]

<table>
<tr><td colspan="6">Betrachtungszeitraum (z.B. Jahr, Schicht, Garantiezeit)</td></tr>
<tr><td colspan="4">Belegungszeit T_B</td><td>nicht belegte Zeit</td><td>nicht geplante Zeit</td></tr>
<tr><td colspan="3">Theoretische Bereitschaftszeit $T_{Bereit\ theo}$</td><td rowspan="3">Wartungszeit T_W
geplant</td><td colspan="2" rowspan="3">Wartungszeit kann in die nicht belegte Zeit ausgedehnt werden</td></tr>
<tr><td colspan="2">Bereitschaftszeit T_{Bereit}</td><td rowspan="2">Technische Ausfallzeit T_T</td></tr>
<tr><td>Laufzeit T_{Lauf}</td><td>Organisatorische Ausfallzeit T_O</td></tr>
</table>

Im Betrachtungszeitraum ist die gesamte Beobachtungsdauer erfasst. Dies kann z.B. das Produktionsjahr, die Produktionsschicht oder die Garantiezeit des AMPS sein. Nach Abzug der nicht belegten Zeiten, z.B. wegen Pausen, nicht geplanten oder fehlenden Aufträgen, erhält man die Belegungszeit (T_B). Durch Abzug der Wartungszeit (T_W) ergibt sich die theoretische Bereitschaftszeit ($T_{Bereit\ theo}$) des AMPS. Die (tatsächliche) Bereitschaftszeit (T_{Bereit}) ist die theoretische Bereitschaftszeit abzüglich der technischen Ausfallzeit (T_T). Die Laufzeit (T_{Lauf}) ist die Zeit, in der das AMPS tatsächlich betrieben wird. Sie ergibt sich aus der Bereitschaftszeit abzüglich der organisatorischen Ausfallzeit (T_O). Die technischen Ausfallzeiten werden durch Mängel und Störungen des AMPS verursacht. Zusammen mit den Zeiten für die Wartungen, die während der Belegungszeit durchgeführt werden müssen, liegen sie in der Verantwortung des Anlagenherstellers. Die organisatorischen Ausfallzeiten werden durch Mängel in der Organisation, Administration und Logistik während des Betriebs des AMPS verursacht. Sie liegen im Verantwortungsbereich des Anlagenbetreibers. Die exakte Erfassung der Ausfallursache ist Voraussetzung zur Unterscheidung zwischen technischer (maschinenbedingter) und praktischer Verfügbarkeit (Tabelle 2-8).

Tab. 2-8: Ausfallzeiten, Ausfallursachen, Abhängigkeiten und Verantwortung [DIN EN 13306 2001; VDI 3423 2002]

Technische Ausfallzeit T_T	Wartungszeit T_W	Organisatorische Ausfallzeit T_O
Materialfehler im AMPS Mängel in Konzept und Ausführung des AMPS Instandsetzung, Reparatur infolge der Mängel Zusätzliche Wartungszeiten infolge der Mängel Zusätzliche Instandhaltung infolge der Mängel Lieferverzug des Anlagenherstellers bei Ersatzteilen Probelauf zur Fehlerfindung Wartezeiten auf den Kundendienst des Anlagenherstellers, die über die vereinbarte Reaktionszeit hinausgehen. Wechseln der Betriebsmittel (Rüsten) die über die zugesagte Rüstzeit hinausgehen.	Geplante Instandhaltung in Form von Inspektion, Kalibrierung, Reinigung, Schmierung und Justage, die während der Belegungszeit durchgeführt werden müssen.	Fehlen von Energie Fehlen von Werkstücken Fehlen von Werkzeugen Fehlen von personeller Kapazität Mangelnde Schulung Mangelhafte Handhabung Mangelhafte Wartung und Instandhaltung Mangelhafte Werkstückqualität (Teilehygiene) Ungeplante Instandhaltung infolge der Fehler und Mängel Warten auf Ersatzteile Warten auf Kundendienst innerhalb der Reaktionszeit Wechsel von Betriebsmittel
Abhängig von der technischen Zuverlässigkeit und Instandhaltbarkeit des AMPS		Abhängig von den Rahmenbedingungen
Verantwortung des Anlagenherstellers		Verantwortung des Anlagenbetreibers

Mit den definierten Kenngrößen kann die Berechnung der Verfügbarkeit nach Tabelle 2-9 erfolgen.

Tab. 2-9: Verfügbarkeitsberechnung

Zeitraumbetrachtung [VDI 3423 2002]	Zeitpunktprognose [VDI 4004 1986]
Technische Verfügbarkeit oder technischer Nutzungsgrad: $V_t = NG_t = \frac{T_B - (T_T + T_W + T_O)}{T_B - T_O} \cdot 100\%$ oder $V_t = NG_{mb} = \frac{T_{Lauf}}{T_B - T_O} \cdot 100\%$	Theoretische Verfügbarkeit: $V_{theo} = \frac{MTBF}{MTBF + MTTR} \cdot 100\%$
	Technische Verfügbarkeit: $V_t = \frac{MTBF}{MTBF + MTTR + MRDP} \cdot 100\%$
Praktische Verfügbarkeit oder Gesamtnutzungsgrad: $V_P = NG = \frac{T_B - (T_T + T_W + T_O)}{T_B} \cdot 100\%$ oder $V_P = NG = \frac{T_{Lauf}}{T_B} \cdot 100\%$	Operationelle Verfügbarkeit: $V_o = \frac{MTBF}{MTBF + MTTR + MRDP + MRDA} \cdot 100\%$
	Praktische Verfügbarkeit: $V_P = \frac{MTBF}{MTBF + MTTR + MRDP + MRDA + MRDL} \cdot 100\%$

Erläuterung MTTR, MRDP, MRDA, MRDL siehe Kapitel 2.2.2

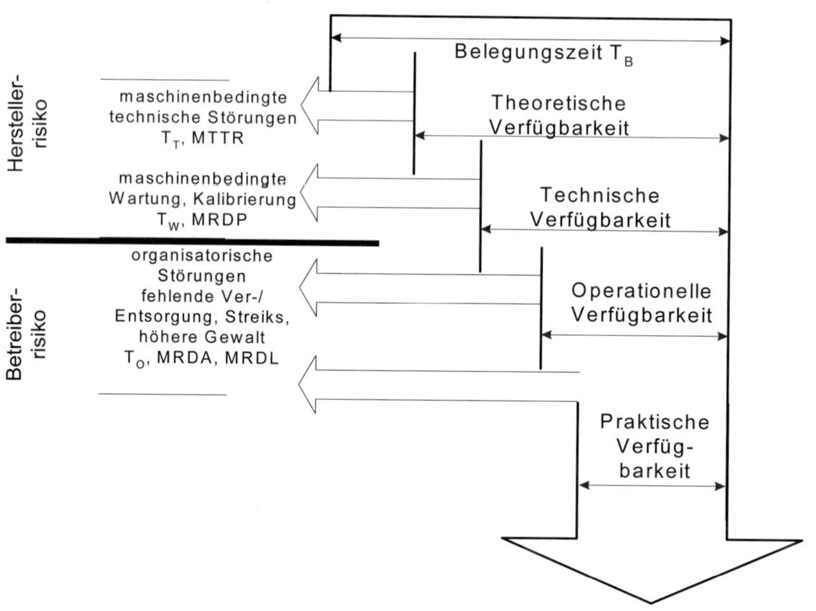

Abb. 2-15: Verfügbarkeitsarten im Überblick

2.2.1 Technische Zuverlässigkeit

2.2.1.1 Ausfall- und Versagensursachen technischer Erzeugnisse

Die technische Zuverlässigkeit oder auch Überlebenswahrscheinlichkeit $R(t)$ ist ein wichtiges Kriterium zur Produktbeurteilung und neben der Zeit auch abhängig von den genauen Funktions- und Umgebungsbedingungen. Der Ausfall- oder das Versagen von technischen Erzeugnissen kann durch das Versagen einzelner Systemelemente oder durch Störungen im Zusammenwirken von Systemelementen hervorgerufen werden. Die Ursachen für den Ausfall können unterschieden werden in:

1. **maschinenbedingte Ursachen** (z.B. Verschleiß, beabsichtigt [Bremse] oder unbeabsichtigt) und
2. **nicht-maschinenbedingte Ursachen** (z.B. mangelhafte Handhabung durch schlecht geschultes Bedienpersonal oder Fehlen von Energie bei Stromausfall, sowie höhere Gewalt bei Streiks).

Ursachen können auch komplexe Zusammenhänge sein, wie z.B. das Ausschlagen eines Lagers (technisches Versagen) durch unterlassene Wartungsarbeiten (menschliches Versagen). Unterschieden nach Intensität und zeitlichem Auftreten ergibt sich folgende Darstellung der Erscheinungsformen von Defekten:

„**Abnutzungs- und Verschleißerscheinungen**, die durch eine natürliche Abnutzung des Systems entstehen, tragen zur Minderung der Funktionserfüllung bei.

Fehler, die auf Grund von Überschreitungen technischer Grenzwerte entstehen, aber nicht zwangsläufig zur Funktionsunfähigkeit der Anlage führen, werden berücksichtigt.

Störungen, die infolge von Fehlern auftreten, ziehen eine Beeinträchtigung des Betriebsverhaltens mit sich (technische Störung auf Grund von Verschleiß).

Ausfälle wiederum, die durch unberücksichtigte Fehler und Störungen zu Stande kommen, führen zur Nichterfüllung der Funktion. Sie führen also zum Stillstand des Systems.

Die **Schäden** entstehen durch Zerstörung der Bauteile infolge von nicht behobenen Fehlfunktionen und Abweichungen vom Sollverhalten. Absicherungsmaßnahmen laufen nun darauf hinaus, entweder Fehler zu erkennen (aktiv) oder sie durch Maßnahmen zu vermeiden (passiv).

Zu der aktiven Absicherung gehört die Fehlerdetektion bzw. Überwachung.

Diese Defekte können in bestimmten Absicherungsstufen überwacht werden. In diesen Stufen sind automatisierte Absicherungsmaßnahmen zu integrieren.

Die **Fehlerfrüherkennung** als Überwachungsschwerpunkt tritt bei Verschleiß- und Abnutzungsvorgängen auf, um die Abweichungen vom normalen Betriebsverhalten festzustellen.“ [Dornig 05].

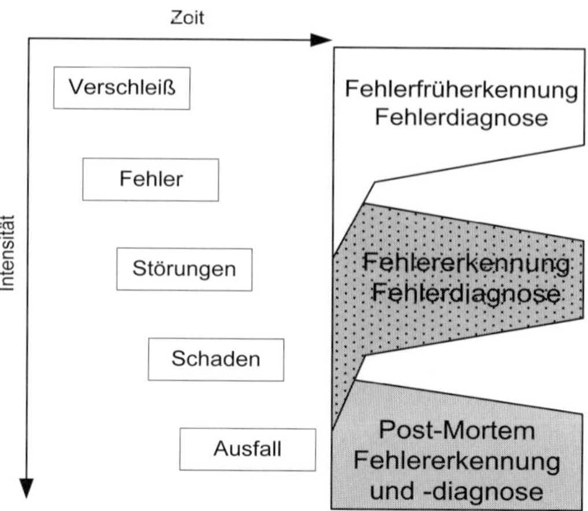

Abb. 2-16: Einteilung der zeitlichen Defekte und ihre Absicherungsstufen [Gebauer 92]

Durch eine gezielte und kontrollierte Überwachung der verschleißenden Bauteile lassen sich Fehler, Störungen, Ausfälle und Schäden vermeiden und damit die technische Zuverlässigkeit und technische Verfügbarkeit von Produktionssystemen erhöhen.

Ein zweiter Ansatzpunkt zur Zuverlässigkeits- und Verfügbarkeitserhöhung liegt in der Konstruktion. Durch die Wahl qualitativ hochwertiger Komponenten und durch eine sichere Auslegung lässt sich Verschleiß reduzieren und mit Hilfe von Lebensdauerangaben der Hersteller oder aus eigener Erfahrung lassen sich Wartungsintervalle und Zeitpunkte zur vorbeugenden Instandhaltung bestimmen. [Kettl 07]

Aus wirtschaftlichen Gründen werden Zuverlässigkeitsprognosen von Komponenten/Anlagen/Systemen immer wichtiger, da nicht arbeitende Produktionsanlagen in jeder Sekunde Stillstand Kosten verursachen. Zuverlässigkeitsprognosen spielen eine wichtige Rolle um Stillstandszeiten von Produktionsanlagen zu minimieren bzw. für Wartungsarbeiten/Reparaturen „vorhersehbar“ zu gestalten. Die Grundlage für Zuverlässigkeitsprognosen sind verlässliche Zuverlässigkeitsanalysen.

Bei der Angabe von Ausfallraten von Bauelementen sind Randbedingungen mit zu berücksichtigen. Es werden zwei Fälle unterschieden:

Umweltbeanspruchung	z.B.: Umgebungstemperatur, Feuchtigkeit, Druck, aggressive Medien, Staub, Mikroben, Insekten, Schwingungen, Stöße, Strahlung, elektromagnetische Felder usw.
Funktionsbeanspruchung	z.B.: Spannung, Strom, Leistung, Drehmoment, Drehzahl, Weg, selbst erzeugte Wärme (Verlustleistung), Frequenz, Reibung, Unwucht usw.

Die genannten Beanspruchungen haben unterschiedliche Einflüsse auf die Ausfallraten. Da die theoretische Erfassung der verschiedenen Einflüsse selten möglich ist und eine experimentelle Erfassung aller Möglichkeiten zu zeit- und kostenintensiv ist, beschränkt man sich auf die wichtigsten Beanspruchungsarten, vor allem auf die Abhängigkeit der Ausfallrate von der Funktionsbeanspruchung und der Temperatur, dabei wiederum nur auf die Phase der konstanten Ausfallraten. Früh- und Spätausfälle werden ausgeklammert.

2.2.1.2 Ziele der Zuverlässigkeitsprüfung

Zuverlässigkeitsprüfungen sollen Nachweise über die Zuverlässigkeit von Produkten liefern. Aufgrund dessen müssen die Prüfbedingungen reproduzierbar und in einem Prüfplan festgelegt sein. Auch müssen der Prüfumfang sowie der Prüfling für das Produkt repräsentativ sein.

Die grundsätzlichen Ziele von Zuverlässigkeitstests sind:

- Ermitteln von Zuverlässigkeitskenngrößen
- Erkennen von Schwachstellen des Produktes zur Einleitung von Verbesserungsmaßnahmen
- Prüfen, ob die Zuverlässigkeitsvorhersagen, die während der Produktplanung- und Entwicklungsphase erstellt wurden, bestätigt werden
- Nachweisen, ob Zuverlässigkeitsforderungen erfüllt werden
- Ermitteln, ob technologische Prozesse einen Einfluss auf die Zuverlässigkeit haben
- Erarbeiten verbesserter Instandhaltungsmaßnahmen
- Reduzierung von Fehlleistungskosten und Lebenszykluskosten
- Ermitteln des Einflusses der Betriebsbedingungen auf die Zuverlässigkeit.

2.2.1.3 Zuverlässigkeitsschaltbilder

Zuverlässigkeitsschaltbilder stellen graphisch die Zuverlässigkeitsstruktur eines Systems dar. Keinesfalls gleichsetzen darf man es mit der Funktionsstruktur oder dem schaltungstechnischen Aufbau eines Stoff-, Informations- oder Energieflusses.

Wenn im Zuverlässigkeitsschaltbild eine durchgängige Verbindung zwischen Eingang E und Ausgang A besteht, auf welcher nur momentan funktionsfähige Elemente liegen, so gilt das System als funktionsfähig.

Für die Anordnung der Elemente innerhalb eines Systems gibt es grundsätzlich 2 Schaltungsanordnungen, die Reihen- und die Parallelschaltung.

Reihenschaltung

Zwei Elemente sind in Reihe geschaltet, wenn ihre Verbindung keine Abzweigung aufweist. Die Reihenschaltung wird auch als Hintereinanderschaltung oder Serienschaltung bezeichnet.

Bei einer Reihenschaltung von Elementen ist zu beachten, dass bei Ausfall eines Gliedes in der Kette das gesamte System ausfällt, (Abbildung 2-17).

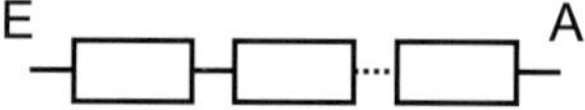

Abb. 2-17: Beispiele für Zuverlässigkeitsschaltbilder - Reihenschaltung

Spielt der Gesamtwiderstand bei der Betrachtung der Zuverlässigkeit keine Rolle so kann System in Abbildung 2-17 bei Unterbrechung eines Widerstandes als noch funktionstüchtig betrachtet werden und stellt somit in der Zuverlässigkeitsersatzschaltung eine Parallelschaltung dar.

Die Entscheidung, ob man es mit einer Reihen- oder Parallelschaltung zu tun hat, hängt also von der Funktionsstruktur und dem Ausfallverhalten des jeweiligen Systems ab.

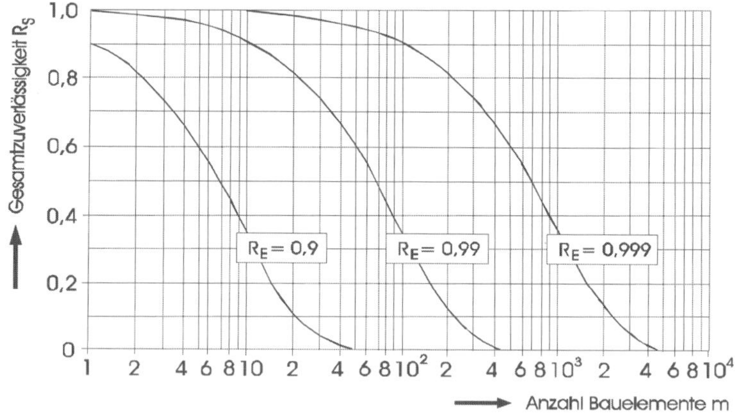

Abb. 2-18: Gesamtzuverlässigkeit von Reihenschaltungen [DGQ 1994]

Das Überleben eines Seriensystems hängt somit vom Überleben aller Einzelsysteme ab und ergibt sich als Produkt der Überlebenswahrscheinlichkeiten der n Elemente des Gesamtsystems (Abbildung 2-18).

$$R_s(t) = \prod_{i=1}^{n} R_i(t)$$

$$R_s(t) = \prod_{i=1}^{n} e^{-\lambda_i t} = e^{-\sum_{i=1}^{n} \lambda_i(t) t}$$

$R_s(t)$ – Überlebenswahrscheinlichkeit des Gesamtsystems

Daraus folgt die Gesamtausfallrate

$$\lambda_s(t) = \sum_{i=1}^{n} \lambda_i(t)$$

$\lambda_s(t)$ – Gesamtausfallrate des Systems

Somit ergibt sich für die Überlebenswahrscheinlichkeit:

$$R_s(t) = e^{-\lambda_s(t)t}$$

Für die Gesamtausfallwahrscheinlichkeit gilt:

$$G_s(t) = 1 - R_s(t) = 1 - e^{-\lambda_s(t)t}$$

Mit den gegebenen Gleichungen für Reihenschaltungen können nun die Zuverlässigkeitskennziffern eines Systems aus den Kennziffern der einzelnen Elemente berechnet werden. Für den Fall das $R_i = R =$ konstant ist, gilt:

$$R_s(t) = R(t)^n$$

Parallelschaltung

Eine Parallelschaltung ist dadurch gekennzeichnet, dass bei Ausfall einer Einheit die Aufgabe dieser ausgefallenen Einheit durch eine Reserveeinheit übernommen wird. Spielt der Gesamtwiderstand bei der Betrachtung der Zuverlässigkeit keine Rolle so kann System in Abbildung 2-19 bei Unterbrechung eines Widerstandes als noch funktionstüchtig betrachtet werden und stellt somit in der Zuverlässigkeitsersatzschaltung eine Parallelschaltung dar.

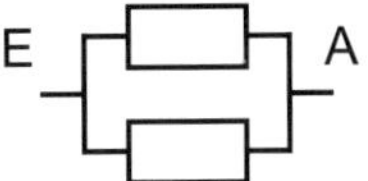

Abb. 2-19: Beispiele für Zuverlässigkeitsschaltbilder - Parallelschaltung

> Das „Vorhandensein von mehr funktionsfähigen Mitteln in einer Einheit, als für die Erfüllung der geforderten Funktion notwendig" ist bezeichnet man als **Redundanz**. [DIN 90]

Wird das Redundanzkonzept auf Informationsflüsse angewandt, spricht man von analytischer Redundanz.

> Die **analytische Redundanz** gewinnt die redundante Information aus Kenntnissen die im betrachteten Prozess bereits vorhanden sind.

Mit analytischer Redundanz werden Informationen von verschiedenen Sensoren durch geeignete Algorithmen miteinander verglichen und zur Überwachung eines Prozesses/Vorgangs eingesetzt.

Die „Absicherung“ durch Einsatz zusätzlicher Bauelemente wird in der Technik als Hardwareredundanz bezeichnet.

Unter **Hardwareredundanz** versteht man die Einführung von **zusätzlichen Elementen** (Reserveelementen), welche dieselbe Funktion wie andere Elemente ausführen. Dadurch wird die **Zuverlässigkeit**, die **Sicherheit** und die **Verfügbarkeit** erhöht [nach Herwieg 99].

Bei Hardwareredundanz kann zwischen der Belastungsart der eingesetzten Bauteile (belastet/unbelastet) und der Art der eingesetzten Mittel (homogen/diversitär) unterschieden werden.

Bei **kalter Redundanz** (Abbildung 2-20) oder auch unbelasteter Reserve wird nach dem Versagen eines Systems ein Reservesystem hinzugeschaltet. Dieses übernimmt die Aufgaben der defekten Einheit. Ist während des Betriebes eine parallel angeordnete Einheit ständig an der Funktion beteiligt, so spricht man von **heißer Redundanz** bzw. belasteter Redundanz. Sind n gleiche oder ähnliche Elemente zur Ausübung einer Teilfunktion vorhanden, so ist n-1 der **Redundanzgrad** des Systems.

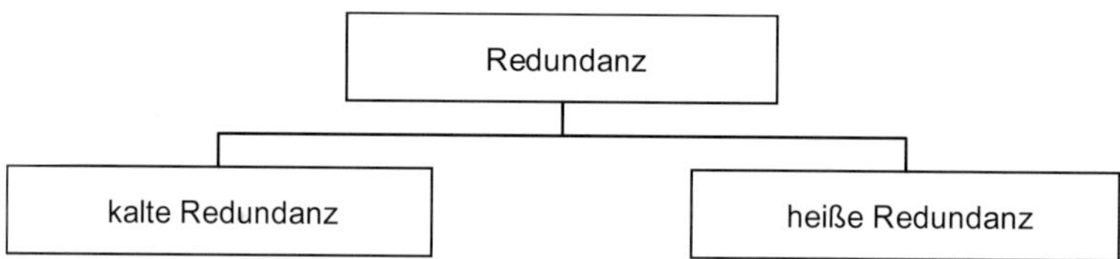

Abb. 2-20: Redundanz

Der Ausfall eines Systems mit heißer Hardwareredundanz erfolgt genau dann, wenn alle *n* Elemente in der Zeit *t* ausgefallen sind. Damit gilt das Produktgesetz der Ausfallwahrscheinlichkeiten mit:

$$G_s(t) = \prod_{i=1}^{n} G_i(t)$$

Für die Überlebenswahrscheinlichkeit folgt:

$$R_s(t) = 1 - G_s(t) = 1 - \prod_{i=1}^{n} [1 - R_i(t)]$$

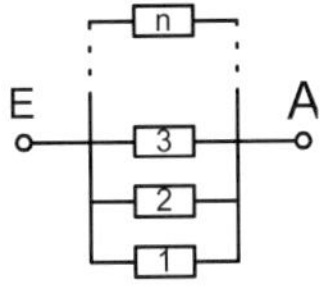

Abb. 2-21: Zuverlässigkeitsschaltbild Parallelsystem

Meist werden gleiche oder ähnliche Elemente redundant angeordnet. Hierbei gilt für alle $R_i = R$. Es folgt:

$$R_s(t) = 1 - [1 - R(t)]^n = 1 - (1 - e^{-\lambda(t)t})^n$$

In der Praxis wird der Einsatz von redundanten Systemen meist von ökonomischen Gesichtspunkten begrenzt. Daher werden solche Systeme, die sich leicht und schnell nach einem Ausfall reparieren lassen, regelmäßig nicht oder nur selten mit einer Redundanz versehen. Systeme deren Ausfall jedoch schwerwiegende Folgen für Leib und Leben oder ein hohes finanzielles Risiko beinhalten, müssen mit ausreichenden Reserveeinheiten ausgestattet werden, wie beispielsweise die Energieversorgung eines Operationssaales.

Im Maschinenbau kann man überwiegend Zuverlässigkeitsserienstrukturen vorfinden, da es hier sehr aufwendig wäre Redundanzen einzubauen. Dafür werden dann die kritischen Bauteile meist mit einem höherem Sicherheitsfaktor dimensioniert, um das Systemausfallverhalten zu verbessern [Bertsche 04].

Die Gesamtsystemzuverlässigkeit für Reihen- und Parallelschaltung ist in Abbildung 2-22 dargestellt.

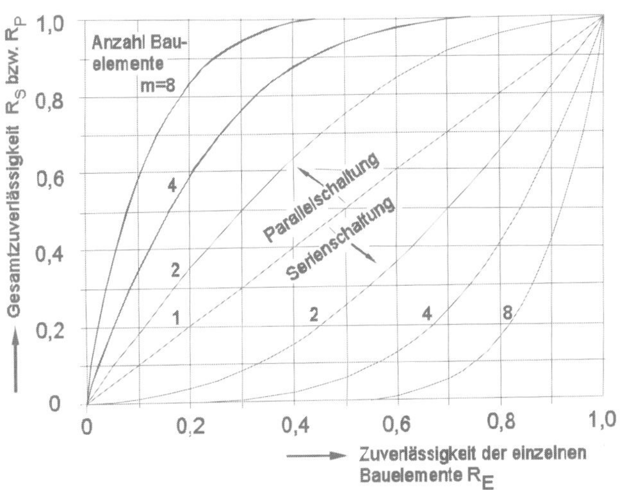

Abb. 2-22: Gesamtzuverlässigkeit von Reihen und Parallelschaltung [DGQ 94]

Kombination von Reihen und Parallelanordnung

Die Gesamtzuverlässigkeit einer Kombination von Reihen- und Parallelanordnungen ergibt sich aus der Summe der Wahrscheinlichkeiten der einzelnen möglichen Wege, auf denen die Funktionsfähigkeit des Systems erhalten bleibt. Zum besseren Verständnis betrachten wir folgendes einfaches Beispiel.

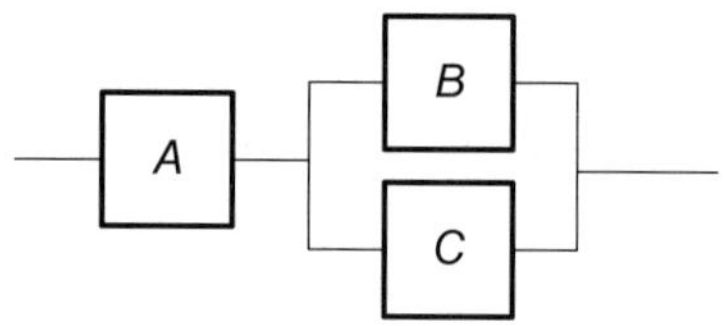

Abb. 2-23: Zuverlässigkeitsschaltbild mit Reihen und Parallelanordnung

Die Funktionsfähigkeit des in Abbildung 2-23 dargestellten Systems ist nicht nur gewährleistet, wenn alle Bauelemente (A; B; C) funktionstüchtig sind, sondern auch bei Ausfall von B oder C (über die Wege A – B bzw. A – C).

Unabhängig von der Anordnung des Systems ist die Anzahl der Möglichkeiten (z) für die Funktion und Nichtfunktion

$$z = 2^n \qquad \text{mit } n = \text{Anzahl der Bauelemente}$$

Die Funktionswahrscheinlichkeit eines einzelnen Weges ergibt sich aus:

$$R_\mathrm{i} = \prod R_\mathrm{E} = R_\mathrm{E1} \cdot R_\mathrm{E2} \cdot \ldots \cdot R_\mathrm{En}$$

Die Zuverlässigkeit des Gesamtsystems R ergibt sich aus:

$$R = \sum R_\mathrm{i}$$

Durch die analoge Berechnung der Ausfallwahrscheinlichkeit G eines Systems lässt sich eine Kontrolle des Ergebnisses durchführen.

$$R + G = R + (1 - R) = 1$$

Aufgrund der hohen Anzahl von Komplexionen in redundanten Systemen ist die Berechnung der Überlebenswahrscheinlichkeit in der Realität mit großen Schwierigkeiten verbunden. Hierbei kann der „Satz von der totalen Wahrscheinlichkeit" eine große Hilfe sein. Angewendet auf die Zuverlässigkeitsberechnung lautet er:

Satz der totalen Wahrscheinlichkeit:

Die Gesamtzuverlässigkeit eines Bausatzes ist gleich der Überlebenswahrscheinlichkeit R_A des Bauelementes A multipliziert mit der Überlebenswahrscheinlichkeit R' des Bausatzes, unter der Vorraussetzung, dass A überlebt, plus der Ausfallwahrscheinlichkeit $(1\text{-}R_A)$ des Bauelementes A multipliziert mit der Überlebenswahrscheinlichkeit R" des Baussatzes, unter der Vorraussetzung, dass A ausgefallen ist [DGQ 94].

Formel dafür: $R = R_A \cdot R' + (1 - R_A) \cdot R''$

Weitere Strukturen von Zuverlässigkeitsschaltbildern, die Kombinationen aus Reihen- und Parallelschaltungen darstellen, sind in Tab. zusammengefasst.

Tab. 2-10: Strukturen von Blockdiagrammen und Zuverlässigkeitsfunktionen

Zuverlässigkeitsblockdiagramm	Zuverlässigkeitsfunktion/Bemerkung $(R_S = R_S(t),\ R_i = R_i(t))$
E_i	$R_S = R_i$ Einzelelement für $\lambda(t) = \lambda \rightarrow R_i(t) = e^{-\lambda_i t}$
E_1 – E_2 – E_n	$R_S = \prod_{i=1}^{n} R_i$ Serienmodell $\lambda_S(t) = \lambda_1(t) + \ldots + \lambda_n(t)$
E_1, E_2 (parallel) 1 aus 2	$R_S = R_1 + R_2 - R_1 R_2$ Redundanz 1 aus 2, für $R_1(t) = R_2(t) = e^{-\lambda t}$ gilt: $R_S(t) = 2e^{-\lambda t} - e^{-2\lambda t}$
E_1, E_2, …, E_n (parallel) *k* aus *n*	$R_1 = \ldots = R_n = R$ $R_S = \sum_{i=k}^{n} \binom{n}{i} R_i (1 - R)^{n-1}$ Redundanz *k* aus *n*, für *k* = *1* gilt: $R_S = 1 - (1 - R)^n$
E_1 – E_2 – E_3 parallel zu E_4 – E_5, dann E_6 – E_7	Serien-/Parallelstruktur $R_S = (R_1 R_2 R_3 + R_4 R_5 - R_1 R_2 R_3 R_4 R_5) R_6 R_7$

Zuverlässigkeitsblockdiagramm	**Zuverlässigkeitsfunktion/Bemerkung** $(R_S = R_S(t), R_i = R_i(t))$
E_1, E_2, E_3, E_V, Meldung, 2 aus 3	Majoritäts-Redundanz (allgemeiner Fall *n+1* aus *2n+1*) $R_1 = R_2 = R_3 = R$ $R_S = (3R^2 - 2R^3)R_V$
E_1, E_3, E_5, E_2, E_4	Brückenschaltung mit Zweiwegverbindung $R_S = R_5(R_1 + R_2 - R_1R_2)(R_3 + R_4 - R_3R_4) + (1-$ $(R_1R_3 + R_2R_4 - R_1R_2R_3R_4)$
E_1, E_3, E_5, E_2, E_4	Brückenschaltung mit gerichteter Verbindung $R_S = R_4(R_2 + R_1(R_3 + R_5 - R_3R_5)$ $- (R_1R_2)(R_3 + R_5 - R_3R_5)) + (1 - R_4)R_1R_3$
E_2, E_4, E_2, E_1, E_3, E_5	$R_S = R_2R_1(R_4 + R_5 - R_4R_5) + (1 - R_2)R_1R_3R_5$ das Element E_2 erscheint zweimal im Zuverlässigkeits-blockdiagramm

2.2.1.4 Zuverlässigkeitsanalyse von Systemen

Die Zuverlässigkeit gibt die Wahrscheinlichkeit an, dass während einer Zeitspanne kein Ausfall auftreten wird, welcher die Funktionsfähigkeit einer Einheit beeinträchtigt [DIN 90]. Die Zuverlässigkeit wird durch die Ausfallrate der technischen Elemente bestimmt. Sie wird quantifiziert durch die mittlere stillstandsfreie Laufdauer (Klarzeit), **M**ean **T**ime **B**etween **F**ailures (*MTBF*).

MTBF wird definiert als:

> "Erwartungswert für die Klarzeit bis zur nächsten Reparatur."
> [VDI 4004 1986, S. 5]

Die Berechnung erfolgt als:

$$MTBF = \frac{1}{\lambda} \text{ mit } \lambda \text{ ... Ausfallrate} \qquad (2.9)$$

Der Zeitanteil $MTBF$ wird durch die Ausfallrate bestimmt. Die Ausfallrate ist die Ausfallwahrscheinlichkeitsdichte $f(t)$ dividiert durch die Überlebenswahrscheinlichkeit $R(t)$.

$$\lambda(t) = \frac{dF(t)}{dt}\frac{1}{1-F(t)} = \frac{f(t)}{1-F(t)} = \frac{f(t)}{R(t)} = -\frac{1}{R(t)}\frac{dR(t)}{dt} \quad mit\, R(t) = 1 - F(t) \tag{2.10}$$

Für eine einzelne Betrachtungseinheit ist $\lambda(t)$ für $\Delta t \to 0$ die Wahrscheinlichkeit eines Ausfalles im Zeitraum $(t; t + \Delta t)$, wenn die Einheit zum Zeitpunkt t noch intakt war.

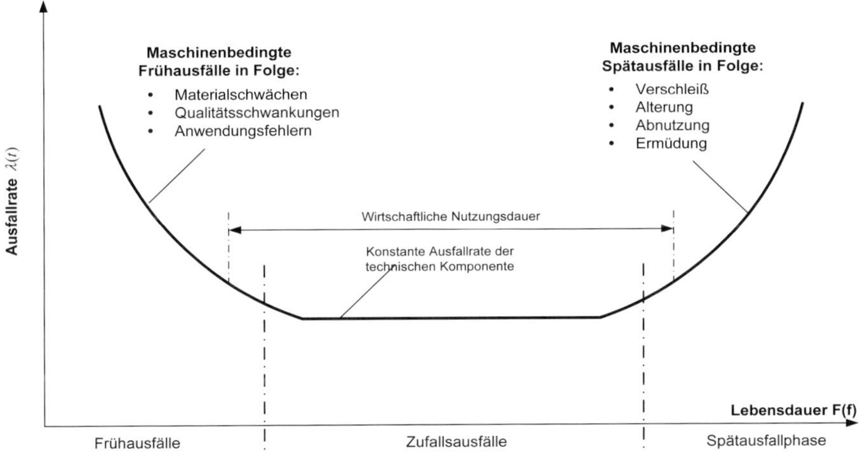

Abb. 2-24: Zusammenhang zwischen Ausfallrate und Lebensdauer [VDI 4004-2 1986, S. 5]

Ausfälle werden nach Abbildung 2-24 in drei zeitliche Phasen gegliedert:

- Frühausfallphase (exponentiell absteigend),
- Zufallsausfälle mit nahezu konstanten Ausfallraten und die
- Spätausfallphase.

Die Zuverlässigkeit einer nicht reparierbaren Einheit wird durch ihre Lebensdauer charakterisiert. Sie ist festgelegt durch F(t)

$$F(t) = P(T \leq t) \text{ für } t \geq 0 \qquad \text{und } F(t) = 0 \text{ für } t \leq 0 \tag{2.11}$$

Die Lebensdauer F(t) beschreibt, wie viele Teile bis zum Zeitpunkt t ausgefallen sind.
Ziel der Zuverlässigkeitsberechnung von Systemen ist es, aus dem Ausfallverhalten der einzelnen Komponenten das Ausfallverhalten des Gesamtsystems abzuleiten.

Bei der Berechnung der Systemzuverlässigkeit greift man dabei meist auf die „Boolesche Theorie“ zurück. Mit ihrer Hilfe kann man, ausgehend von den Lebensdauern der einzelnen Bauteile, die Lebensdauer des Systems ermitteln, falls folgende Voraussetzungen erfüllt sind:

- Jedes Element besitzt ein eigenes unabhängiges Ausfallverhalten, d.h. es gibt keine Beeinflussung des Ausfallverhaltens der Bauelemente untereinander.
- Es handelt sich um ein nicht reparierbares System, d.h. die Systemlebensdauer endet mit dem ersten Ausfall des Systems. (Falls das betrachtete System reparierbar sein sollte, so kann die nachfolgende Theorie jedoch dazu angewandt werden, die Lebensdauer bis zum ersten Systemausfall zu berechnen.)
- Für die das System bildenden Elemente gibt es nur die beiden Zustände „funktionsfähig“ und „nicht funktionsfähig“ [Bertsche 04]

Auch ist zu beachten, dass das Ausfallverhalten von Elementen häufig von der Struktur des Systems abhängig ist. Das bedeutet, dass z.B. Kopplungen oder die Anordnung der Elemente innerhalb des Systems Einfluss auf das Ausfallverhalten eines Elements haben. Beobachten kann man dies sehr häufig bei mechanischen, elektromechanischen und optischen Bauelementen, selten bei elektronischen Schaltungen. Beispielsweise kann bei einem 2-Takt Motor das Ausfallverhalten eines Vergasers abhängig von seiner baulichen Anordnung innerhalb des Motors sein.

Der Grad der gegenseitigen Beeinflussung der mechanischen Bauelemente ist wegen ihres gegenseitigen Zusammenhangs und integrierter Funktionsausnutzung oft derart hoch, dass Ausfallraten für ein einzelnes Bauelement nicht angegeben werden können. Alternativ kann man dann die Ausfallrate ganzer Baugruppen empirisch bestimmen und mit diesen Daten rechnen.

Zur Ermittlung der Zuverlässigkeit von Systemen kommen mehrere Methoden zum Einsatz bei denen einerseits nach Schwachstellen und deren Auswirkungen (FMEA, FMECA, Ereignisablaufanalysen) und andererseits das Ausfallverhalten mit Hilfe von Statistik und Wahrscheinlichkeitstheorie ermittelt wird (Fehlerbaumanalyse, Markov-Theorie).

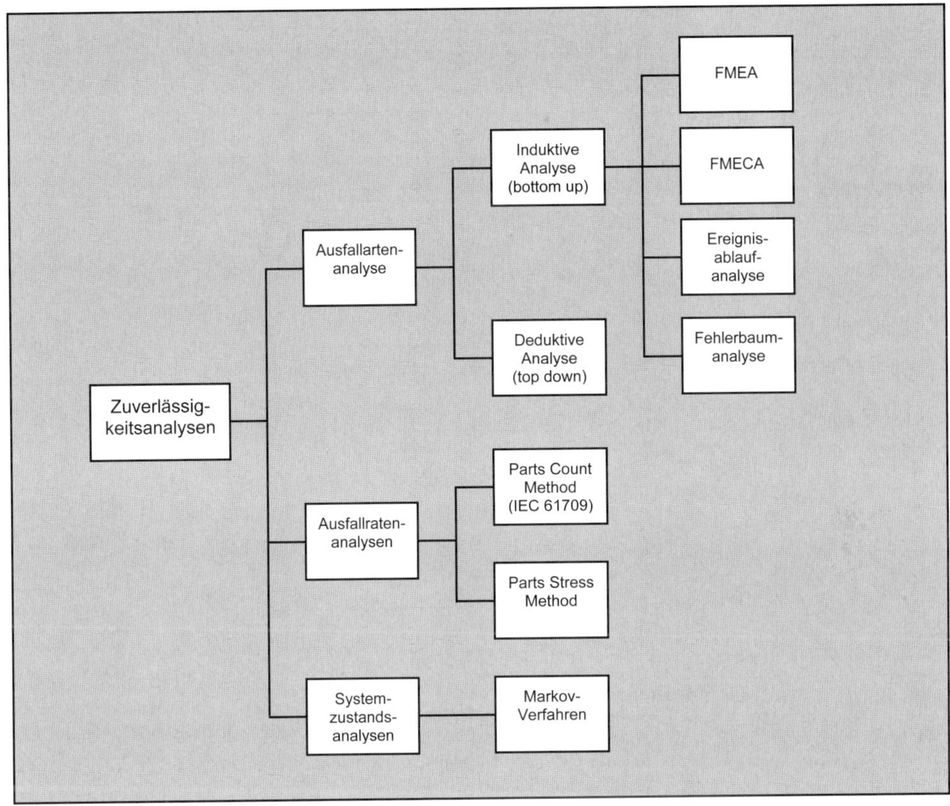

Abb. 2-25: Übersicht Zuverlässigkeitsanalysen [VDA 4 2003]

2.2.1.5 Ausfallartenanalyse

Die Ausfallartenanalyse unterscheidet zwischen der induktiven und der deduktiven Analyse. Die induktive Analyse geht davon aus, dass es wesentlich wirtschaftlicher sei mögliche Ausfallursachen zu vermeiden als aufgetretene Ausfälle zu beseitigen, während die deduktive Analyse von einem Ausfall ausgeht und sich bis zur möglichen Ursache durcharbeitet.

Die **Funktions-FMEA** wird in der frühen Entwicklungsphase eingesetzt um Funktionsanforderungen an das System genau zu prüfen und um Fehler und Funktionsausfälle ermitteln zu können.

Die **Bauteil-FMEA** kann durchgeführt werden, wenn konkrete technische Angaben zum Bauteil oder eine Zeichnung zum entsprechenden Bauteil existieren.

Die **Konstruktions-FMEA** untersucht die pflichtenheftgerechte Gestaltung und Auslegung der Komponenten zur Vermeidung von entwicklungs- und konstruktiv bedingten Fehlern. Jede mögliche Ausfallart des Bauteils wird als Fehler betrachtet und dessen Auswirkung auf das System analysiert.

Die **Prozess-FMEA** untersucht die zeichnungsgerechte Prozessplanung und –ausführung der Komponenten um Planungs- und Fertigungsfehler zu vermeiden. Sie soll sicherstellen, dass die Qualität des Endproduktes den Kundenerwartungen entspricht.

Die **FMECA-Methode** (**F**ailure **M**ode, **E**ffects and **C**riticality **A**nalysis) stellt eine Erweiterung der FMEA-Methode um eine Risikobewertung dar.

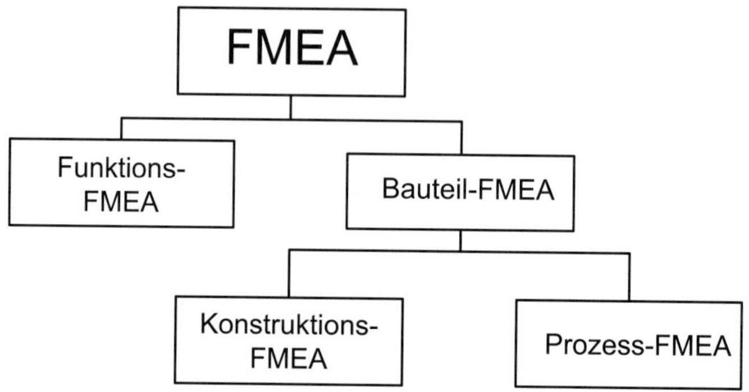

Abb. 2-26: FMEA-Varianten [Bertsche 99]

Fehlerbaumanalyse (FTA – Fault Tree Analysis)

Die Fehlerbaumanalyse gehört zu den deduktiven Analysemethoden (Rückwärts-Suche), basierend auf der Booleschen Algebra, und wird zur „Ermittlung der logischen Verknüpfung von Komponenten- oder Teilsystemausfällen, die zu einem unerwünschten Ereignis führen, eingesetzt. Die Ergebnisse dieser Untersuchungen tragen zur Systembeurteilung im Hinblick auf Betrieb- und Sicherheit bei. Ziele der Analyse sind im Einzelnen:

- die systematische Identifizierung aller möglichen Ausfallkombinationen (Ursachen), die zu einem vorgegebenen unerwünschten Ereignis führen,
- die Ermittlung von Zuverlässigkeitskenngrößen, wie z.B. Eintrittshäufigkeiten der Ausfallkombinationen, Eintrittshäufigkeit des unerwünschten Ereignisses oder Nichtverfügbarkeit des Systems bei Anforderung.“ [DIN 81]

Als System wird die „Zusammenfassung von technisch organisatorischen Mitteln zur autonomen Erfüllung eines Aufgabenkomplexes“ [DIN 81] verstanden.

Der Fehlerbaum besteht aus Bildzeichen für Eingänge und Verknüpfungen. „Verknüpfungen stehen für die logischen Zusammenhänge innerhalb des Fehlerbaums. Sie bestimmen entsprechend charakteristischer Regeln aus ihren Eingängen einen Ausgang. Diese Eingänge bzw. Ausgänge werden binär beschrieben in der Einteilung

„0“, „falsch“ ⇨ funktionsfähig

„1“, „wahr“ ⇨ ausgefallen.“

[DIN 81]

Die Beziehungen zwischen den Ereignissen wird durch logische UND/ODER-Symbole dargestellt. Durch ein UND-Symbol kann z.B. dargestellt werden, dass ein Ereignis dann eintritt, wenn zwei oder mehrere andere Ereignisse gleichzeitig stattfinden (analog für ODER-Symbol).

Tab. 2-11: Bildzeichen Auszug aus [DIN 81]

Nr.	Graphische Symbole	Bedeutung	Bemerkung
1		**Standardeingang** Funktionselementausfall, wenn primäres Versagen möglich ist. Dem Bildzeichen sind die Kenngrößen für den Primärausfall und jene für die Ausfallzeit des Funktionselements zugeordnet	
2	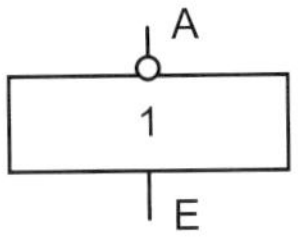 A 1 E	**NICHT-Verknüpfung** Die NICHT-Verknüpfung steht für die Negation. Ist der Eingang E der Verknüpfung „0“, so ist der Ausgang A „1“ und umgekehrt.	E | A 0 | 1 1 | 0
3	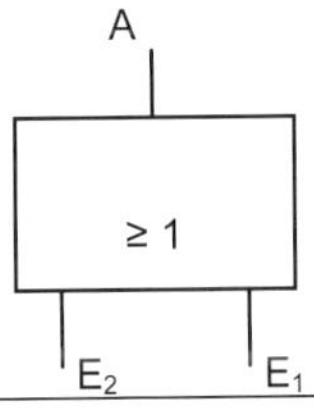 A ≥ 1 E_2 E_1	**ODER-Verknüpfung** Die ODER-Verknüpfung steht für die logische Vereinigung. Für zwei Eingänge dieser Verknüpfung gilt die nebenstehende Funktionstabelle. Die Verknüpfung kann beliebig viele Eingänge haben	E_1 | E_2 | A 1 | 1 | 1 1 | 0 | 1 0 | 1 | 1 0 | 0 | 0
4	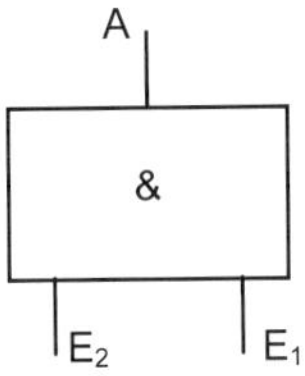 A & E_2 E_1	**UND-Verknüpfung** Die UND-Verknüpfung steht für den logischen Durchschnitt. Für zwei Eingänge dieser Verknüpfung gilt die nebenstehende Funktionstabelle. Die Verknüpfung kann beliebig viele Eingänge haben.	E_1 | E_2 | A 1 | 1 | 1 1 | 0 | 0 0 | 1 | 0 0 | 0 | 0
5	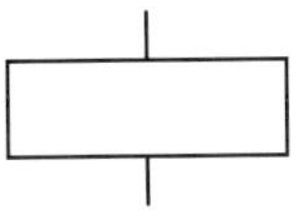	**Kommentar** Beschreibung von Eingängen bzw. Ausgängen, von Verknüpfungen werden in Rechtecke eingetragen	
6		**Übertragung-Eingang** Mit einem Übertragungsbildzeichen wird der Fehlerbaum abgebrochen bzw. fortgesetzt	
7		**Übertragung-Ausgang** Mit einem Übertragungsbildzeichen wird der Fehlerbaum abgebrochen bzw. fortgesetzt	

Außerdem unterscheidet man durch verschiedene Symbole zwischen elementaren Ereignissen (Kreis) und Fehlerereignissen, die durch andere Ereignisse hervorgerufen werden (Rechteck) sowie Ereignissen, deren Ursachen bislang noch ungeklärt sind (Raute). Der Vorgang der Ursachenfindung und Dokumentation mittels Boolscher Algebra wird solange fortgesetzt, bis man bei grundlegenden Ereignissen angekommen ist, die selbst keine Ursache haben bzw. deren Ursachen man nicht weiter betrachten möchte. Die für den Fehlerbaum zu benutzenden Bildzeichen sind in DIN 25424-1 1981 dargestellt.

Um ein technisches System in ein möglichst wirklichkeitsnahes Modell zu übersetzen ist schrittweises Vorgehen zu empfehlen:

a) detaillierte Untersuchung des Systems mit Hilfe einer Systemanalyse

Der technische Gesamtaufbau des Systems wird untersucht und in seine Komponenten zerlegt. Das Zusammenwirken der einzelnen Komponenten, die Reaktion des Systems auf Umgebungsbedingungen sowie die Reaktion auf Ausfälle und menschlichen Einfluss (human error) spielen bei dieser Betrachtung die zentrale Rolle.

b) Festlegung des unerwünschten Ereignisses und der Ausfallkriterien

c) Festlegung der relevanten Zuverlässigkeitskenngröße und der zu betrachtenden Zeitintervalle

- Ausfällhäufigkeit in einem vorgegebenen Zeitintervall
- Nichtverfügbarkeit zu einem vorgegebenen Zeitpunkt

d) Überlegung zu den Ausfallarten der Komponenten

e) Algorithmus zur Aufstellung des Fehlerbaums

1) unerwünschtes Ereignis in Kommentarrechteck eintragen

2) wenn unerwünschtes Ereignis Ausfallart einer Komponente ist, dann gehe zu Schritt 5) – sonst Festlegung der Ausfälle, die das unerwünschte Ereignis nach sich ziehen.

3) Ausfälle in Kommentarrechtecke eintragen und logisch verknüpfen. Für jedes Kommentarrechteck ist 4) auszuführen

4) Liegt Ausfallart einer Komponente vor folgt Schritt 5), sonst Schritt 6)

5) Es folgt eine ODER-Verknüpfung:
Die Eingänge der ODER-Verknüpfung sind mit *Primärausfall*, *Sekundärausfall* und *kommandierter Ausfall* belegt (Sekundärausfall und kommandierter Ausfall müssen nicht immer vorhanden sein – falls vorhanden folgt Schritt 6)). Ist der Fehlerbaumzweig abgearbeitet, wendet man sich dem nächsten Ausfall von Schritt 3) aus zu. Ist kein weiterer Ausfall mehr zu entwickeln, ist die Aufstellung des Fehlerbaumes abgeschlossen.

6) Kein Funktionselementausfall – Die im Kommentarrechteck aufgeführte Beschreibung des Ausfalles ist als unerwünschtes Ereignis des darunter zu entwickelnden Fehlerbaumes aufzufassen → weiter mit Schritt 2).

f) Eingangskenngrößen in Fehlerbaum zusammenstellen (Ausfallraten, Ausfallzeiten, Nichtverfügbarkeiten)

g) Auswertung des Fehlerbaums

Zur systematischen Auswertung eines Fehlerbaums stehen analytische als auch Simulationsmethoden (Monte-Carlo-Methode) zur Verfügung. Analytische Methoden formen den Fehlerbaum um, damit die Auswertung mittels Wahrscheinlichkeitsrechnung möglich ist. Simulationsverfahren hingegen betrachten das zeitliche Verhalten der Fehlerbaumeingänge und erfassen Betriebs- und Ausfallverhalten des Systems im zeitlichen Ablauf.

h) Bewertung der Ergebnisse [DIN 81]

Ereignisablaufanalyse (Störfallablaufanalyse; ETA – Event-Tree-Analysis)

Die Ereignisablaufanalyse (engl.: „ETA – Event-Tree-Analysis", „Event Accident Process") gehört zu den induktiven Verfahren (Vorwärts-Suche) der Zuverlässigkeits- und Sicherheitsanalyse und wird aufgrund ihrer Einfachheit vor allem bei großen und komplexen Systemen (z.B. Kernkraftwerke) eingesetzt. Ausgehend von einem systembeeinflussenden Ereignis werden die möglichen Folgen untersucht." [DIN 85]

Aufgrund der mögichen Folgeereignisse ergeben sich mögliche Verzweigungen, die durch ein Verzweigungssymbol dargestellt werden. In den einfachsten Fällen ergibt sich ein Zweig für das erfolgreiche Verhalten der Komponente und ein weiterer Zweig für dessen Scheitern. Dadurch wird es möglich, verschiedene Pfade zu durchlaufen und eine Unfallsequenz zu identifizieren. Da sich die Zahl der Zweige mit jedem Schritt verdoppelt, können in komplexen Systemen sehr große Bäume entstehen.

„Treten in einem Ereignisablaufdiagramm Linien gleicher Wirkung auf, so können diese zur Vereinfachung des Diagramms über ein ODER-Symbol zusammengefasst werden. Da eine Zusammenfassung erst nach einer Verzweigung auftreten kann, handelt es sich dabei wegen der sich ausschließenden Zustände der Verzweigung stets um ein ausschließendes ODER; die einschließende ODER-Verknüpfung, die NICHT-Verknüpfung und die UND-Verknüpfung treten im Ereignisablaufdiagramm nicht auf." [DIN 85]

Anhand des Diagramms kann eine Wahrscheinlichkeitsauswertung vorgenommen werden. Zuerst wird ein auslösendes Ereignis $H(E_0)$ bestimmt, für dessen Verzweigungen in der Regel Zuverlässigkeitskenngrößen verwendet werden (Verfügbarkeit, Eintrittswahrscheinlichkeit). „Setzt man die Wahrscheinlichkeit des Anfangsereignisses gleich eins, resultieren die bedingten Wahrscheinlichkeiten dieser Zustände. Vorraussetzung ist die Ermittlung der Verzweigungswahrscheinlichkeiten. Dabei sind sämtliche in den vorher durchlaufenen Verzweigungen gesetzten Bedingungen zu berücksichtigen." [DIN 85]

Die Ausfallwahrscheinlichkeit erhält man dann durch Kombination aller Pfadwahrscheinlichkeit der Pfade, die zu einem Ausfall führen.

Rechenvorschriften für quantitative Analysen für Verzweigungen:

Nur dem Verzweigungssymbol und dem ODER-Symbol liegen Rechenvorschriften zugrunde.

Die Wahrscheinlichkeit des Anfangsereignisses $P(E_0)$ wird gleich eins gesetzt. „Somit erhält man für die Ausgangsereignisse A_i die bedingten Wahrscheinlichkeiten $P(A_i)$, deren Häufigkeit sich durch Multiplikation der $P(A_i)$ mit der Häufigkeit des Anfangsereignisses $H(E_0)$ ergibt." [DIN 85]

$$H(A_i) = P(A_i) \cdot H(E_0)$$

$H(A_i)$ - Häufigkeit des i-ten Ausgangsereignisses

$H(E_0)$ - Häufigkeit des Eingangsereignisses

Da es sich um eine konjunktive Verknüpfung des Eingangsereignisses E und des Zustands Z_i handelt, ist die Wahrscheinlichkeit des des i-ten Ausgangsereignisses A_i:

$$P(A_i) = P(Z_i | E) \cdot P(E)$$

$P(A_i)$ - Wahrscheinlichkeit des i-ten Ausgangsereignisses A_i

$P(Z_i|E)$ - bedingte Wahrscheinlichkeit, dass beim Eintritt von Ereignis E der Zustand Z_i eintritt

$P(E)$ - Wahrscheinlichkeit des Eingangsereignisses E

Die Darstellung erfolgt durch Ereignisablaufsymbole in einem Ereignisablaufdiagramm (endlich gerichteter Graph mit einem Eingang und einer endlichen Anzahl an Ausgangsverzweigungen). Die zu verwendenden logischen Symbole werden der DIN 25419 entnommen.

Tab. 2-12: Bildzeichen Auszug aus [DIN 85]

Nr.	Graphische Symbole	Bedeutung	Bemerkung
1	▭	- **Anfangsereignis** (auslösendes Ereignis) - **Zwischenzustand** - **Endzustand**	In das graphische Symbol wird das jeweilige Ereignis, der Zwischenzustand oder der Endzustand eingetragen.
2	|	- **Wirkungslinie** (auch mit Kommentar möglich)	Die Wirkungslinie verbindet: - Anfangsereignisse mit der ersten Verzweigung - Verzweigungen untereinander - Verzweigungen mit Zuständen

3	Z_1 $Z_2 \dots Z_N$ = 1 A	**„ODER“** (ausschließendes /exklusives ODER). Disjunktion der sich gegenseitig ausschließenden Zustände Z_1, Z_2, Z_N. A ist genau dann vorhanden, wenn einer der Zustände $Z_1 \dots Z_n$ eingetreten ist.	$P(A) = \sum_{i=1}^{n} P(E_{\mathrm{i}})$
4	E ja | nein A_1 A_2	**Einfache Verzweigung** Anfangsereignis oder Zustand E führt zur Funktionsanforderung an eine Betrachtungseinheit mit 2 möglichen disjunkten Zuständen. Verzweigung von E durch Konjunktion mit dem Zustand Z_1(ja) und dem Zustand Z_2(nein) der Betrachtungseinheit. $A_1 = E \wedge Z_1$; $A_2 = E \wedge Z_2$ Die Verzweigung des Ereignisses oder Zustandes E kann auch durch Erfüllen oder Nichterfüllen eines im Feld beschriebenen physikalischen Kriteriums eintreten	Die Funktion der Betrachtungseinheit oder das physikalische Kriterium wird in das graphische Symbol eingetragen. Die Ausgänge werden mit „ja“ und „nein“ oder auf andere Weise gekennzeichnet. $\sum_{i=1}^{n} P(Z_{\mathrm{i}} \vert E) = 1$

Die Ereignisablaufanalyse ist eng verwandt mit der Fehlerbaumanalyse und beide Verfahren können ineinander überführt werden. Bei der Ereignisablaufanalyse werden dann aus den UND-Verknüpfungen Serienschaltungen und aus den ODER-Verknüpfungen Parallelschaltungen.

2.2.1.6 Ausfallratenanalyse

Die meist empirisch ermittelten Ausfallraten können verschiedene Darstellungsformen aufweisen. Die Angabe der Ausfallraten (Schaltspiele) erfolgt:

1. als fester Wert unter Angabe von Funktions- und Umweltrahmenbedingungen (Nenndaten) beispielsweise Schutzgaskontakt I = 50 mA; U = 24 V; ϑ = +5 ... 70°C; mittlerer erster Ausfallabstand: $5 \cdot 10^6$ Schaltspiele

Tab. 2-13: Beispiel für die Angabe der Ausfallrate in Abhängigkeit von Umwelteinflüssen

Umgebungstemperatur in °C	Verhältnis von Betriebs- zu Nennspannung				
	0,2	0,4	0,6	0,8	1,0
40	0,003	0,006	0,016	0,042	0,130
60	0,004	0,007	0,020	0,054	0,165
80	0,005	0,011	0,028	0,076	0,230
90	0,006	0,13	0,034	0,095	-

2. in Form von Tabellen für bestimmte Funktions- und Umweltbeanspruchungen in Abhängigkeit von den wichtigsten Einflussparametern, beispielsweise Ausfallraten für Papierkondensatoren 0,1 µF; U = 400 V; 50 Hz in Prozent/1000 h (Tabelle 2-13

3. für die unter Punkt 2 genannten Daten können auch als Graph in einem Diagramm dargestellt werden, beispielsweise Ausfallrate von Kohleschichtwiderständen

4. in Form von Gleichungen; für manche elektronischen Bauelemente ist es gelungen, die Abhängigkeit der Ausfallrate von bestimmten Einflussfaktoren (meist Temperatur und / oder Funktionsbeanspruchung) theoretisch und experimentell zu erfassen. (siehe **Parts Stress Method**)

Parts Count Method (Bauteilzählmethode)

In einigen Anwendungsfällen kommt es vor, dass z.B. für logistische Zwecke eine grobe Abschätzung über die vermutete Lebensdauer von Bauteilen nötig ist. Allgemein wird bei solchen Analysen davon ausgegangen, dass die betreffenden Bauteile ohne Redundanz vorliegen. Dieses Vorgehen wird als Bauteilzählmethode (Parts Count Method) bezeichnet und Unterscheidet sich grundlegend von der Bauteilbelastungsanalyse.

Die Ausfallratenanalyse nach Parts Count Method wird anhand von Felddaten oder aber mit Faktoren für Umwelt-, Technologie- und Qualitätsbedingungen durchgeführt. Sie stellt eine relativ grobe Abschätzung über Aufbau und Menge der Bauelemente dar und führt deshalb zu konservativeren (pessimistischeren) Aussagen als die Bauteilbelastungsanalyse (Parts Stress Method), welche die Belastung zu annähernd realen Betriebsbedingungen zu Grunde legt. Deshalb wird die Bauteilzählmethode vorwiegend im Entwicklungsprozess verwendet, um grobe Abschätzungen für Ausfallraten zu bekommen. Grundlage der Methode sind Tabellen mit Faktoren für spezifische Eigenschaften und Umweltparametern (Referenzbedingungen). [Birolini 2004]

Parts Stress Method (Bauteilbelastungsmethode)

Im Gegensatz zur Bauteilzählmethode liegen der Bauteilbelastungsanalyse konkrete Formeln und Berechnungen für jedes im System befindliche Element (Widerstände, Kondensatoren, Mikroschaltungen) zugrunde. Die Tabellen sind wesentlich detaillierter als die der Bauteilzählmethode und es werden spezifische Belastungsfälle und Zustände berücksichtigt. Eine Vielzahl von Faktoren berücksichtigt Schalthäufigkeiten, Temperaturabhängigkeiten, Qualitätsaussagen, Umgebungsbedingen und viele weitere spezifische Fälle. Für Bauteilbelastungsanalysen können verschiedene Quellen (Zuverlässigkeitshandbücher) herangezogen werden, um die entsprechenden Bauteilparameter nachzuschlagen:

Abb. 2-27: Literatur für Bauteilbelastungs- und Zuverlässigkeitsprognosen [Kettl 07]

Tab. 2-14: Übersicht über Quellen zur Bauteilbelastungsanalyse (letzter Besuch der Webseiten: 02.11.2007)

elektromechanische/elektronische Bauteile	
MIL-HDBK 217	▪ meist verwendete Literatur z. Vorhersage für elektronische Systeme, für militärische und zivile Analytiker (letztes Update 1995) ▪ 14 versch. Arbeitsumwelten
Telcordia SR-332	▪ breite Anwendung in der Fernmeldeindustrie, ähnelt stark MIL-HDBK 217 (letztes Update Mai 2001) ▪ 5 versch. Umweltbedingungen ▪ Methode I (Bauteilzähl Methode ohne Felddaten), Methode II (um Laborversuchsdaten erweitertes Modell), Methode III (schließt Felddaten mit ein)
IEC TR62380	▪ neueste und umfassendste Methodik, in Europa von CNET entwickelt ▪ thermisches Verhalten und ruhende-System-Modellierung werden zur Berücksichtigung unterschiedlicher Umweltbedingungen herangezogen ▪ sehr komplexe Modelle (Leiterplattentemperaturen, Anzahl Transistoren, Jahr der Fertigung, Substrattemperatur, Arbeitszeit-Verhältnis, Lagezeit-Verhältnis, thermische Widerstände, thermische Zyklen u. a. Daten werden berücksichtigt)
217Plus	▪ von RIAC entwickelt, modelliert thermisches Verhalten und Ruhezustand; allgemeine Markteinführung abhängig von Integration der Modelle in bestehende Software versch. Anbieter

PRISM	▪ vom SRC-Zentrum entwickelt ▪ modelliert thermisches Verhalten und Ruhezustand ▪ keine Markteinführung, da zu wenig Bauteilfamilien eingebunden
Physik der Ausfälle (PoF)	▪ während Bauelemente Vorstufe in der Entwicklungsphase verwendet ▪ ignoriert i. A. Ausfallursachen und nimmt an, dass die Produkt-Zuverlässigkeit ausschließlich durch die Lebensdauer der schwächsten Verbindung bestimmt wird ▪ sehr komplizierte Modelle und ausführliche Informationen über Teilegeometrie und Materialeigenschaften erforderlich
IEEE Gold Book (IEEE STD 493-1997)	▪ Empfehlung für Entwürfe zuverlässiger industrieller und kommerzieller Stromversorgungssysteme
IEC 61709	▪ wenig verbreitet, als Parts Count Methode eingestuft ▪ Umweltbedingungen finden keine Berücksichtigung – nur elektrische Belastungen wie Strom und Spannung gehen in Berechnung ein ▪ verwendet nur Herstellerdaten ▪ mangelnde Nachvollziehbarkeit/Vergleichbarkeit, da jeder individuelle Ausfallraten verwenden kann (Empfehlung: Anwendung von IEC 62380
EPRD-97	▪ von SRC und RIAC entwickelt, Sammlung historischer Ausfalldaten zahlreicher elektrotechnischer Geräte
SPIDR	▪ System and Part Integrated Data Resource, umfassende Datenbank von Zuverlässigkeits- und Testdaten, Empfindlichkeiten für elektrostatische Entladungen ▪ umfasst ausführliche System-/Bauteilinformationen, Sachnummer, Hersteller, Datums-Code, Bauteil-Belastungen, Umgebungsbedingungen
mechanische Bauteile	
NPRD-95	▪ Datensammlung nicht-elektronischer Bauteil-Zuverlässigkeits-daten ▪ von SRC und RIAC veröffentlicht ▪ Sammlung historischer Ausfalldaten zahlreicher mechanischer Geräte (von 1970-1994)

NSWC-06/LE10	▪ Vorhersage von Ausfallraten mechanischer Bauteile durch Auflistung von Schadensbildern für grundlegende Klassen mechanischer Bauteile ▪ mögliche Ausfallursachen für FMECA werden genannt ▪ setzt Eingabe wesentlicher Kennwerte (Materialeigenschaften, angewandte Kräfte) voraus
SPIDR	System and Part Integrated Data Resource (siehe oben)

Bei dem **Military Handbook 217, Stand F (MIL HDBK 217F)** handelt es sich um vergleichende Prognosen, die ursprünglich vom US-Verteidigungsministerium entwickelt wurden und inzwischen auch für Zuverlässigkeitsanalysen in der Entwicklung von Industrieerzeugnissen herangezogen werden.

Die **Siemens-Norm SN 29500** orientiert sich an den in IEC 61709 beschriebenen Modellen und verwendet hinsichtlich hochintegrierter Schaltungen und verbesserter Materialqualität wesentlich aktuellere Daten. Die beiden Normen weichen hinsichtlich der Berechnung von Qualitätsfaktoren und bezüglich der verwendeten Temperaturen voneinander ab (Ergebnisse nach MIL HDBK 217F bei 25°C entsprechen in etwa denen der SN 29500 bei 40°C, bezogen auf elektronische Komponenten).

Die Bestimmung der Ausfallraten auf Baugruppenebene basiert auf der Addition der spezifischen Ausfallraten auf Bauelementebene. Zu beachten ist, dass nur eine Ermittlung der zu erwartenden Mindestzuverlässigkeit zu einer Kosteneinsparung, evtl. durch Vermeidung unnötiger Redundanzen, führen kann. Die MIL Daten sind als eher pessimistische Prognosewerte zu verstehen, da die Zuverlässigkeitsanalyse mit Felddaten [Sig 03] um ein vielfaches die MIL-Prognosewerte übertreffen. Das hängt einerseits mit dem veralteten Standard des MIL zusammen (die letzte Aktualisierung wurde im Jahre 1995 vorgenommen) und andererseits sind die Bauteile im MIL teilweise stark überdimensioniert. Dies beruht auf den erhöhten Anforderungen der Militärtechnik, der diese Daten als Grundlagen dienen.

Belastbare Aussagen über das reale Ausfallverhalten können nur gemacht werden, wenn die Baugruppen im Betrieb beobachtet werden und Felddaten über Ausfälle, Gesamtmenge der montierten Baugruppen und Parameter besonderer Betriebsbedingungen erfasst werden.

Alle oben genannten Handbücher unterstellen konstante Ausfallraten bzw. liefern Rechenmodelle mit denen konstante Ausfallraten berechnet werden können.

Im **MIL-HDBK** werden sogenannte Umgebungsbedingungen definiert die auch für den zivilen Einsatz zu gebrauchen sind (Einsatzfälle G_B bis G_M in Siemens-Norm intern als E = 0 bis E = 3 bezeichnet). Darüber hinaus werden noch weitere, auf spezielle militärische Einsatzzwecke ausgerichtete und dementsprechend härtere Umgebungsbedingungen definiert.

MIL HDBK 217F:

Je nach Bauteilart und Einsatz ist die Referenzausfallrate λ_b mit den Faktoren π_T, π_A, π_R, π_S, π_C, π_E und π_Q zu berechnen. In speziellen Fällen (bauteilspezifisch) kommen je nach Anwendung des entsprechenden Modells weitere Konstanten hinzu:

$$\lambda_p = \lambda_b \cdot \pi_T \cdot \pi_A \cdot \pi_R \cdot \pi_S \cdot \pi_C \cdot \pi_Q \cdot \pi_E$$

λ_p - Bauteilausfallrate (Part Failure Rate)

λ_b - Referenzausfallrate (Base Failure Rate)

π_A - Anwendungsfaktor (Application Factor)

π_S - Spannungsfaktor (Electrical Stress Factor)

π_Q - Qualitätsfaktor (Quality Factor)

π_T - Temperaturfaktor (Temperature Factor)

π_R - Leistungsfaktor/ Belastungsfaktor (Power Rating Factor)

π_C - Verbindungsfaktor (Contact Construction Factor)

π_E - Umgebungsfaktor (Environment Factor)

Der Faktor π_T ist eine Funktion der Temperatur und wird häufig über das Arrheniusgesetz entwickelt. Die Funktion $v(T)$ beschreibt den Verlauf der Reaktionsgeschwindigkeit in Abhängigkeit von der Aktivierungsenergie E_a und der Temperatur T. Für diskrete Werte der Aktivierungsenergie E_a ergeben sich bauteilspezifische Kurvenverläufe der Funktion $\lambda(T)$.

$$v(T) = v_0 \cdot e^{\frac{-Ea}{kT_0}}$$

bzw. direkt auf die Ausfallrate bezogen:

$$\lambda_1 = \lambda_0 \cdot e^{\frac{-Ea}{k}\left(\frac{1}{T_1} - \frac{1}{T_0}\right)}$$

$v(T)$ - Reaktionsrate [1/s]

v_0 - Proportionalitätskonstante/ Reaktionsratenkonstante

Ea - bauteilspezifische Aktivierungsenergie

k - BOLTZMANNkonstante (k = 8,617 * 10^{-5} eV/K)

T_0 - Referenztemperatur in Kelvin

λ_0 - Ausfallrate bei Referenztemp. T_0

T_1 - Grenzschichttemp. des Halbleiterbauelements in Kelvin ($T_1 = T_J + 273$)

λ_1 - Ausfallrate bei Grenzschichttemp. T_1

Nach MIL-HDBK 217F ergibt sich für Transistoren (low noise, bipolar) hoher Schaltfrequenz (≥ 200MHz) mit Leistungen < 1Watt, die den MIL-Spezifikation MIL-S-19500 genügen, der Temperaturfaktor π_T zu:

$$\pi_T = e^{-2114\left(\frac{1}{T_J+273}-\frac{1}{298}\right)}$$

bei T_J = 60°C (Grenzschichttemperatur in °C) erhält man für $\pi_T \approx 2{,}1$.

Für das entsprechende Bauteil werden nachfolgend noch die zugehörigen Faktoren ermittelt, wie in MIL-217F beschrieben und mit der jeweils angegebenen Referenzausfallrate λ_b multipliziert. Man erhält als Ergebnis die Bauteilausfallrate λ_p.

Die Werte für π-Faktoren werden dem MIL-HDBK entnommen oder mit den dort angegebenen Gleichungen ermittelt.

SN-29500 2004:

Die Siemens-Norm basiert auf den gleichen Berechnungsgrundlagen wie das MIL-HDBK verwendet aber andere Werte und teilweise andere Modelle für die Berechnung der zu verwendenden Werte von π (siehe **SN-29500 2004**). Auch stimmen die Bezeichnungen nicht ganz überein. Die Referenzausfallrate wird nach Siemens mit λ_{ref} bezeichnet.

Tab. 2-15: Umgebungsbedingungen und zugehörige π_E-Faktoren [Birolini 04]

Umgebung		**Temperatur**	**Vibrationen**	**Belastungsgrößen**				**Beschreibung**	**π_E-Faktor**			
				Sand	Staub	rel. Luftfeuchte [%]	mech. Erschütterung		integrierte Schaltkreise (IC)	diskrete Halbleiter (DS)	Widerstände (R)	Kondensatoren (C)
G_B	Boden, nicht militärisch	5...45°C	2...200 Hz; ≤ 0,1 g_n	l	l	40...70	≤ 5 g_n / 22 ms	Stationäre Laborumgebung, leicht zugänglich für Wartungsarbeiten, einschließlich Laborinstrumenten und Prüfgeräten, Büro- und wissenschaftlichen Computeranlagen, Raketen und Trägereinrichtungen in Bodensilos	1	1	1	1
G_F	Boden, ortsfest	-40...45°C	2...200 Hz; 1 g_n	m	m	5...100	≤ 20 g_n / 6 ms	Bedingungen weniger als ideal wie etwa Anlagen in ortsfesten Gestellen mit ausreichender Kühlungsluft und Anlagen in ungeheizten Gebäuden, einschließlich ortsfester Luftverkehrskontroll-Radar- und Kommunikationseinrichtungen	2	2	3	3
G_M	Boden, nicht ortsfest	-40...45°C	2...500 Hz; 2 g_n	m	m	5...100	10 g_n / 11 ms ...30 g_n / 6 ms	Einrichtungen auf radgeführten oder schienengebundenen Fahrzeugen, einschließlich taktischer Raketenbodenträgereinrichtungen, mobiler Kommunikationseinrichtungen und taktischer Feuerlenksystemen, mobiler Kommunikationseinrichtungen	5	5	7	7
N_S	auf See, geschützt	-40...45°C	2...200 Hz; 2 g_n	l	l	5...100	10 g_n / 11 ms ... 30 g_n / 6 ms	geschützt oder unter Deck ähnliche Bedingen auf Schiffen oder in U-Booten	4	4	6	6
N_U	auf See, ungeschützt	-40...70°C	2...200 Hz; 5 g_n	h	m	10...100	10 g_n / 11 ms ... 50 g_n / 2.3 ms	ungeschützte Bedingungen auf Schiffsdeck, den Wetterbedingungen ausgesetzt und in ständigem Kontakt mit Salzwasser, einschließlich Sonar-Einrichtungen und Anlagen auf Tragflächenbooten	6	6	10	10

l = leicht; m = mittel; h = hoch; g_n = 10 m/s^2

Nach Siemens-Norm berechnet sich die Ausfallrate der Bauteile λ bei Betriebsbedingungen zu:

$$\lambda = \lambda_{\text{ref}} \cdot \pi_{\text{U}} \cdot \pi_{\text{I}} \cdot \pi_{\text{T}}$$

λ_{ref} - Ausfallrate bei Referenzbedingungen

π_{U} - Faktor für die Spannungsabhängigkeit

π_{I} - Faktor für Stromabhängigkeit

π_{T} - Faktor für Temperaturabhängigkeit

Die Faktoren π_{U}, π_{I} und π_{T} werden nach folgenden Berechnungsgrundlagen ermittelt – die angegebenen Gleichungen stellen empirische Modelle dar.

Spannungsabhängigkeit, Faktor π_{U}:

$$\pi_{\text{U}} = e^{\left[C_1 \cdot \left(U^{C_2} - U_{\text{ref}}^{C_2}\right)\right]} \quad \text{oder mit} \quad C_1 = \frac{C_3}{U_{\max}^{C_2}}$$

folgt:

$$\pi_{\text{U}} = e^{\left\{C_3 \cdot \left[\left(\frac{U}{U_{\max}}\right)^{C_2} - \left(\frac{U_{\text{ref}}}{U_{\max}}\right)^{C_2}\right]\right\}}$$

U - Betriebsspannung in Volt

U_{ref} - Referenzspannung in Volt

$U_{\max}$ - maximal zulässige Spannung in Volt

C_1 - Konstante in $(1/V)^{C_2}$

C_2 - Konstante in $C_1 = C_3/(U_{\max})^{C_2}$

C_3 - Konstante in $C_1 = C_3/(U_{\max})^{C_2}$

Stromabhängigkeit, Faktor π_{I}:

$$\pi_{\text{I}} = e^{\left\{C_4 \cdot \left[\left(\frac{I}{I_{\max}}\right)^{C_5} - \left(\frac{I_{\text{ref}}}{I_{\max}}\right)^{C_5}\right]\right\}}$$

I - Betriebsstrom in Ampere

I_{ref} - Referenzstrom in Ampere

$I_{\max}$ - max. zulässiger Strom in Ampere

C_4 - Konstante

C_5 - Konstante

Temperaturabhängigkeit, Faktor π_{T}:

(abgeleitet aus Arrheniusgesetz)

$$\pi_{\mathrm{T}} = \frac{A \cdot e^{Ea_1 \cdot z} + (1 - A) \cdot e^{Ea_2 \cdot z}}{A \cdot e^{Ea_1 \cdot z_{\mathrm{ref}}} + (1 - A) \cdot e^{Ea_2 \cdot z_{\mathrm{ref}}}}$$

A - Konstante

Ea_1 - Aktivierungsenergie in eV

Ea_2 - Aktivierungsenergie in eV

$\theta_{\mathrm{U,ref}}$ - Referenz-Umgebungstemperatur in °C

$T_{\mathrm{U,ref}}$ - $\theta_{\mathrm{U,ref}}$ + 273 in Kelvin

T_1, T_2 - θ_1 bzw. θ_2+ 273 in Kelvin

$$z = 11605 \cdot \left(\frac{1}{T_{\mathrm{U,ref}}} - \frac{1}{T_2} \right) \text{ in 1/eV} \qquad z_{\mathrm{ref}} = 11605 \cdot \left(\frac{1}{T_{\mathrm{U,ref}}} - \frac{1}{T_1} \right) \text{ in 1/eV}$$

Für θ_1 und θ_2 sind die nach SN 29500 angegebenen bauteilspezifischen Temperaturen zu verwenden (z.B. bei diskreten Halbleitern oder optoelektronischen Bauelementen die Referenz-Sperrschichttemperatur)

Entsprechend der Betriebsart ist noch ein weiterer Faktor π_{W} zu berücksichtigen. Bei den Betriebsarten wird unterschieden zwischen:

Dauerbetrieb:
- längere Dauer gleichbleibender Beanspruchung (z.B. Prozesssteuerungen)
- längere Dauer mit wechselnder Beanspruchung (z.B. Fernsprechvermittlungseinrichtungen)
- längere Dauer mit gleichbleibender Minimalbeanspruchung und kurzzeitigen Maximalbeanspruchungen (z.B. Feuermeldeanlagen)

Aussetzbetrieb:
- mit gleichbleibender Beanspruchung in den Betriebsphasen (z.B. Prozesssteuerungen)
- mit wechselnder Beanspruchung in den Betriebsphasen (z.B. Steuerungen in Bearbeitungsmaschinen)

Aussetzbetrieb, Faktor π_{W}:

Der Faktor π_{W} wird auf die Ausfallrate λ bei Betriebsbedingungen bezogen:

$$\lambda_{\mathrm{W}} = \lambda \cdot \pi_{\mathrm{W}} \text{ mit } \pi_{\mathrm{W}} = W + R \frac{\lambda_0}{\lambda}(1 - W)\,; \qquad 0 \leq W \leq 1; \qquad R \geq 0$$

W Beanspruchungsdauer

R Konstante: sie berücksichtigt die Erfahrung, dass auch nicht beanspruchte Bauelemente Ausfälle zeigen

λ_0 Ausfallrate bei Stillstandtemperatur θ_0, jedoch unter elektrischer Last.

Die Stillstandstemperatur ist die Bauelemente- bzw. Sperrschichttemperatur während der beanspruchungsfreien Pause: $\lambda_0 = \lambda_{\mathrm{ref}} \cdot \pi_{\mathrm{T}}(\theta_0)$

λ Ausfallrate bei Betriebs- bzw. Referenztemperatur nach:
$\lambda = \lambda_{\mathrm{ref}} \cdot \pi_{\mathrm{U}} \cdot \pi_{\mathrm{I}} \cdot \pi_{\mathrm{T}}$

Den Werten der Ausfallraten nach SN 29500 liegt ein Qualitätsstandard nach Siemens-Norm SN 72500 zugrunde oder sie sind durch vergleichbare Qualitätsrichtlinien abgesichert. Anwendungsschwerpunkte sind vor allem Steuerungstechnik, Datenverwaltung und Nachrichtentechnik.

Weiterhin gibt die Siemens-Norm für entsprechende Bauteile noch weitere Faktoren an, wie z.B. für integrierte Schaltkreise zusätzlich die Driftempfindlichkeit π_{D} [SN 29500-2] und die Frühausfallphase π_{F} [SN 29500-2] sowie für passive Bauelemente (Kondensatoren) den Qualitätsfaktor π_{Q} [SN 29500-4], π_{L} als Lastabhängigkeitsfaktor und π_{K} als Faktor für Ausfallkritierien bei Relais.

2.2.1.7 Systemzustandsanalyse

Markov-Verfahren

Markovsche Prozesse gehören zu der Gruppe der sogenannten **Regenerativen Stochastischen Prozesse**. [Pauli 2002]

Mit der **Markov-Theorie**, als Systemzustandsanalyse, lassen sich Systeme berechnen, die nach ihrem Ausfall wieder repariert werden. Der Wechsel von Ausfall und Reparatur kann dabei mehrfach erfolgen. Zusätzlich zu der Zuverlässigkeit $R(t)$ eines Systems lassen sich noch weitere Parameter wie z.B. die Verfügbarkeit $A(t)$ berechnen.

Die Kreise in Abbildung 2-29 werden als Knoten bezeichnet und stellen den funktionsfähigen bzw. ausgefallenen Komponentenzustand dar. Die Pfeile zeigen die Übergänge bzw. Veränderungen an, denen eine Wahrscheinlichkeit zugeordnet werden kann.

Der Grundgedanke der Markov-Theorie soll anhand eines einfachen Beispiels, bestehend aus den beiden Bauteilen K_A und K_E dargestellt werden. Dabei wird der funktionsfähige Zustand der Bauteile mit A bzw. E bezeichnet, deren ausgefallene Situation mit Ā bzw. Ē. Für diese Baugruppe lassen sich vier unterschiedliche Zustände ermitteln: AE, ĀE, AĒ und ĀĒ. Mit Hilfe der Pfeile werden Übergänge bzw. Veränderungen angezeigt, denen eine Wahrscheinlichkeit zugeordnet werden kann.

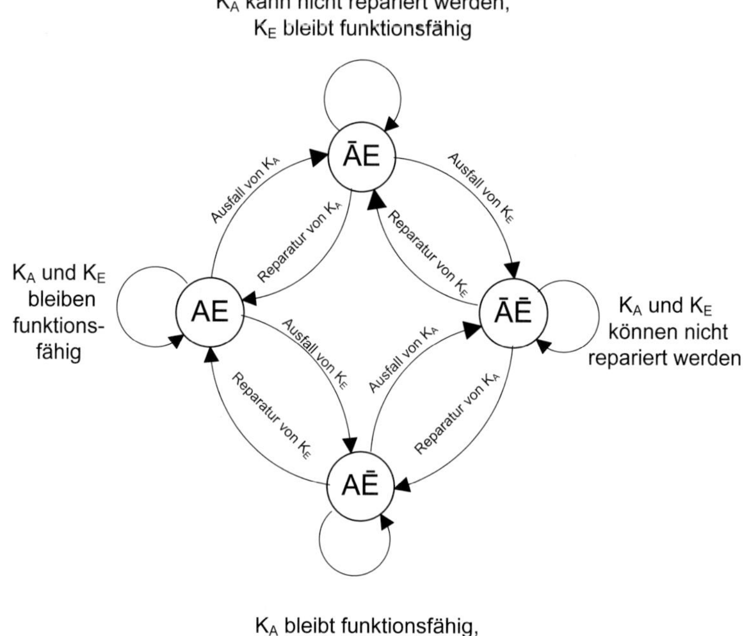

Abb. 2-28: Zustandsgraph [Bertsche 99]

Nach der Markov-Methode werden für die vier Zustände vier Differentialgleichungen gebildet, die eine Aussage über die Wahrscheinlichkeit für Zustand A bzw. E (Komponente intakt) oder Zustand Ā bzw. Ē (Komponente ausgefallen), sowie deren Kombinationen liefern.

Dieses Modell kann auf Systeme beliebiger Bauteilanzahl erweitert werden, es entstehen dann die so genannten Markov-Ketten.

2.2.1.8 Untersuchung einer Montagelinie mit Bauteilzählmethode (Parts Count Method)

In diesem Beispiel soll für die Ermittlung der technischen Verfügbarkeit die Bauteilzählmethode (PCM – Parts Count Method) angewendet werden, unter der Annahme, dass alle Teile für die Funktion gleich wichtig sind. Es wird in einfacher tabellarischer Form ein Werkzeug zur Hand gegeben, mit dem eine schnelle Übersicht über die aktuell verbauten Komponenten möglich ist. Es wird nach „funktionsfähig“ oder „ausgefallen“ getrennt. Des Weiteren sollen alle betrachteten Bauteile eine konstante Ausfallrate λ aufweisen. Berücksichtigt werden Umweltbedingungen und Temperatureinfluss auf die Montagelinie.

Für die bessere Übersichtlichkeit werden die Bauteile der Montagelinie in die Bereiche **Pneumatik**, **Sensorik**, **Mechanik**, **Elektronik**, **Hydraulik** und **Maschinensteuerung** unterteilt und in diesen Blöcken getrennt betrachtet. Für die einzelnen

Bauteile werden Bauform, Hersteller und deren verwendete Anzahl in einzelnen Spalten genannt. Kann die Ausfallursache benannt werden, ist diese ebenfalls in einer einzelnen Spalte aufgeführt.

Aus den Ausfalldaten und der Laufzeit der Montagelinie wird eine Hochrechnung der Ausfälle pro Jahr bei einer Laufzeit von 4000 Stunden für pneumatische, mechanische, hydraulische und sensorische Bauteile gebildet. Für elektrische Teile und Maschinensteuerungsteile bezieht sich die Hochrechnung auf 8760 Stunden, da diese Teile meist nicht vom Netz getrennt werden und somit das ganze Jahr über im Einsatz sind.

Die maschinenbedingte Reparaturzeit ($MTTR$) kann durch Angaben von Mitarbeitern aus der Instandhaltung und von Maschineneinstellern ermittelt werden.

Bei der Lebensdauer und der Ausfallrate wird zwischen den Anwendungsfällen leicht, mittel und schwer unterschieden. Die Daten entstehen ebenfalls aus Erfahrungswerten und Aufzeichnungen der Instandhaltung.

Belastungen durch Umgebungseinflüsse können berechnet werden. Deren (möglicher) Bauteileinfluss kann in den Faktoren für Strom-, Spannungs-, Qualitäts- und Temperaturabhängigkeit berücksichtigt werden.

Das Produkt aus Umgebungsfaktoren, Bauteilanzahl und der bestimmten Ausfallrate ist als gültige Ausfallrate für weitere, linienbezogene Berechnungen zu verwenden.

Ausfalldaten- und Ursachenaufnahme

Die Aufnahme der original Ausfalldaten und deren Ursache(n) erfolgte durch Auszählung von Instandhaltungsaufträgen, Beschaffungslisten der Lagerhaltung auf Grund von Entnahmen, sowie aus Gesprächen mit Instandhaltern, Mechanikern, dem Schichtbuch und anderen Aufzeichnungen.

Hochrechnung der Ausfälle pro Jahr

Mit den während der Laufzeit der Montagelinie gewonnenen Felddaten, lässt sich eine Hochrechnung der Ausfälle pro Jahr und Bauteil nach folgender Formel erstellen:

$$\text{Ausfälle}\left[a^{-1}\right] = \frac{\text{Anzahl der Ausfälle}}{\text{Laufzeit}\left[a\right] \cdot \text{Anzahl ausgefallener Bauteile}}$$

Maschinenbedingte Reparaturzeit

Die Zeitangaben für die maschinenbedingten Reparaturzeiten ($MTTR$ – Mean Time To Repair) lieferten Monteure, Bedienpersonal der Linie und Fachkräfte der Instandhaltung.

Jährliche Reparaturzeit

Die jährliche Reparaturzeit der Montagelinie oder -zelle kann mit den Werten der Ausfälle der jeweiligen Bauteile im Jahr bestimmt werden kann:

$$MTTR_{\text{Bauteil}}\left[a^{-1}\right] = Ausfälle\left[a^{-1}\right] \cdot MTTR_{\text{mb}} \cdot \text{Anzahl ausgefallener Bauteile}$$

$$MTTR_{\text{Linie}}\left[a^{-1}\right] = \sum MTTR_{\text{Bauteil}}\left[a^{-1}\right]$$

Lebensdauer und Ausfallrate

Die Lebensdauerangaben für die Bauteile der Montagelinie wurden nach den Erfahrungswerten von Instandsetzungspersonal und Maschinenbedienern übernommen. Die Ausfallrate wird wegen der einfacheren Umrechenbarkeit in der Einheit [Anzahl/Jahr] und nicht in der Einheit **F**ailure **I**n **T**ime (*FIT*) angegeben, bei der 1 *FIT* einem Ausfall pro 10^9 Bauelementestunden entspricht.

Dies sind rein subjektive Angaben, die sich zum einen speziell auf Montagelinie und den dort auftretenden Einbaufall beziehen und zum anderen einen Mittelwert mehrerer Meinungen darstellen können.

Für die Bauteile wurden Lebensdauerangaben ermittelt, die Ausfallrate λ stellt deren Kehrwert dar und wurde berechnet.

Die Unterteilung der Anwendungsfälle in leicht, mittel und schwer kann an Hand der Taktzeit getroffen werden. Allerdings gibt es hier keine festen Grenzen. Fakt ist jedoch, das sich mit höherer Taktzeit auch die Belastung der Bauteile erhöht und damit die Lebensdauer in Jahren abnimmt. Die Anzahl der ausgeführten Spiele sollte sich nicht ändern. Das trifft so für elektrische Bauteile auf jeden Fall zu, bei mechanischen Baugruppen dagegen gilt das nicht. Für diese Bauteile bedeuten höhere Taktzeiten größere Beschleunigungen und damit auch höhere Kräfte, die wiederum kompensiert werden müssen. Das führt zu einem früheren Ausfall oder muss durch stabilere Auslegung aufgefangen werden, was jedoch wieder zu größeren bewegten Massen führt.

Wird also mehr Energie durch eine Erhöhung der Taktzeit zugeführt, so wird diese an mechanischen Bauteilen entweder in Reibungswärme oder in Verformungsarbeit umgewandelt, wodurch sich Lebensdauern verringern. Bei elektrischen Komponenten erhöht sich ebenfalls die Betriebstemperatur.

Produkt und Anteil, häufigste Probleme, Hauptprobleme und Maßnahmen

Die Spalten „Produkt“ und „Anteil“ der Tabelle zeigen, bei welchen Bauteilen Änderungen lohnenswert erscheinen. Die Spalte „Produkt“ liefert eine Aussage über die Gesamtausfallrate eines in der Maschine verbauten Elementes. Durch Multiplikation von Anzahl n, Ausfallrate λ und den Umgebungseinflüssen π_U, π_I, π_T und π_Q.

Die Spalte „Anteil“ beziffert den prozentualen Teil der Baugruppe an der Gesamtausfallrate des Systems.

Für Linie 1 wird der „mittlere Anwendungsfall“ aufgrund der Taktzeit von 10s je Teil gewählt. Eine Beeinflussung kann hier durch den Einsatz von höher- oder minderwertigeren Bauelementen oder durch eine Änderung der Betriebsbedingungen erfolgen.

Eine Aufzählung der häufigsten Probleme findet in der nächsten Spalte statt und bezieht sich jeweils auf die Bereiche Pneumatik, Sensorik, Mechanik, Elektronik, Hydraulik und Maschinensteuerung sowie getrennt auf die Montagelinien. Dabei werden bei den häufigsten Problemen diejenigen aufgelistet, die zahlenmäßig den größten Anteil darstellten, bei den Hauptproblemen solche, die als am schwerwiegendsten eingeschätzt werden.

Mögliche und sinnvoll erscheinende Maßnahmen werden in der vorletzten Spalte (allgemein oder speziell) auf den Anwendungsfall bezogen dargestellt.

Maßnahmen, die auf Grund häufiger Instandsetzungsarbeiten bereits ausgeführt wurden, werden als „bereits geändert“ erwähnt. [Kettl 07]

Für die einzelnen Bereiche Pneumatik, Hydraulik u.s.w. können die Anzahl der ausgefallenen Bauteile, die hochgerechnete Anzahl der Ausfälle im Jahr und die $MTTR_{\mathrm{Linie}}$ pro Bereich in Stunden bestimmt werden. Durch Gliederung der erfassten Zeiten über einen Zeitraum von einem Jahr ergibt sich für eine Produktionslinie die Darstellung nach Abbildung 2-30.

Durch die in der Produktion und Fertigung gesammelten Daten (Felddaten), in Verbindung mit den theoretischen Grundlagen der Lebensdauerberechnung, lassen sich im Allgemeinen und speziellen Verbesserungsvorschläge ableiten und diese können in der zukünftigen Planung und Konstruktion berücksichtigt werden. Zur Gewährleistung der Korrektheit der Betrachtung und zur Unterstützung der Aussagekraft der Felddaten ist es unerlässlich die Datenerhebung mit größter Sorgfalt und gewissenhaft durchzuführen. Je nach Komplexitätsgrad der betrachteten Einheit ist auch die Überlegung anzustellen ob die Einführung einer “Lebensakte” sinnvoll wäre, um die Aktualität der Daten zu gewährleisten.

Tab. 2-16: Systematik [nach Kettl 07]

Einsatzfall		**Pneumatik**	**Sensorik**	**Mechanik**
Maschine		**Linie 1**	**Linie 1**	**Linie 1**
Element		Normzylinder	Kraftaufnehmer	Kupplung
Bauart		abc-123	def-456	hij-789
Hersteller		XYZ-GmbH	XYZ-GmbH	XYZ-GmbH
Anzahl n		150	10	2
Original Ausfalldaten		Führungsspiel	keine Datenübertragung	abgerissen
(mögliche) Ausfallursache		außerm. Belastung	Kabelanschluss	Fahren auf Block
Hochrechnung für Ausfälle [a^{-1}] bei 4000h		0,01	0,00	0,175
$MTTR_{mb}$		0,16h	1h	2h
$MTTR_{Linie}$		0,240	0,000	6,667
Lebensdauer bei 4000h/a je Anwen-	leicht	20	6	5
	mittel	10	2	2
λ [Ausfälle/a]	schwer	5	1	1
	leicht	0,05	0,167	0,2
	mittel	0,1	0,5	0,5
π_A	schwer	0,2	1	1
		1	1	1
π_U		1	1	1
π_Q		1	1	1
π_T		1	1	1
$n \cdot \lambda \cdot \pi_A \cdot \pi_U \cdot \pi_Q \cdot \pi_T$		15	5	1
Anteil %		0,45	0,18	4,5
häufigste Probleme		Zylinder undicht	keine Datenübertragung	Kupplungen reißen
Hauptprobleme		außerm. Belastung; Stoßdämpferanschläge	Beschädigung aufgrund Kabellänge beim Rüsten	Teileträgerstau verursacht Bandstillstand
Maßnahmen		nur in Normalrichtung belasten; Querkräfte klein halten; harten Anschlag vermeiden	Kabelführungen anbrin-gen	Bandstopp über Näherungss-chalter
bereichts geändert				Kupplungen durch starre Drehteile ersetzt

Tab. 2-17: Systematik [nach Kettl 07]

Einsatzfall		Elektronik	Hydraulik	Maschinensteuerung
Maschine		**Linie 1**	**Linie 1**	**Linie 1**
Element		Schrittmotor	Leitungen/ Verschraubungen	Touch Panel
Bauart		ACBD	EFGH	IJKL
Hersteller		XYZ-GmbH	XYZ-GmbH	XYZ-GmbH
Anzahl n		11	39	2
Original Ausfall-daten		dreht nicht, fährt Pos. nicht an	Leckverluste an Ver-schraubungen	Kabelbruch, Steckverbindung
(mögliche) Ausfallursache		läuft nach RESET	undicht, gebrochen durch häufiges Lösen	Stecker löst Wackelkontakt aus
Hochrechnung für Ausfälle [a^{-1}] bei 4000h		0,078	0,10	1,67
$MTTR_{mb}$		0,25h	0,33h	4h
$MTTR_{Linie}$		0,917	1,278	13,333
Lebensdauer bei 4000h/a je An-	leicht	20	10	10
	mittel	8	3	3
λ [Ausfälle/a]	schwer	5	1	1
	leicht	0,05	0,1	0,1
	mittel	0,125	0,33	0,33
π_A	schwer	0,2	1	1
		1	1	1
π_U		1	1	1
π_Q		1	1	1
π_T		1	1	1
$n \cdot \lambda \cdot \pi_A \cdot \pi_U \cdot \pi_Q \cdot \pi_T$		1,375	12,87	0,66
Anteil %		4,95	5,40	0,45
häufigste Proble-me		Übertemp; mechan. Beschädigung	Leckagen an Leitungs-verschraubungen	Touch Panel reagiert nicht
Hauptprobleme		Biegeradien in Ketten zu klein – Zugbelastung	durch Leckagen entstehen Druckschwankungen	CPU defekt; Temperatur zu hoch
Maßnahmen		Kabellängen anpassen; mehr Steckverbinder für einfacheren Wechsel	Rohrleitungen anstelle von Verschlauchung einsetzen	andere CPU; Produktions-räume klimatisieren
bereichts geän-dert				fehlerhafte CPU-Charge wird nicht mehr verbaut; Klima-kammer eingerichtet

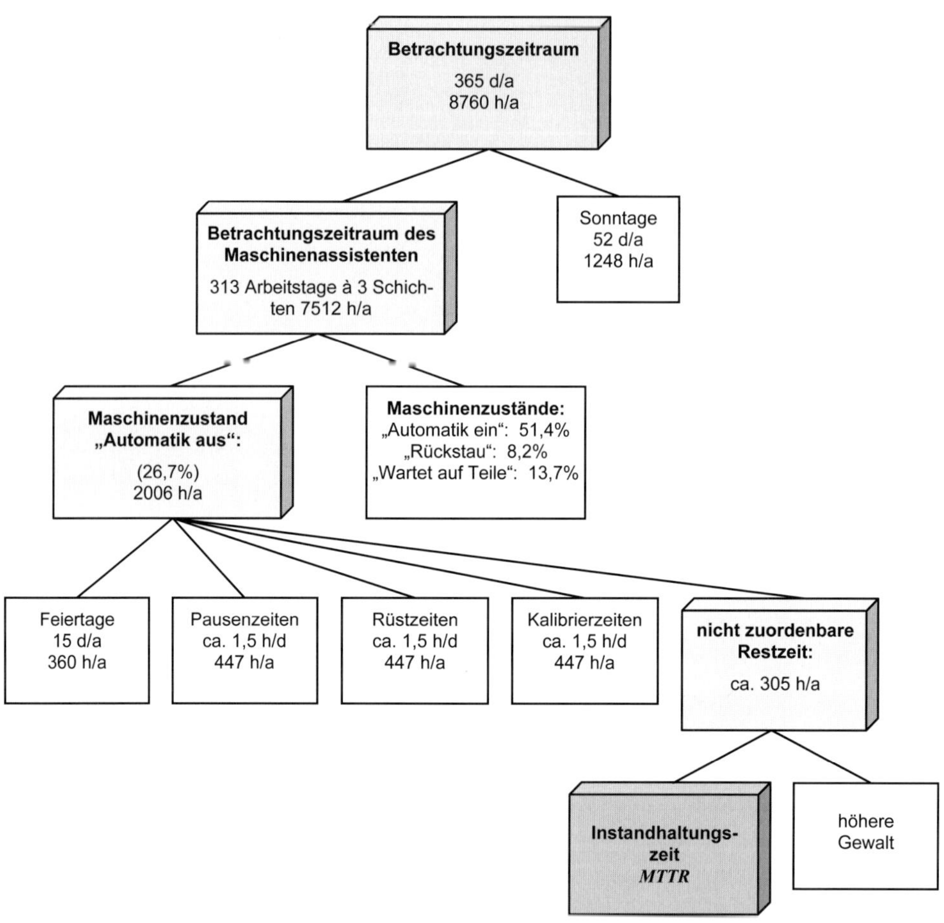

Abb. 2-29: Zusammensetzung erfasster Zeiten für ein AMPS [Beispiel nach Kettl 07]

2.2.2 Instandhaltbarkeit

Definition:

Instandhaltbarkeit ist die „Fähigkeit einer Einheit, dass sie unter gegeben Einsatzbedingungen in einem Zustand erhalten oder in ihn zurückversetzt werden kann, in dem sie eine geforderte Funktion erfüllen kann." [DIN EN 13306 2001, S. 13]

Bei der Instandhaltbarkeit sind die Begriffe Inspektion, Wartung und Instandsetzung zu unterscheiden. Bei der Inspektion finden eine Begutachtung und ein Soll-Ist Vergleich (z.B. Kalibrieren) statt. Bei der Wartung wird das System gereinigt, geschmiert und justiert. Diese Tätigkeiten sind geplant und finden vorbeugend statt. Die Kenngröße, die diese Tätigkeiten zusammenfasst, ist die Wartungszeit (T_W) für die Zeitraumbetrachtung oder die mittlere Ausfallzeit zur geplanten, präventiven Instandhaltung (**M**ean **R**elated **D**owntime for **P**reventive Maintenance, *MRDP*) für die Zeitpunktprognose. Im weiteren Verlauf dieser Arbeit stellt die Verkürzung dieser Zeiten durch den Einsatz von Absicherungs-Algorithmen das Potenzial zur Verbesserung der Verfügbarkeit dar.

Bei der Instandsetzung erfolgt eine ungeplante Reparatur des AMPS. Ursache war eine technische Störung, die zum Stillstand oder zu einer Beschädigung des AMPS geführt hat. Kenngröße ist die technische Ausfallzeit (T_T) für die Zeitraumbetrachtung oder die mittlere Zeit zur Störungsbehebung (**M**ean **T**ime **T**o **R**epair, *MTTR*) für die Zeitpunktprognose (Tabelle 2-18).

Tab. 2-18: Begriffe, Tätigkeiten und Kenngrößen der Instandhaltbarkeit

	Instandhaltbarkeit		
	geplant		ungeplant
Begriff	Inspektion	Wartung	Instandsetzung
Beispiele für Tätigkeit	Überwachen, Kalibrieren	Reinigen, Schmieren, Justieren	Reparieren
Kenngröße	T_W oder *MRDP*		T_T oder *MTTR*

Tab. 2-19: Berechnung der Kenngrößen der Instandhaltbarkeit

Kenngrößen für die geplante Inspektion und Wartung (T_W und *MRDP*)	
Zeitraumbetrachtung [VDI 3423 2002]	Zeitpunktprognose [VDI 4004 1986]
$T_W = \sum_{i=1}^{n} T_{Wi}$	$MRDP = \frac{1}{n}\sum_{i=1}^{n} T_{Wi}$
Summe aller Inspektions- und Wartungszeiten während der Belegungszeit.	Mittlere Inspektions- und Wartungszeit während der Belegungszeit.
Kenngrößen für die ungeplante Instandsetzung (T_T und *MTTR*)	
$T_T = \sum_{i=1}^{n} T_{Ti}$	$MTTR = \frac{1}{n}\sum_{i=1}^{n} T_{Ti}$
Summe aller technischen Ausfallzeiten während der Belegungszeit.	Mittlere technische Ausfallzeit während der Belegungszeit.

2.2.3 Organisatorische Ausfallzeiten

Organisatorische Ausfallzeiten haben ihre Ursache in organisatorischen, administrativen oder logistischen Störungen (vgl. Tabelle 2-8). In der Richtlinie VDI 3423 werden diese Ausfallzeiten mit der Kennzahl T_{O} zusammengefasst [VDI 3423 2002]. Die Richtlinie VDI 4004 unterscheidet zwischen eigenbedingten administrativen Ausfallzeiten, z.B. fehlende Werkstücke, und fremdbedingten logistischen Ausfallzeiten, z.B. Streiks. Bei dieser Differenzierung müssen die administrativen Anteile ($T_{\mathrm{O\,ad}}$) und logistischen Anteile ($T_{\mathrm{O\,log}}$) getrennt erfasst werden.

Tab. 2-20: Berechnung der organisatorischen Ausfallzeiten

Zeitraumbetrachtung [VDI 3423 2002]	Zeitpunktprognose [VDI 4004 1986]
$T_{\mathrm{O}} = \sum_{i=1}^{n} T_{\mathrm{Oi}}$	$MRDA = \frac{1}{n}\sum_{i=1}^{n} T_{\mathrm{O\,ad\,i}}$
	Mittlere eigenbedingte administrative Ausfallzeit während der Belegungszeit.
	$MRDL = \frac{1}{n}\sum_{i=1}^{n} T_{\mathrm{Ologi}}$
Summe aller organisatorischer Ausfallzeiten während der Belegungszeit.	Mittlere fremdbedingte logistische Ausfallzeit während der Belegungszeit.
Mean **R**elated **D**owntime for **A**dministration bzw. **L**ogistic ($MRDA$, $MRDL$)	

2.3 Leistungsmerkmale und Leistungsgrad

Taktzeit

Die Taktzeit ist die Zykluszeit eines AMPS für das Ausstoßintervall von Gutteilen [VDMA 1996].

Das Ausstoßintervall ist die Zeit zwischen der Fertigstellung zweier unmittelbar aufeinander folgender Gutteile; das heißt, von der Fertigstellung des ersten bis zur Fertigstellung des nächsten Gutteils. Die Einschränkung auf Gutteile ist notwendig, weil Schlechtteile in der Regel durch zusätzliche Handhabungsprozesse ausgeschleust werden müssen. Deshalb ist die Taktzeit für die Montage und Ausschleusung eines Schlechtteils etwas höher als für die Montage und Verpackung eines Gutteils. Die Taktzeit wird durch eine Zeitmessung ermittelt und in der Einheit Zeit pro Stück, z.B. 0,2 Minuten pro Stück, angegeben.

Die Forderung nach der möglichst exakten Einhaltung einer geplanten Taktzeit (t_{plan}) begründet sich in der Notwendigkeit der Synchronisation vor- und nachgeschalteter Bearbeitungsprozesse. In der Praxis kann die reale Taktzeit (t_{real}) von der geplanten Taktzeit wegen notwendiger Zugeständnisse an maschinen- oder prozessbedingte Rahmenbedingungen abweichen. Die Taktzeit der taktgebenden Komponenten bestimmt die geplante Mengenleistung (M_{plan}) eines AMPS.

Geplante Mengenleistung

Die geplante Mengenleistung (M_{plan}) ist die theoretisch produzierbare Stückzahl pro Zeiteinheit bei geplanter Taktzeit ohne Ausfallzeiten.

Für kurze Beobachtungszeiträume, in denen das AMPS mit geplanter Taktzeit und ohne Störungen läuft, kann die geplante Mengenleistung aus der geplanten Taktzeit wie folgt ermittelt werden.

$$M_{plan} = \frac{1}{t_{plan}} \text{ in } \frac{\text{Stück}}{\text{Minute}} \quad \text{mit } t_{plan} \text{ in } \frac{\text{Minuten}}{\text{Stück}} \qquad (2.12)$$

Leistungsgrad

Der Leistungsgrad ist ein Maß für die Bearbeitungsgeschwindigkeit eines AMPS.

Er berechnet sich aus dem Verhältnis von geplanter zu realer Taktzeit oder aus dem Verhältnis von realer und geplanter Mengenleistung bei kurzzeitigem und ungestörtem Betrieb.,

Tab. 2-21: Berechnung des Leistungsgrades

Taktzeitrechnung	Mengenrechnung
$LG = \frac{t_{plan}}{t_{real}} \cdot 100\%$	$LG = \frac{M_{real}}{M_{plan}} \cdot 100\%$
t_{gepl} geplante Taktzeit in min/Stück t_{real} reale Taktzeit in min/Stück	M_{real} reale Mengenleistung in Stück/min M_{gepl} geplante Mengenleistung in Stück/min

2.4 Total Productive Maintenance (TPM) und Gesamtanlageneffektivität

Total Productive Maintenance ist ein in Japan von Seichi Nakajima entwickeltes und 1971 erstmals eingesetztes Managementsystem zur Optimierung der betrieblichen Abläufe durch die kreative Beteiligung aller Mitarbeiter [Nakajima 1988]. Bei TPM steht nicht die Technik, sondern der Mensch im Mittelpunkt, unter Einbeziehung aller Beschäftigten vom Topmanagement bis zum Werker [Schmidt 1995]. „TPM ist die produktivitätsorientierte Instandhaltung, die von allen Mitarbeitern in Kleingruppen durchgeführt wird.“ [Nakajima 1995, S. 23]

Das Ziel von TPM sind „Null-Störungen“ bzw. „Null-Stillstandszeiten“ sowie „Null-Fehler“ [Nakajima 1995, S. 25]. Die vollständige Zieldefinition von TPM bezieht folgende fünf Punkte ein:

1. Maximierung der Anlageneffektivität
2. System zur Instandhaltung während der gesamten Lebensdauer
3. Einbeziehung verschiedener betrieblicher Bereiche
4. Einbeziehung aller Beschäftigten
5. Motivationsmanagement durch autonome Kleingruppen.

Der Begriff „Total“ hat eine dreifache Bedeutung:

1. Total Effectiveness (vollständige Effektivität) der Produktionsanlage zeigt das Streben nach Gewinn
2. Total Maintenance System (vollständiges Instandhaltungssystem) für die Produktionsanlage
3. Total Participation (vollständige Teilnahme aller Beschäftigten) zur Verbesserung der Produktionsanlage

Aus diesem Verständnis leitet Nakajima die Berechnung der Gesamtanlageneffektivität, $G.A.E$, oder auf Englisch Overall Equipment Effectiveness, $O.E.E$, ab.

Dazu greift er auf die bekannten Definitionen für Verfügbarkeit bzw. Nutzungsgrad (NG), Leistungsgrad (LG) sowie Qualitätsleistung (QL) zurück und kombiniert diese durch Multiplikation zur Gesamtanlageneffektivität [Nakajima 1995, S. 43].

$$G.A.E = NG \cdot LG \cdot QL$$

Die Gesamtanlageneffektivität ist ein Gesamtwirkungsgrad, der sehr transparent die Leistung des AMPS darstellt.

Nakajima beschreibt z.B. eine Anlage, die mit 87% Verfügbarkeit und 98% Qualitätsleistung zunächst eine scheinbar gute Gesamtanlageneffektivität erwarten lässt. Der Leistungsgrad der Anlage beträgt aber nur 50%, d. h. sie wird nur mit halber Taktzeit betrieben. Die $G.A.E$ sinkt damit auf 42,6%. Das bedeutet, dass die Anlage nicht einmal zur Hälfte ihres Potenzials genutzt wird. Nakajima bezeichnet diese Situation als „...typisch für ein durchschnittliches Unternehmen." [Nakajima 1995, S. 48].

Ideale Bedingungen herrschen, wenn die *G.A.E* größer als 85% ist. Diese Anforderungen erfüllten alle 116 PM-Preisträger (plant prize des Japan Institute of Plant Maintenance) in den Jahren von 1971 bis 1984 für die erfolgreiche Einführung von TPM.

Vor diesem Hintergrund fordert Nakajima unter optimalen Bedingungen die in Tabelle 2-22 in der Spalte „Ideale Kennzahlen" angegebene Prozentsätze. Der Autor dieser Arbeit erweitert diese um die Spalte „Akzeptable Kennzahlen", um der Tatsache besser gerecht zu werden, dass die „...Montage das Sammelbecken aller Fehler der Vorstufen..." ist [Wendt 1992, S. 3].

Tab. 2-22: Mindestanforderungen an die Gesamtanlageneffektivität

	Ideale Kennzahlen	Akzeptable Kennzahlen
Praktische Verfügbarkeit, Gesamtnutzungsgrad	> 90%,	> 85%
Leistungsgrad	> 95%,	> 90%
Qualitätsleistung	> 99%	> 98%
Gesamtanlageneffektivität	> 85%	> 75%

Tab. 2-23: Mindestanforderungen an die maschinenbedingte Gesamtanlageneffektivität

	Ideale Kennzahlen	Akzeptable Kennzahlen
Technische Verfügbarkeit, Maschinenbedingter Nutzungsgrad	> 95%	> 90%
Leistungsgrad	> 95%	> 90%
Maschinenbedingte Qualitätsleistung	> 99%	> 99%
Maschinenbedingte Gesamtanlageneffektivität	> 90%	> 80%

Mit dieser Unterscheidung können die Kennzahlen wie folgt zusammengefasst werden (Tabelle 2-24 und 2-25).

Tab. 2-24: Maschinenbedingte Gesamtanlageneffektivität

Direkte Berechnung	Differenzierung nach Einflüssen
$G.A.E_{mb} = \frac{m_{gut} + m_{anmb}}{(T_B - T_O) \cdot M_{plan}} \cdot 100\%$ oder $= \frac{t_{plan} \cdot (m_{gut} + m_{anmb})}{T_B - T_O} \cdot 100\%$	$QL_{mb} = \begin{cases} \frac{m - m_{amb}}{m} \cdot 100\% & \text{für } N.i.O._{Gmb} = 0 \\ 0 & \text{für } N.i.O._{Gmb} > 0 \end{cases}$
	$LG = \frac{t_{plan}}{t_{real}} \cdot 100\% = \frac{M_{real}}{M_{plan}} \cdot 100\%$
mit $T_{Lauf} = m \cdot t_{real} = \frac{m}{M_{real}}$	$V_t = NG_{mb} = \frac{T_{Lauf}}{T_B - T_O} \cdot 100\%$

Tab. 2-25: Gesamtanlageneffektivität

Direkte Berechnung	Differenzierung nach Einflüssen
$G.A.E = \frac{m_{gut}}{T_B \cdot M_{plan}} \cdot 100\%$ oder $= \frac{t_{plan} \cdot m_{gut}}{T_B} \cdot 100\%$	$QL = \begin{cases} \frac{m - m_a}{m} \cdot 100\% & \text{für } N.i.O._G = 0 \\ 0 & \text{für } N.i.O._G > 0 \end{cases}$
	$LG = \frac{t_{plan}}{t_{real}} \cdot 100\% = \frac{M_{real}}{M_{plan}} \cdot 100\%$
	$V_p = NG = \frac{T_{Lauf}}{T_B} \cdot 100\%$

2.5 Zusammenfassung zur Systemfähigkeit

2.5.1 Ablauf der Ermittlung

Tab. 2-26: Ablauf der Ermittlung der Systemfähigkeit

Abnahme	Ablauf		
Abnahme Stufe 1	**Taktzeit**	N.i.O. →	Optimierung
	o.k		
	Prüfprozesseignung		
	o.k.		
	Funktion der Absicherungsmaßnahmen prüfen		
	o.k		
	Plausibilitätstest		
	o.k.		
	Kurzzeit-Maschinenfähigkeit und –potenzial		
	o.k.		
	Vorläufige Prozessfähigkeit und –potenzial		
	o.k.		
Vorläufige Systemfähigkeit			
Abnahme Stufe 2	Probelauf	N.i.O. →	Optimierung
	Qualitätsleistung		
	o.k.		
	Leistungsgrad		
	o.k.		
	Nutzungsgrad, Verfügbarkeit		

o.k.

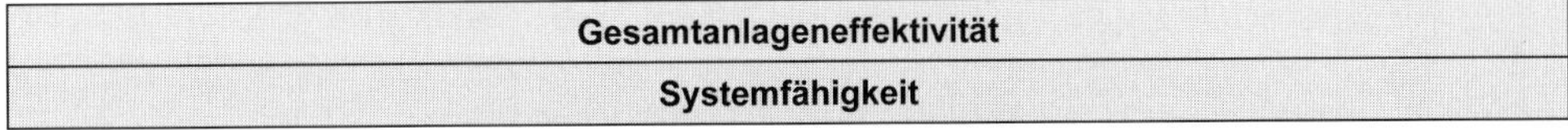

Gesamtanlageneffektivität
Systemfähigkeit

Vergrößerung des Stichprobenumfangs

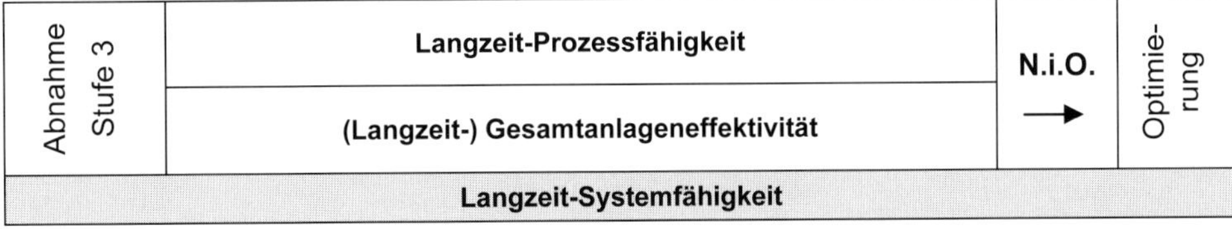

Abnahme	Ablauf		
Abnahme Stufe 3	**Langzeit-Prozessfähigkeit**	N.i.O. →	Optimie-rung
	(Langzeit-) Gesamtanlageneffektivität		
Langzeit-Systemfähigkeit			

2.5.2 Übersicht Systemfähigkeit (Tab. 2-27)

	Kennzahlen [Einheit]	Definition	Analyseumfang	Formel	Kennwert
Messprozess am Beispiel QS 9000/MSA	C_g [1] Gage capability	Wiederholbarkeit des Messmittels	1 Bediener 1 Referenzteil 30 Messungen	$C_g = \frac{0,2T}{6 s_g}$	≥ 1,33
	C_{gk} [1] Critical gage capability	Genauigkeit		$C_{gk} = \frac{0,1T - \lvert \bar{x}_g - x_m \rvert}{3 s_g}$	≥ 1,33
	$R\&R$ [mm, %] Wiederholbarkeit und Nachvollziehbarkeit	Bedienereinfluss und Wiederholbarkeit unter Prozessbedingungen	3 Bediener, 10 Serienteile, 2 Messreihen od. 2 Durchläufe, 10 Teile (Automatentest)	$R \& R = \sqrt{(EV^2 + AV^2)}$	≤ 10%
	Attributive Fähigkeit	Wiederholbarkeit der Gut-, Schlecht-Entscheidung	10 Gutteile 10 Grenzteile 10 Schlechtteile je 10 mal prüfen	Bei 100 Gut- und 100 Grenzteil-Prüfungen je 1 Fehlbewertung Bei 100 Schlechteil-Prüfungen 0 Fehlbewertungen zulässig	100-1/1/0
Montageprozess	Absicherungsmaßnahmen	Absicherung gegen unvorhergesehene Störgrößen	Vorhandensein der technischen Einrichtungen	mit Checkliste prüfen	
	Plausibilitätsprüfung	korrekte Teilesortierung	2 Schlecht- und 2 Gutteile pro Merkmal der Anlage mind. zweimal zuführen	Gut- und Schlechtteile müssen erkannt und richtig gehandhabt werden. Bei acht Prüfungen ist keine Abweichung zulässig.	8-0
	Cm [1] Machine capability	Kurzzeitige Merkmalsstreuung, verursacht durch die Maschine	50 Teile produzieren	**Für Normalverteilte Merkmale:** $Cm, Pp, Cp = \frac{OGW - UGW}{6 \cdot \hat{\sigma}}$	≥ 2,0
	Cmk [1] Critical machine capability	Fähigkeit der Maschine zur Produktion in der Toleranzmitte		$Cmk, Ppk, Cpk = Min\left\{\frac{OGW - \hat{\mu}}{3 \cdot \hat{\sigma}}; \frac{\hat{\mu} - UGW}{3 \cdot \hat{\sigma}}\right\}$	≥ 1,67
	Pp vorläufig [1] Process potential	Kurzzeitige Merkmalsstreuung von Maschine und Umgebung	125 Teile produzieren	**Für alle Verteilungsdichten:** $Cm, Pp, Cp = \frac{OGW - UGW}{o_p - u_p}$	≥ 1,67
	Ppk vorläufig [1] Critical process potential	Kurzfristige Fähigkeit zur Produktion in der Toleranzmitte		$Cmk, Ppk, Cpk = Min\left\{\frac{OGW - \hat{\mu}}{o_p - \hat{\mu}}; \frac{\hat{\mu} - UGW}{\hat{\mu} - u_p}\right\}$	≥ 1,33
	Cp Langzeit [1] Process capability	Langzeitmerkmalsstreuung von Prozess und Umgebung	Für Abschätzung mindestens achtstündiger Probelauf. Zur Beurteilung mindestens 20 Produktionstage	oder: $Cmk, Ppk, Cpk = Min\left\{\frac{OGW - \hat{\mu}}{x_{max} - \hat{\mu}}; \frac{\hat{\mu} - UGW}{\hat{\mu} - x_{min}}\right\}$	≥ 1,33
	Cpk Langzeit [1] Critical process capability	Langzeitfähigkeit zur Produktion in der Toleranzmitte		$Cm, Pp, Cp = \frac{OGW - UGW}{x_{max} - x_{min}}$	≥ 1,0

Leistung	Reale Taktzeit [min/Stück]	Zeit zwischen zwei fertigen Teilen im ungestörten Betrieb	Durchschnitt der langsamsten Komponente	t_{real} in min/Stück Ermittlung durch Stoppen	> 0.90*t_{plan}	
	Ausbringungsmengen [Stück]	Gesamtteil-Ausbringungsmenge (Gut- und Schlechtteile)	mindestens vierstündiger Produktionslauf	Ermittlung durch Zählen	Soll	
	Leistungsgrad [%]	Verhältnisvon geplanter und realer Taktzeit	mindestens einminütiger ungestörter Betrieb bei maximal möglicher Geschwindigkeit.	$LG = \frac{t_{plan}}{t_{real}} \cdot 100\%$	> 90%	
		Verhältnis von realer und geplanter Kurzzeitmengenleistung im ungestörten Betrieb		$LG = \frac{M_{real}}{M_{plan}} \cdot 100\%$	> 90%	
	Maschinenbed. Nutzungsgrad, Technische Verfügbarkeit [%]	Anteil der Laufzeit an der Belegungszeit minus organisatorischer Ausfallzeiten	mindestens vierstündiger Produktionslauf	$V_t = NG_{mb} = \frac{T_{Lauf}}{T_B - T_O} \cdot 100\%$	> 90%	
	Gesamtnutzungsgrad, Praktische Verfügbarkeit [%]	Anteil der Laufzeit an der Belegungszeit	mindestens achtstündiger Produktionslauf	$V_p = NG = \frac{T_{Lauf}}{T_B} \cdot 100\%$	> 85%	
	Maschinenbedingte Qualitätsleistung [%]	Produktion und Sortierung von Schlechtteilen	mindestens vierstündiger Produktionslauf	$QL_{mb} = \begin{cases} \frac{m - m_{amb}}{m} \cdot 100\% & \text{für } N.i.O._{Gmb} = 0 \\ 0 & \text{für } N.i.O._{Gmb} > 0 \end{cases}$	>99%	
	Gesamtqualitätsleistung [%]		mindestens achtstündiger Produktionslauf	$QL = \begin{cases} \frac{m - m_a}{m} \cdot 100\% & \text{für } N.i.O._G = 0 \\ 0 & \text{für } N.i.O._G > 0 \end{cases}$	>98%	
G.A.E	Maschinenbedingte Gesamtanlageneffektivität [%]	$G.A.E_{mb} = QL_{mb} \cdot NG_{mb} \cdot LG$	mindestens vierstündiger Produktionslauf	$G.A.E_{mb} = \frac{m_{gut} + m_{anmb}}{(T_B - T_O) \cdot M_{plan}} \cdot 100\%$	> 80%	
	Gesamtanlageneffektivität [%]	$G.A.E = QL \cdot NG \cdot LG$	mindestens achtstündiger Produktionslauf	$G.A.E = \frac{m_{gut}}{T_B \cdot M_{plan}} \cdot 100\%$	> 75%	

3 Struktur und Fehlerpotenzial automatisierter Montage- und Prüfsysteme (AMPS)

3.1 Komponenten von AMPS

Automatisierte Montage- und Prüfsysteme lassen sich in folgende Komponenten gliedern [VDMA 1996, S. 117 ff]:

Handlingkomponenten:
Hierbei handelt es sich um Stationen, die das Werkstück hinsichtlich Position und Lage beeinflussen. Dies kann das Zuführen, das Puffern, der Transport, die Entnahme oder die Vereinzelung von Werkstücken sein. Die Beschaffenheit des Werkstückes wird durch Handlingstationen nicht verändert.

Montagekomponenten:
Montagestationen sind wertschöpfende Komponenten. Sie beeinflussen die Beschaffenheit von Werkstücken. Dies kann z.B. durch Montage-, Verpackungs- oder Konservierungsvorgänge geschehen. Dabei werden die Werkstücke gezielt verändert und Qualitätsmerkmale erzeugt oder beeinflusst. "Die Hauptaufgabe der Montage ist es, Komponenten, formlose Werkstoffe und Montagebaugruppen zu einem komplexen Produkt zusammenzufügen" [Andreasen 1985, S.16]. Der Montagebegriff ist jedoch weiter zu fassen. Unter Montieren wird die Anwendung von Fügeverfahren verstanden, wobei alle Handhabungs- und Hilfsvorgänge einschließlich des Messens und Prüfens eingeschlossen werden [DIN 8593 2003, Teil 1]. Die Funktionen der Montage werden in Abbildung 3-1 dargestellt.

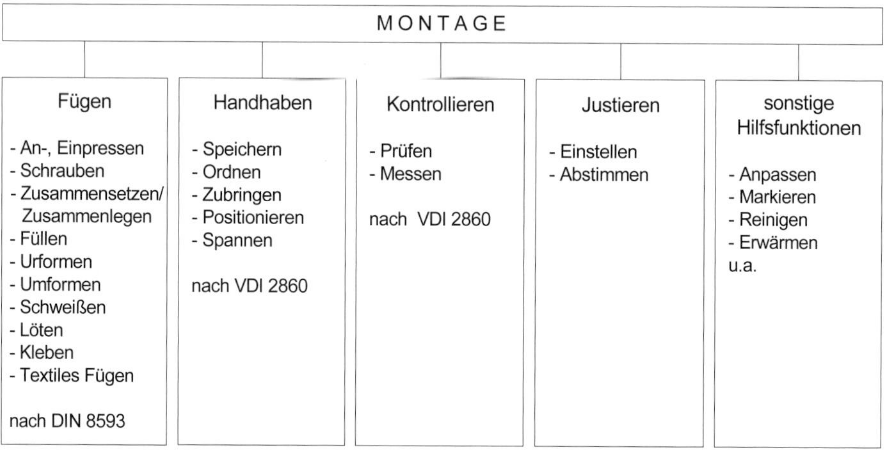

Abb. 3-1: Funktionen der Montage [DIN 8593 2003, VDI 2860 1990]

Prüfkomponenten:
Prüfkomponenten dienen zur Informationsgewinnung über die Beschaffenheit des Werkstückes. Besonders Qualitätsmerkmale, die in den wertschöpfenden Stationen erzeugt werden (Montagestationen) oder für die Durchführung der Wertschöpfung relevant sind, werden geprüft. Prüfen ist das "Feststellen, inwieweit ein Prüfobjekt eine Forderung erfüllt. Mit dem Prüfen ist immer der Vergleich mit einer Forderung verbunden, die festgelegt oder vereinbart sein kann" [DIN 1319-1 1995, S. 6]. Die Prüfung kann dabei vor (Pre-Prozess-Prüfung), während (In-Prozess-Prüfung) oder nach der Wertschöpfung (Post-Prozess-Prüfung) stattfinden.

Entsprechend der Aufgabenstellung kommen kombinierte Stationen zum Einsatz. Zum Beispiel werden Wertschöpfung und Prüfung in Montagestationen, wie Press- oder Schraubstationen, integriert um den Montageablauf steuern zu können.

Die Standardbestandteile eines automatisierten Montage- und Prüfprozesses werden in Abbildung 3-2 dargestellt. Je nach Anwendungsfall variieren die Reihenfolge und Anzahl der einzelnen Stationen. Besonders Transport- und Handhabungsstationen können in größerer Anzahl eingesetzt werden.

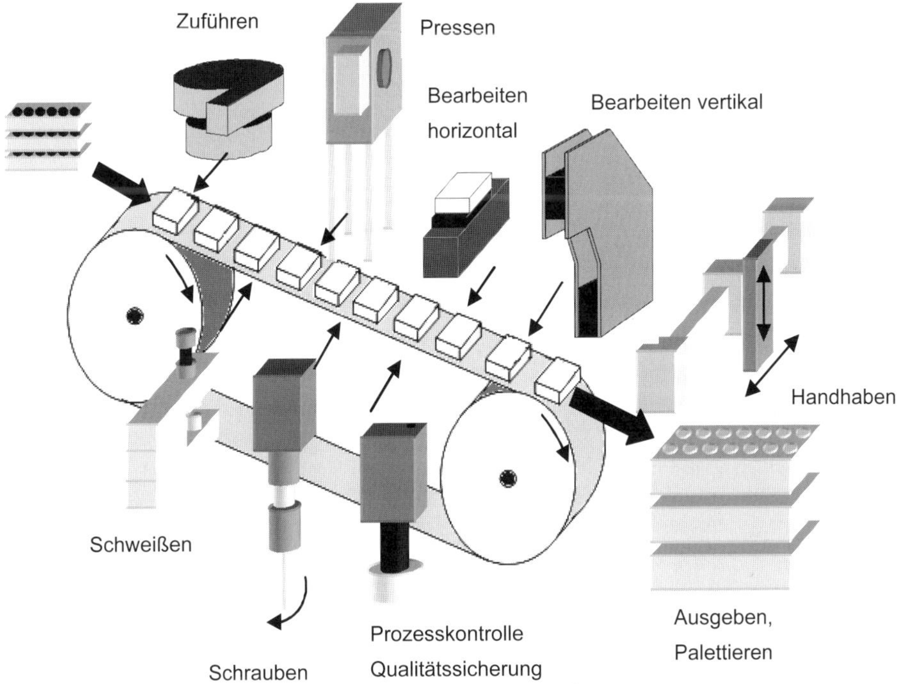

Abb. 3-2: Komponenten von AMPS [Bihler ohne Jahr]

3.2 Strukturierung von AMPS in Funktionsbereiche

Zur Ermittlung des Fehlerpotenzials von AMPS ist als Ergänzung zum Stand der Technik eine Strukturierung in Funktionsbereiche notwendig. Die Strukturierung vereinfacht die Analyse von Fehlern, Fehlerursachen und Fehlerfolgen.

Dazu werden AMPS in die Funktionen
- Messebene (Messkette),
- Stationsebene,
- Prozessebene sowie
- Ebene des manuellen Eingriffs (Rüst- und Instandhaltungsebene) gegliedert (Abbildung 3-3).

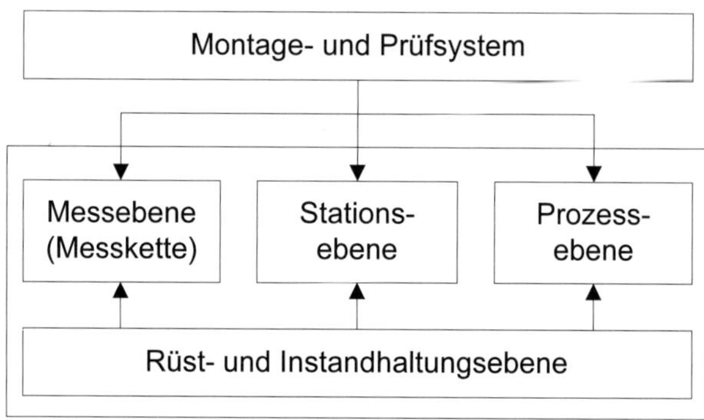

Abb. 3-3: Strukturierung von AMPS in Funktionsbereiche

3.2.1 Messebene (Messkette)

Die Messebene (Messkette) betrachtet die Messsignal-Erfassung, -Weiterleitung, -Verstärkung, -Bewertung und die Aufzeichnung von Messdaten zur Qualitätsregelung. Komponenten der Messebene sind der Messwertaufnehmer, das Kabel und der Messverstärker zur Signalübertragung und -verstärkung sowie der Messcomputer zur Signalbewertung (Abbildung 3-4). Am Messrechner befindet sich eine Schnittstelle zum Signalaustausch mit der Maschinensteuerung. Maschinensteuerung und Messrechner sind in der Regel als Master-Slave Verbindung aufgebaut. Durch einen Startbefehl der Maschinensteuerung wird der Messprozess ausgelöst und die Messkette liefert nach Beendigung der Messung ein Antwortsignal (Gut, Ausschuss, Nacharbeit) an die Maschinensteuerung zurück. Diese Information wird werkstückbezogen in der Prozessebene gespeichert und zur Sortierung der Werkstücke verwendet.

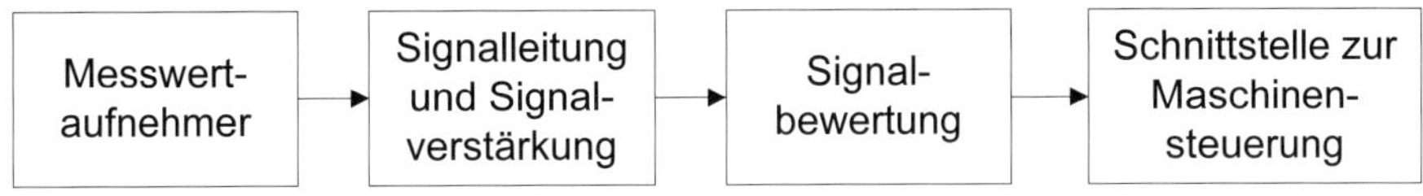

Abb. 3-4: Allgemeine Darstellung der Komponenten der Messebene

In Abbildung 3-5 ist der Aufbau einer Messebene am Beispiel des Einpressens eines Stiftes dargestellt. Das Messsystem setzt sich aus einem Kraftaufnehmer und einem Längenmesssystem zusammen. Beide geben die aufgenommenen Messwerte an den Messcomputer weiter, welcher die Signale bewertet und der Maschinensteuerung die Ergebnisse übermittelt.

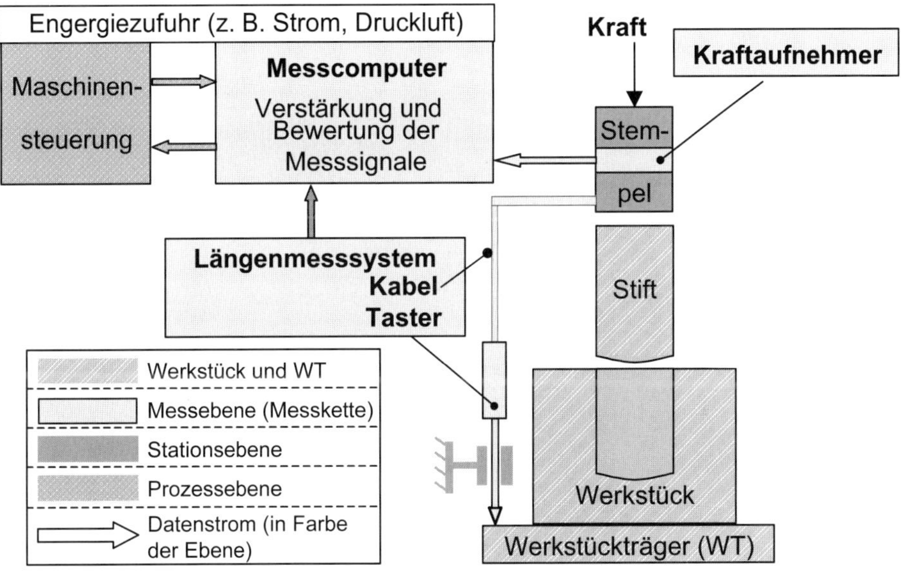

Abb. 3-5: Messebene am Beispiel „Stift einpressen" [Ploetz 2004]

3.2.2 Stationsebene

Die Stationsebene betrachtet alle Bewegungen von Aktoren, Sensoren und Werkstücken sowie alle wertschöpfenden Abläufe. Darunter fallen z.B. die Zuführung und der Abtransport sowie ausrichtende und fixierende Vorgänge am Werkstück; weiterhin die Bewegungen der Aktoren zur Wertschöpfung.

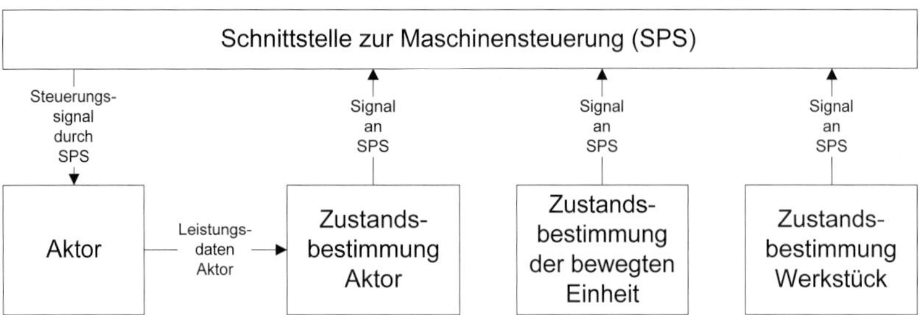

Abb. 3-6: Regelkreis der Steuerung auf Stationsebene [Ploetz 2004]

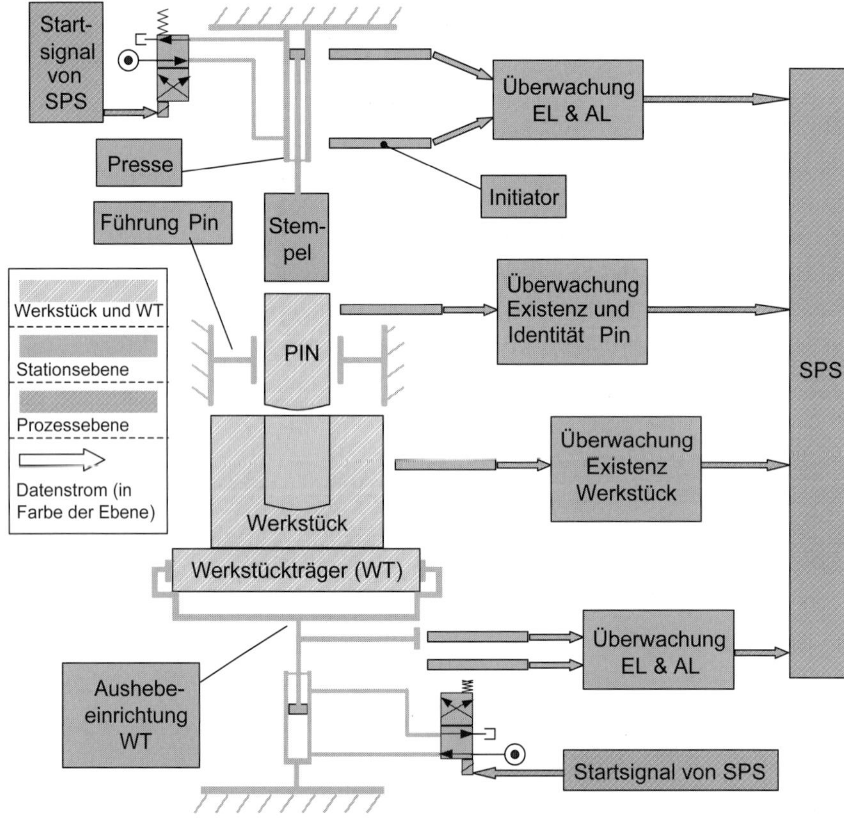

Abb. 3-7: Beispiel für die Stationsebene [Ploetz 2004]

Leistungsdaten der Aktoren sowie Zustandsdaten der durch die Aktoren bewegten Einheiten und Werkstücke werden überwacht und an die Maschinensteuerung übermittelt. Das Programm der Maschinensteuerung (Speicherprogrammierbare Steuerung, SPS) berechnet aus den Zustandsdaten das Steuerungssignal für die Aktoren. Damit ist der Regelkreis der Steuerung auf Stationsebene geschlossen (Abbildung 3-6). In Abbildung 3-7 ist das Beispiel „Stift Einpressen“ aus Abbildung 3-5 auf die Stationsebene erweitert. Das Beispiel zeigt eine Aushebeeinrichtung des Werkstückträgers, eine Presse zum Einpressen eines Stiftes und die Führung des Stiftes. Die Überwachung von Ausgangs- und Endlagen der Bewegungen und die Überwachung der Existenz des Werkstückes erfolgt mithilfe von Initiatoren.

Beispiele für Komponeten der Stationsebene, die in AMPS zur Anwendung kommen, sind:

Aktoren: z.B. pneumatische, hydraulische Zylinder und Ventile, Servomotore, Pressen, Schrauber, Roboter, Drehzylinder, Greifer

Sensoren: z.B. Näherungsschalter (Initiatoren), Lichtschranken

Mechanische Komponenten: z.B. Lineareinheiten, Axial- und Radiallager, Werkzeuge zur Bearbeitung, Getriebe (Über-, Untersetzung, Winkelgetriebe), Dämpfer, Kupplungen, Ketten, Riemen

3.2.3 Prozessebene

Die Prozessebene betrachtet alle auswertenden, bewertenden und steuernden Maßnahmen. Sie übernimmt die Verwaltung, Speicherung und Bereitstellung der Daten. Weiterhin wird der Prozessebene das Grundgestell und der Materialfluss

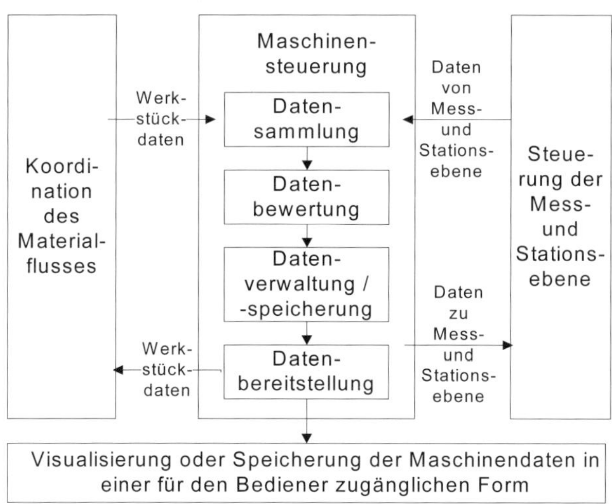

Abb. 3-8: Prozessebene [Ploetz 2004]

zugerechnet (Abbildung 3-8). Zum einen werden die aufbereiteten Daten zur internen Steuerung der Mess- und Stationsebene genutzt, zum anderen werden die Maschinendaten dem Bediener mithilfe von Ausgabegeräten zugänglich gemacht. Zur Steuerung des Materialflusses ist die Position und der Bearbeitungszustand des Werkstückes während des Prozesses bekannt. Dazu erfolgt entweder eine Datensammlung in der SPS oder auf dem Werkstückträger befindet sich ein Datenspeicher, der mithilfe eines Schreib- und Lesekopfes gelesen und beschrieben werden kann (Abbildung 3-9).

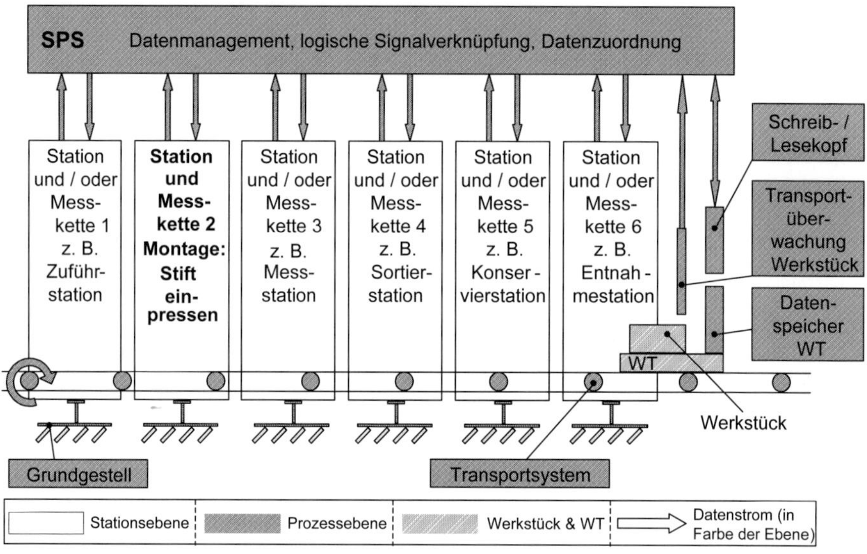

Abb. 3-9: Beispiel für die Prozessebene [Ploetz 2004]

Beispiele für Komponenten der Prozessebene sind:
Hardware und Software der Maschinensteuerung, Bussystem (z.B. Profibus), Verkabelung, Leistungsteile, Schreib- und Lesesysteme

3.2.4 Manuelle Eingriffs-Ebene (Rüst- und Instandhaltungsebene)

Die Ebene des manuellen Eingriffs beinhaltet alle Maßnahmen, welche das Rüsten und Instandhalten ermöglichen oder unterstützen. Im Gegensatz zu den automatischen Abläufen in der Mess-, Stations-, und Prozessebene umfasst die Rüst- und Instandhaltungsebene ausschließlich manuelle Prozesse.

3.2.5 Schnittstellenabgrenzung und Strukturmatrix

Schnittstellenabgrenzung

In der Mess- und Prozessebene werden überwiegend komplexe elektrische und elektronische Komponenten sowie Software eingesetzt.

Die Stationsebene besteht überwiegend aus mechanischen sowie elektrischen Komponenten. Die Abgrenzung zur Messebene stellen die Werkzeuge, die Abgrenzung zur Prozessebene stellen Steuerelemente, wie z.B. pneumatische und hydraulische Ventile, dar.

In der folgenden Analyse des Fehlerpotenzials werden Werkzeuge und Ventile der Stationsebene zugeordnet (Tabelle 3-1).

Tab. 3-1: Übersicht der Funktionsbereiche und Schnittstellendefinition

Messebene (Messkette)	Werkzeuge	Stationsebene	Steuerelemente	Prozessebene
Überwiegend komplexe elektrische und elektronische Komponenten sowie Software	für Mess- und Montageaufgaben	Überwiegend komplexe mechanische und einfache elektrische Komponenten	z.B. pneumatische und hydraulische Ventile	Überwiegend komplexe elektrische und elektronische Komponenten sowie Software

Strukturmatrix

In der Strukturmatrix werden den Komponenten von AMPS (Handling-, Montage- und Prüfkomponenten) Funktionsebenen zugeordnet. Alle Komponenten beinhalten die Funktionsebenen Station und Prozess sowie die Abläufe des manuellen Eingriffs. Ist in der Montagestation zusätzlich eine Messkette zur In-Prozess Überwachung integriert, trifft die Funktionsebene Messkette ebenfalls auf die Montagekomponenten zu. Diese Gliederung ist die Grundlage der folgenden Analyse des Fehlerpotenzials von AMPS.

Tab. 3-2: Strukturmatrix

Komponente \ Funktionsebene		Messkette	Station	Prozess	Man. Eingriff
Prüfkomponente (Pre- und Post-Prozess)		x	x	x	x
Montagekomponente	mit In-Prozess Messung	x	x	x	x
	ohne In-Prozess Messung		x	x	x
Handhabungskomponente			x	x	x

3.3 Analyse des Fehlerpotenzials von AMPS

Eine Herausforderung in der Montagetechnik ist die hohe Anzahl der auf den Montageprozess einwirkenden Einflussfaktoren. Durch „...das Zusammenspiel der Toleranzen zwischen den einzelnen Bauteilen...“ [Reiter 1998, S. 4], Chargenunterschieden, Kräften und Momenten des Montagevorgangs, entsteht ein oft nur schwer zu durchschauendes Zusammenspiel der einzelnen Einflussgrößen. Laut Wendt kann die Montage daher „...als Sammelbecken aller Fehler der Vorstufen bezeichnet werden...“ [Wendt 1992, S. 3]. Daher müssen bei der Analyse der Fehlermöglichkeiten und Fehlerursachen alle denkbaren Problemstellungen berücksichtigt werden (Abbildung 3-10).

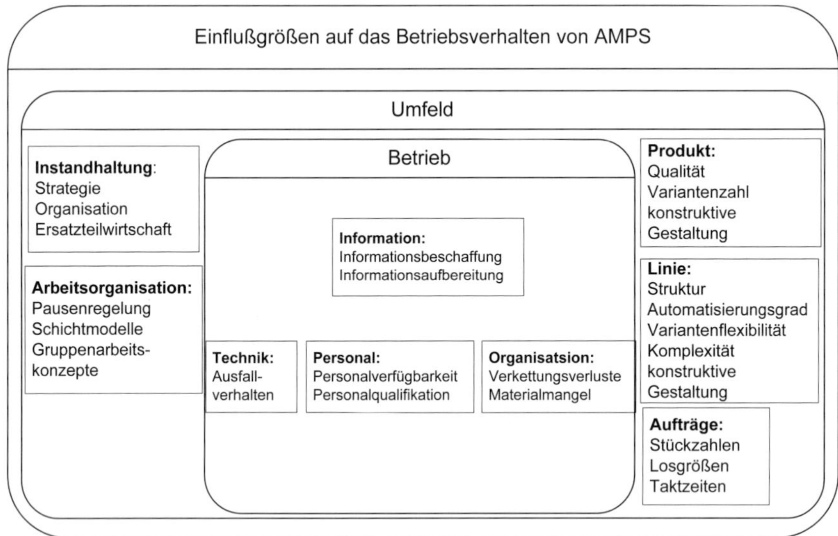

Abb. 3-10: Einflussgrößen auf das Betriebsverhalten von AMPS
[Köhrmann 2000]

Die Einflussgrößen verursachen ein dynamisches Verhalten des Montage- und Prüfprozesses. Zum Zeitpunkt der Erstabnahme (t=0) und kurz danach (t=1) steht ein neues AMPS zur Verfügung und die Qualität der zugeführten Einzelteile wird überwacht. Im weiteren Verlauf (t=2 bis t=4) verändern sich die Einflussgrößen und bewirken eine Veränderung der Streuung des Montageprozesses sowie eine Veränderung der Messunsicherheit und damit eine Veränderung des Messprozesses. Montage- und Messprozessverteilung falten sich zur sogenannten A-posteriori-Verteilung (Abbildung 3-11) [Wisweh 1987, S. 23].

Die Analyse des Fehlerpotenzials wurde einer Fehlermöglichkeits- und Einflussanalyse (FMEA) angelehnt. In Anhang A werden Fehlerketten mit Fehlerursache, Fehler und Fehlerfolge sowie Maßnahmen zur Fehlererkennung dargestellt. Die Vielzahl der Fehlermöglichkeiten lassen sich jedoch zu finalen Fehlern zusammenfassen.

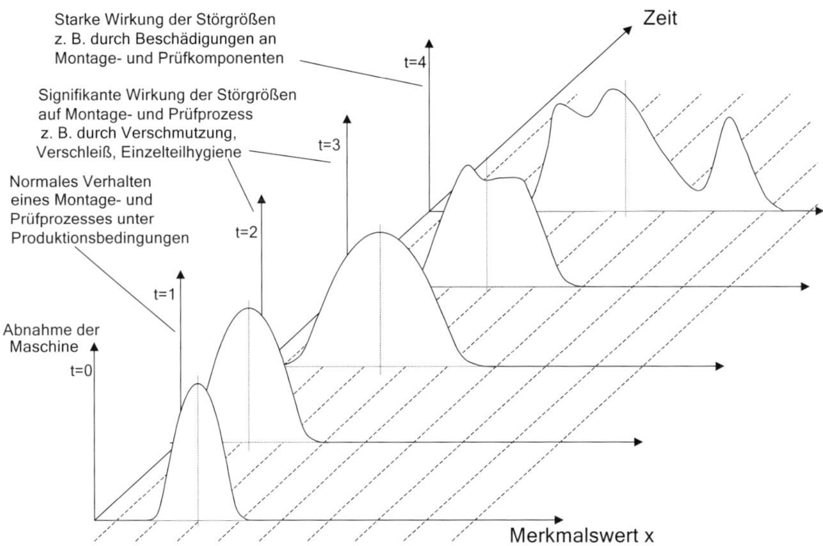

Abb. 3-11: A-posteriori-Verteilung des Montage- und Prüfprozess über die Zeit

3.4 Zusammenfassung der Fehlermöglichkeiten zu finalen Fehlern in den Funktionsbereichen

Fehler in AMPS sind als Knoten in einem Ursache–Wirkungs–Netz zu verstehen, wobei eine Fehlerursache einen Fehler erzeugt, welcher wiederum Ursache für weitere Fehler sein kann. Wirkt sich ein Fehler im betrachteten Modell nicht mehr weiter aus, so kann dieser als finaler Fehler bezeichnet werden.

In AMPS kann auf fünf finale Fehler geschlossen werden [Hofmann 1990, S. 53f]:

- Ausschuss oder zur Nacharbeit bestimmte Baugruppen werden an den Kunden ausgeliefert,
- Erhöhung des internen Fehleranteils (Ausschuss oder Nacharbeit),
- Stillstand der Produktionsanlage,
- Schädigung der Produktionsanlage und
- verminderter Ausstoß der Produktionsanlage.

Alle weiteren denkbaren Fehler führen zu einem dieser finalen Fehlerfolgen. Aus der Vielzahl der möglichen Fehlerketten, die im Anhang A dargestellt sind, lassen sich folgende finale Fehler ableiten:

Tab. 3-3: Finale Fehler im Funktionsbereich Messebene (Messkette)

Finaler Fehler	Ursache	Folge
Messwert liegt knapp außerhalb der Produktionstoleranz	Messunsicherheit an Toleranzgrenzen, Messsystem nicht korrekt justiert, Kalibrierfehler	Teil wird in AA, NA sortiert
		Teil wird in eine Nachbargutgruppe einsortiert
Messwert liegt außerhalb der Funktionstoleranz	grober Messfehler durch grobe Störfaktoren (z.B. Verschmutzung, Werkzeugbruch)	Teil wird in AA, NA sortiert
		Teil wird in eine entfernte Gutgruppe sortiert
Messsystem verschleißt oder ist beschädigt	Umwelteinfluss auf Messung, Gebrauchsspuren; Verschleiß, Überlast	Messunsicherheit steigt, z.B. Erhöhung der Streuung, Trend, AA-, NA-Anteil steigt
Messwertaufnehmer fällt aus, kein Messsignal	Taster fest, Kabel, Taster defekt	alles N.i.O.
		N.i.O. wird gut oder andere Gutgruppe
Sehr hohe Messunsicherheit	Grobe Umwelteinflüsse, elektromagnetische Einflüsse, falscher Taster	Scheinausschuss
		N.i.O. wird gut

Tab. 3-4: Finale Fehler im Funktionsbereich Stationsebene

Finaler Fehler	Ursache	Folge
Antriebseinheit beschädigt	Stromversorgung unterbrochen, Druckluftabfall	Endlage wird nicht erreicht, unvollständige Montage
Werkzeugbruch, Werkzeugverschleiß	Werkzeugwechselperiode zu lang	Gut wird N.i.O.
		N.i.O. wird gut
Initiator sendet falsches Signal	Initiator ist verstellt oder beschädigt, elektromagnetische Störungen	Keine Erkennung von Zuständen oder Bauteilen mehr möglich
falsche Teile montiert, fehlerhafte Fixierung bzw. Positionierung	keine sichere Handhabung der Teile, unebene Auflageflächen z.B. durch Verschmutzung	nächster Montageschritt kann nicht oder nur fehlerhaft ausgeführt werden
AA-, NA-Teil wird als Gutteil in Folgeteil verbaut	Fehler wurde vor Weiterbearbeitung nicht erkannt	Folgeteil fehlerhaft

Tab. 3-5: Finale Fehler im Funktionsbereich Prozessebene

Finaler Fehler	Ursache	Folge
Teil durch Prüfsystem richtig bewertet, aber SPS oder Mechanik sortiert falsch	Zuordnung Teile-Daten in SPS falsch oder Sortiermechanik beschädigt bzw. falsch justiert	N.i.O. wird gut
AA-, NA-Teil wird in die Menge der Gutteile sortiert	Fehler im Ablauf oder Sonstiges	Teil wird an internen Kunden geliefert
		Teil wird an externen Kunden geliefert - Reklamation
Zu viele N.i.O.-Teile	Fehlerhafte Einzelteile oder Montage	Häufung von N.i.O., N.i.O.-Speicher läuft über
Unbekannter N.i.O.-Grund	N.i.O.-Ursache nicht zuordenbar	Fehlerursachen schwierig zu finden

Tab. 3-6: Finale Fehler im Funktionsbereich Manuelle Eingriffs-Ebene

Finaler Fehler	Ursache	Folge
Falsche Komponenten, Steuer- oder Mess-Programm gerüstet	Menschliches Versagen, ungenügende Arbeitsanweisung, komplexer Rüstvorgang	Produktion läuft mit falschem Prüfprogramm
Bauteile fallen herunter oder werden entnommen	manueller Eingriff, Fehler im automatischen Ablauf	ungeprüfte oder halbfertige Teile verseuchen Gutteile
Referenzteile verbleiben im Arbeitsbereich	Unachtsamkeit, Überlastung	Referenzteile werden verbaut

Damit aus einem Fehler nicht eine Vielzahl von Fehlerfolgen entsteht, ist es sinnvoll, das Fehler-Ursache-Wirkung-Netz möglichst frühzeitig durch geeignete Maßnahmen der Fehlererkennung zu unterbrechen. Im nächsten Kapitel werden Methoden der Fehlererkennung vorgestellt.

4 Methoden der Fehlererkennung zur Steigerung der Qualitätsleistung von automatisierten Montage- und Prüfsystemen

Das vorausgehende Kapitel hat Fehlerketten (Ursache, Fehler, Fehlerfolge) in AMPS beschrieben. Fehlerketten führen in AMPS häufig zu finalen Fehlern, die sich zwar nicht weiter ausbreiten, aber einen erheblichen Schaden zur Folge haben können. Durch die im Folgenden dargestellten Methoden der Fehlererkennung werden die Fehlerketten frühzeitig unterbrochen und die finalen Fehler vermieden. Ansatzpunkt ist:

Vermeidung der finalen Fehler durch frühzeitige Fehlererkennung.

In sicherheitsrelevanten Bereichen der Technik (z.B. Flugzeugbau, Kraftwerkstechnik) werden Methoden wie Redundanz und Selbsttest bereits eingesetzt. Die Systematisierung und Erweiterung dieser Methoden zur Verbesserung der Fehlersicherheit von AMPS ist eine Ergänzung des vorhandenen Wissens.

4.1 Überblick und Definition

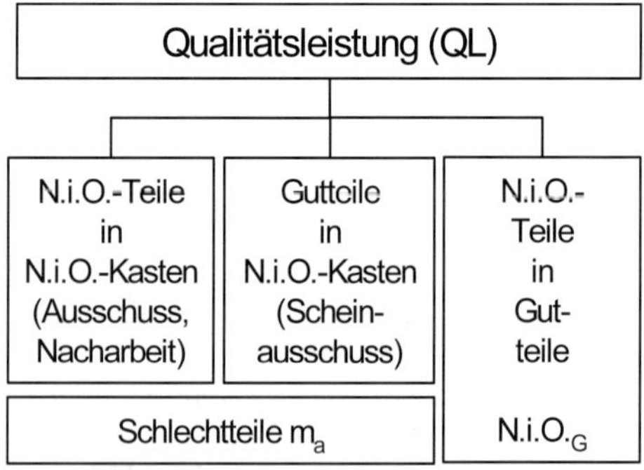

Abb. 4-1: Komponenten der Qualitätsleistung

Die Qualitätsleistung von automatisierten Montage- und Prüfsystemen (AMPS) setzt sich aus dem Anteil der Schlechtteile (N.i.O.-Teile) in Form von Ausschuss und Nacharbeit, dem Anteil der Gutteile in der Menge der Schlechtteile (Scheinausschuss) sowie dem Anteil der Schlechtteile in der Menge der Gutteile zusammen (vgl. Kapitel 2). Durch eine verbesserte Fehlererkennung bei der Montage und Prüfung können Schlechtteile erkannt und ausgeschleust werden.

Definition Fehlererkennung:

Analyse eines AMPS mit manuellen oder automatischen Methoden, um eine Abweichung des Istzustandes vom Sollzustand festzustellen.

Während die manuellen Methoden der Fehlererkennung (z.B. Kalibrierung, Justage, Vergleichsmessung mit Referenzteilen) eine zeitliche Verzögerung zwischen Fehlerauftreten und Fehlererkennung aufweisen und somit eine größere Anzahl von Schlechtteilen unter dem Einfluss des Fehlers produziert wird, zeichnen sich automatische Methoden dadurch aus, dass entweder sofort nach Fehlereintritt oder in einem kurzen zeitlichen Abstand danach der Fehler erkannt wird. Systeme mit integrierten automatischen Methoden zur Fehlererkennung, werden in dieser Arbeit als *„eigensichere oder auch fehlersichere Systeme“* bezeichnet, da sie in der Lage sind, Fehler selbstständig zu erkennen.

Definition Fehlersicherheit bzw. Eigensicherheit:

Fähigkeit eines Montage- oder Prüfsystems Fehler sofort nach ihrem Auftreten oder in einem kurzen zeitlich Abstand danach selbstständig zu erkennen.

Durch den Einsatz eigensicherer Montage- und Prüfsysteme lässt sich die Anzahl von Schlechtteilen reduzieren. Fehler werden frühzeitig erkannt und können abgestellt werden. Eine Fehlerfortpflanzung wird vermieden. Der Anteil von Ausschuss und Nacharbeit in der Montage wird minimiert und die Menge der Gutteile maximiert. Dies erhöht die Qualitätsleistung in der Montage.

Automatisierte Methoden der Fehlererkennung zur Gewährleistung von Eigensicherheit lassen sich wie folgt gliedern:

Abb. 4-2: Gliederung der Methoden zur Fehlererkennung

Notwendige Standards zur Fehlererkennung in AMPS

Zum Betrieb moderner AMPS sind folgende Maßnahmen obligatorisch und werden im weiteren Verlauf der Arbeit nicht weiter diskutiert.

Im Bezug auf das Werkstück bzw. Endprodukt:

- Überwachung der **Existenz** des Werkstückes,
- Überwachung der **Lage** (Position, Orientierung) des Werkstückes,
- Überwachung der **Identität** der im Prozess befindlichen Werkstücke,

- Überwachung der Werkstücke in Bezug auf **vorgegebene Merkmale** (z.B. Geometrie, Werkstoff, Härte) und
- Überwachung der **Funktionsfähigkeit** des Endproduktes.

Notwendige Überwachungen im Prozess sind:

- Überwachung der **Ausgangs- und Endlagen** von Bewegungen,
- Überwachung von **Prozesskenngrößen** (z.B. Einpresskräfte)
- Überwachung der **Funktionsfähigkeit aller Betriebsmittel** des Prozesses (nächster Schritt darf nicht ausgeführt werden, wenn kein Signal des vorherigen Schrittes erfasst wurde).

4.2 Redundanzkonzepte

Redundante Systeme werden in vielen Bereichen der Industrie eingesetzt. Sie dienen der Steigerung der Ausbringungsmenge, zur Schaffung eines Systems welches sicher bei Ausfall ist, zur Steigerung der Verfügbarkeit und zur Erhöhung der Fehlersicherheit [Birolini 2004]. Dabei sind für fehleranfällige oder unsichere Prüfkomponenten Prüfsysteme mehrfach, in der Regel zweifach[1], vorhanden [Langmann 2003, S. 524].

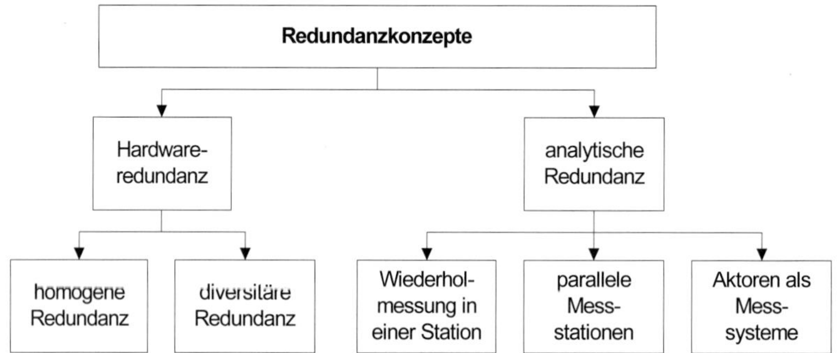

Abb. 4-3: Gliederung der Redundanzkonzepte

Definition Redundanz

> „Vorhandensein von mehr funktionsfähigen Mitteln in einer Einheit, als für die Erfüllung der geforderten Funktion notwendig sind“ [DIN 40041 1990, S. 9].

[1] Im Gegensatz zu sicherheitsrelevanten Systemen, z.B. im Flugzeugbau oder in der Kerntechnik, bei denen eine dreifache Redundanz üblich ist, genügt in der Automatisierungstechnik die Absicherung durch ein zweites System.

Die Steigerung der Fehlersicherheit durch Redundanz bezieht sich auf die Vermeidung oder Erkennung von Fehlern von Überwachungseinrichtungen. Dabei kann die Redundanz in Hardwareredundanz und analytische Redundanz unterschieden werden.

4.2.1 Hardwareredundanz

Hardwareredundanz lässt sich in homogene Redundanz, „...bei der alle Mittel gleichartig sind..." und diversitäre Redundanz, „...bei der die Mittel ungleichartig sind..." unterscheiden [DIN 40041 1990, S. 10].

Dies bedeutet, dass bei der homogenen Redundanz die gleiche Funktion und das gleiche Wirkungsprinzip, bei der diversitären Redundanz die gleiche Funktion aber ein anderes Wirkungsprinzip vorliegen. Die homogene Redundanz birgt die Gefahr, dass sich durch die gleiche Bauform und das gleiche Wirkprinzip bestimmte Einflüsse auf alle redundanten Systeme gleichermaßen auswirken. Diese Art von Fehler wird als „common mode failure" bezeichnet. Werden Systeme mit diversitärer Redundanz eingesetzt, ist wegen der verschiedenen Wirkungsweisen darauf zu achten, dass die Ergebnisse der einzelnen Systeme miteinander vergleichbar sind.

In Tabelle 4-1 wird die **homogene Hardwareredundanz** beispielhaft in einer Montagestation und in Tabelle 4-3 in einer Messstation dargestellt. Beide Anwendungen basieren auf der Berechnung und Bewertung der Differenz der Messergebnisse. Die maximal zulässige Differenz ist die Grundlage zur Festlegung der Eingriffsgrenzen für die Differenz-Regelkarte und ist abhängig von der Unsicherheit des Messsystems (Abbildung 4-4).

In der Montagestation läuft ein irreversibler Prozess (z.B. Stift einpressen) ab. Hier muss die Messunsicherheit für die Kraft- und Wegmessung (z.B. nach GUM Verfahren B) theoretisch abgeschätzt und danach die Eingriffsgrenzen für die Differenz der Kraft-Weg Aufzeichnung (+/- erweiterte Messunsicherheit U) festgelegt werden. In der Praxis empfiehlt sich eine empirische Vorgehensweise, bei der in einem Vorlauf das typische Verhalten des Montageprozesses anhand von ca. 100 Montagevorgängen (ähnlich Maschinenfähigkeit vgl. Kapitel 2) bestimmt wird. Mit diesem Ergebnis wird die maximal zulässige Kraft-Differenz festgelegt.

In der Messstation erfolgt die Bestimmung der Messunsicherheit auf Basis von Versuchen. Mithilfe der Messunsicherheitskomponenten wird die maximal zulässige Differenz der beiden Messstationen bestimmt (vgl. Anhang D). Die Vorgehensweise bei der Berechnung wird im Folgenden dargestellt.

Bei **diversitärer Redundanz** in der Montage- oder Messstation unterscheiden sich die Messwertaufnehmer und/oder die Messprinzipien.

Im Beispiel der Montagestation Spindelpresse wäre es denkbar, dass ein Kraftaufnehmer nach dem piezoelektrischen Wirkprinzip arbeitet, und der andere mit Dehnungsmessstreifen (DMS) bestückt ist.

Im Beispiel der Messstation könnte sich das Wirkprinzip der zweiten Messung von dem der ersten unterscheiden. Zum Beispiel könnte das Messobjekt anders geführt, oder der Taster nicht unten, sondern oben angeordnet sein.

Während in der Sicherheitstechnik diversitäre Redundanz zur Erkennung von common mode Fehlern angestrebt wird, ist sie in der Montagetechnik weniger zu empfehlen. Ein wesentlicher Grund liegt darin, dass durch die unterschiedlichen Mess- und Wirkprinzipien sich unterschiedliche Messunsicherheiten ergeben. Dies hat zur Folge, dass die maximal zulässige Differenz größer wird, was eine unnötige Verschlechterung der Fehlererkennung zur Folge hat.

Ein Nachteil dabei ist, dass dadurch „common mode failure" (z.B. falsches Referenzteil für beide Stationen verwendet) nicht erkannt werden. Im weiteren Verlauf wird dargelegt, dass Maßnahmen zur Fehlererkennung zu Algorithmen gebündelt werden müssen, um die optimale Eigensicherheit zu gewährleisten. Dabei wird verdeutlicht, dass zur Erkennung der „common mode failure" andere Maßnahmen (z.B. Kalibrierwertregelkarte siehe 4.4.1) besser geeignet sind.

Aufbau und Prinzip: In einer Montagestation sind zwei Messwertaufnehmer (1 und 2) eingebaut, die dasselbe Merkmal mit demselben Messprinzip erfassen.	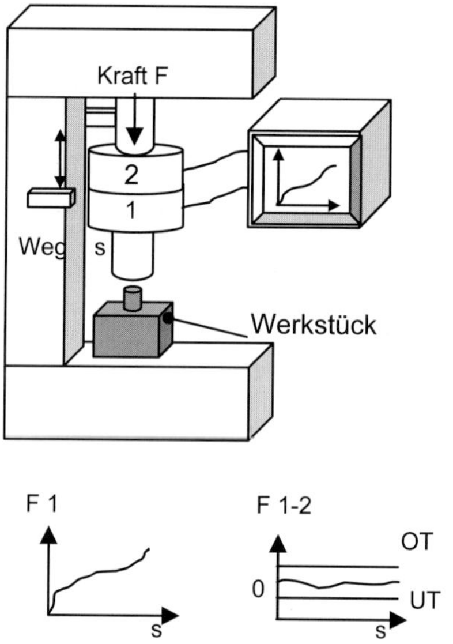 Kraft F 2 1 Weg s Werkstück
Auswertung: Der erste Messwertaufnehmer (1) dient der Merkmalsbewertung (im Beispiel Kraft). Das Messergebnis des zweiten Messaufnehmers dient der Differenzbildung (z.B. 1-2) und wird zur Überwachung des Messsignals verwendet. Das Ergebnis muss innerhalb vorgegebener Grenzen (UT, OT) liegen.	F 1 s F 1-2 OT 0 UT s
Vorteile: - Hohe Zuverlässigkeit des Messsignals - Abweichungen werden sofort erkannt - Optimierung der Kalibrierzyklen ist möglich - Flexible, bedarfsgerechte Instandhaltung	**Nachteile:** - Zusätzlicher Messwertaufnehmer - Zusätzlicher Messwerteingang im Messrechner - Zusätzlicher Platzbedarf - Gleiches Verschleißverhalten - Common mode failure werden nur bedingt erkannt.

Tab. 4-1: Homogene Hardwareredundanz in einer Montagestation

Tab. 4-2: Diversitäre Hardwareredundanz in einer Montagestation (hier Spindelpresse)

Aufbau und Prinzip: In einer Montagestation sind zwei Messwertaufnehmer mit unterschiedlichem Wirkprinzip und /oder unterschiedlichem Einbauort integriert. Im Beispiel der Spindelpresse ist ein Absolutwegmesssystem im Antriebsmotor und ein inkrementales Wegmesssystem an der Spindel eingebaut; weiterhin ein Kraftaufnehmer (1) mit Dehnungsmessstreifen (DMS) sowie ein piezoelektrischer Kraftaufnehmer (2) direkt am (Einpress-) Werkzeug [Ploetz 2004, S. 57].	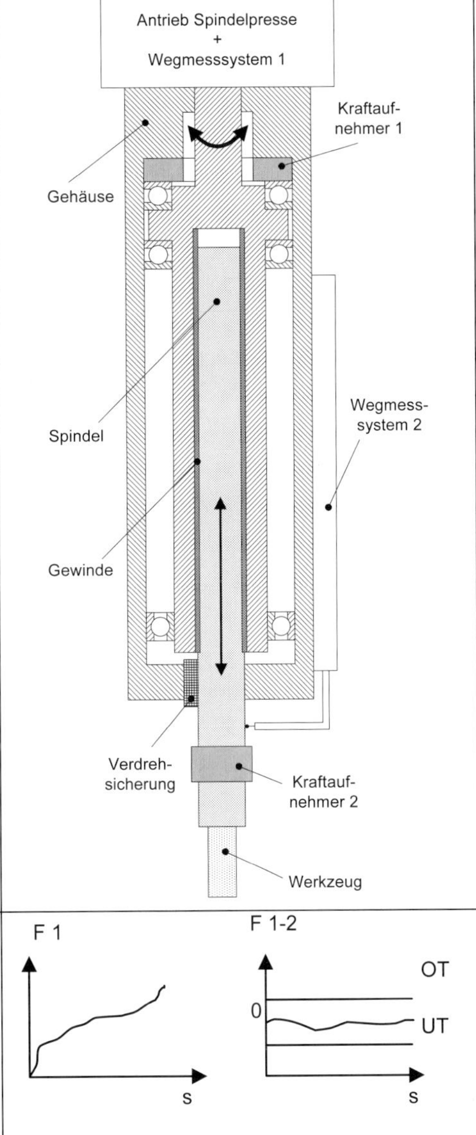
Auswertung: Die Differenz der Messaufnehmerpaare wird gebildet und mit einer zulässigen Differenz verglichen.	
Vorteile: - Verschleiß in der Spindel- und Motormechanik wird erkannt. - Vorteile der DMS-Kraftmess-technik (geringe Messunsicher-heit) werden mit den Vorteilen der piezoelektrischen Kraftmess-technik (hoher Überlastschutz) kombiniert. - Common mode failure (z.B. Überlast) werden erkannt.	
Nachteile: - Zusätzlicher Messwertaufnehmer - Zusätzlicher Messwerteingang im Messrechner - Zusätzlicher Platzbedarf	

Tab. 4-3: Homogene Hardwareredundanz in einer Längenmessstation

<table>
<tr><td>Aufbau und Prinzip:
Das Merkmal wird zuerst in der ersten und dann in der zweiten Messstation gemessen. Das Wirkprinzip ist in beiden Messstationen gleich.</td><td rowspan="2">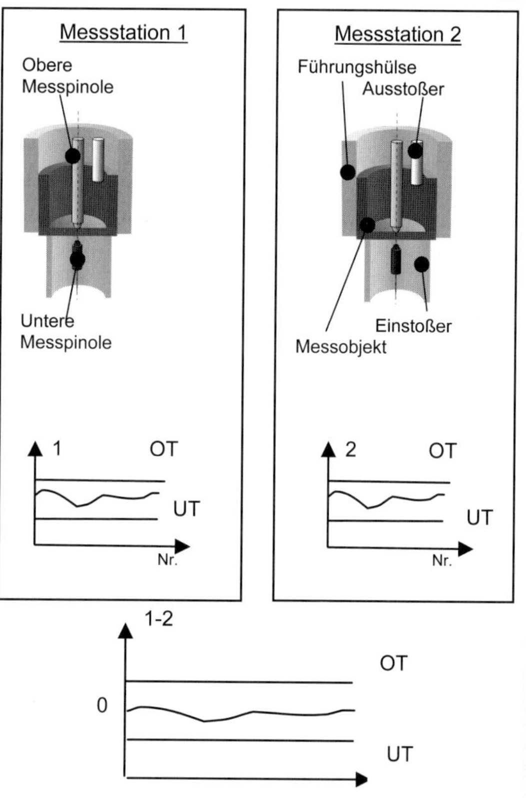
</td></tr>
<tr><td>Auswertung:
Differenzbildung der beiden Messergebnisse (z.B. 1-2) und Bewertung als Maß für die Stabilität des Messergebnisses. Die Differenz muss innerhalb vorgegebener Grenzen liegen. Zur Bewertung des Merkmals kann das Messergebnis der Messstationen mit der kleineren Messunsicherheit verwendet werden. Sind die Messunsicherheiten gleich, was bei diesem Aufbau anzunehmen ist, so empfiehlt sich die Mittelwertbildung aus den beiden Messergebnissen. Dadurch kann die Unsicherheit des Messergebnisses zusätzlich reduziert werden (Wurzel n* – Gesetz [Sandau 1999, S. 20]).</td></tr>
<tr><td>Vorteile:
- Hohe Sicherheit des Messergebnisses
- Abweichungen werden sofort erkannt
- Optimierung der Kalibrierzyklen ist möglich
- Flexible, bedarfsgerechte Instandhaltung</td><td>Nachteile:
- Zusätzliche Messstation
- Zusätzlicher Messwerteingang im Messrechner
- Zusätzlicher Platzbedarf in der Montageanlage</td></tr>
<tr><td colspan="2">Zusätzliche Anforderungen:
Dieser Aufbau ist sehr empfindlich gegenüber Störgrößen (z.B. Verschmutzung). Deshalb muss der Ablauf zusätzlich abgesichert werden. Die Anzahl der aufeinander folgenden Schlechtbewertungen sollte überwacht werden. Es hat sich bewährt, nicht mehr als drei Ausschuss- oder Nacharbeitsbewertungen hinter einander zuzulassen (vgl. Kapitel 4.4.9 „Mehrmalige Schlechtbewertung in Folge“).</td></tr>
</table>

Berechnung der maximal zulässigen Differenz:

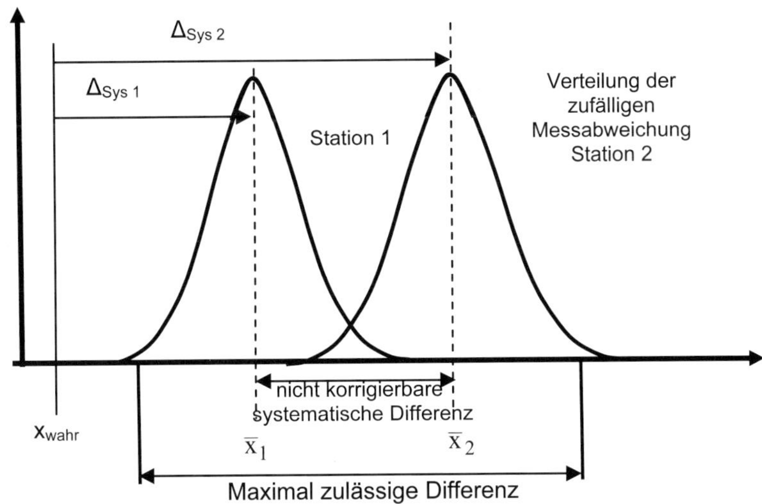

Abb. 4-4: Darstellung der Differenz der Messstationen

Die Differenz setzt sich aus dem zufälligen und dem nicht korrigierbaren systematischen Anteil der Messunsicherheit zusammen (Abbildung 4-5).

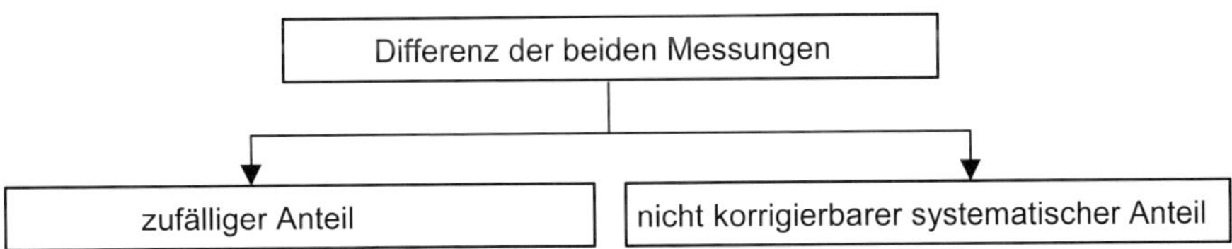

Abb. 4-5: Einflüsse auf die Differenz der beiden Messungen

Die maximal zulässige Differenz zwischen den Messergebnissen zweier redundanter Messsysteme (Hardwareredundanz) ermittelt sich zu:

$$|\Delta_{\text{Max}}| = k \cdot u_{\text{Zuf}} + |\Delta_{\text{Sys1}} - \Delta_{\text{Sys2}}| \qquad (4.1)$$

Δ_{Max} Maximal zulässige Differenz zwischen zwei unabhängigen Messstationen
u_{Zuf} Zufälliger Anteil der Messunsicherheit (Anhang C)
Δ_{Sys} Systematischer Anteil der Messunsicherheit
k Normalverteilungsquantil bei der Irrtumswahrscheinlichkeit α

k	α	1-α
2	5%	95%
3	0,27%	99,73%
3,29	0,1%	99,9%
5	0,00001%	99,9999%

Bei der praktischen Anwendung dieses Modells hat sich gezeigt, dass die sonst übliche quadratische Addition der systematischen Unsicherheitsanteile [DIN V ENV 13005 1999] zu einer maximal zulässigen Differenz führt, die zur Überwachung des Differenzverlaufs zu klein ist. Deshalb werden die systematischen Anteile wie nicht korrigierbare Abweichungen behandelt und linear addiert [VDA 5 2003, S. 26]. Zur Berechnung des zufälligen Anteils siehe auch Anhang C.

Bedingung:
Beide Messsysteme müssen die Anforderungen der Prüfprozesseignung erfüllen. Der Nachweis für die Prüfprozesseignung kann mit verschiedene Methoden durchgeführt werden (siehe Gliederungspunkt 2.1.1).

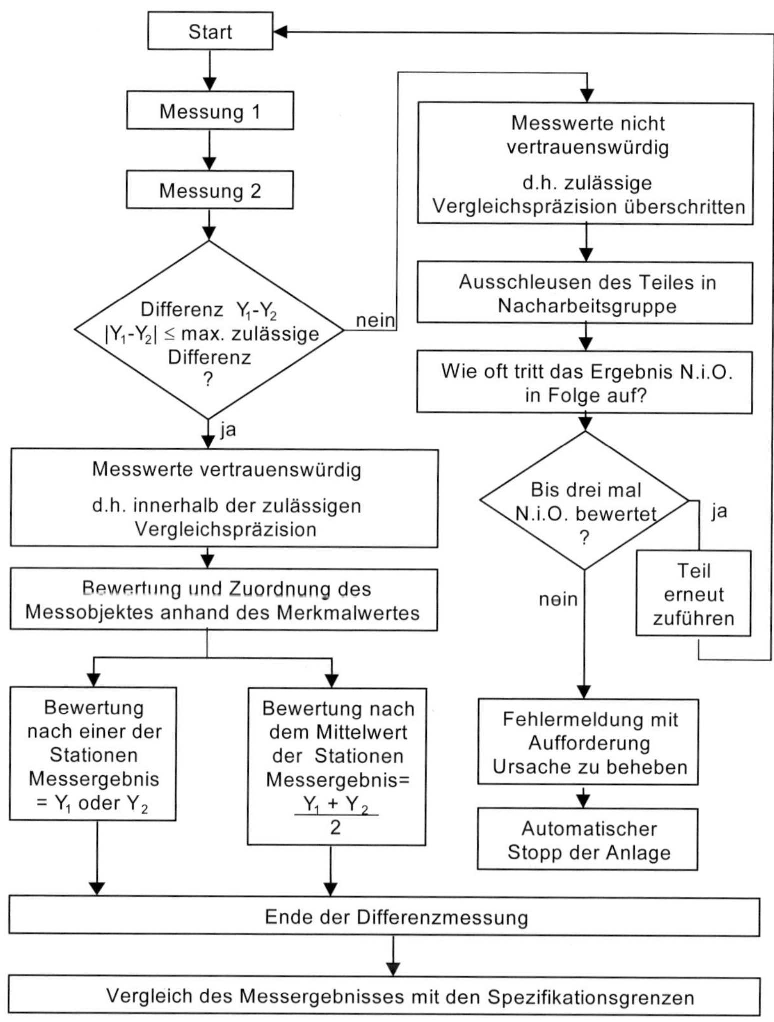

Abb. 4-6: Ablauf der Differenzbewertung

In Abbildung 4-7 ist beispielhaft der Verlauf der Differenz zweier baugleicher Messstationen nach Tabelle 4-3 dargestellt

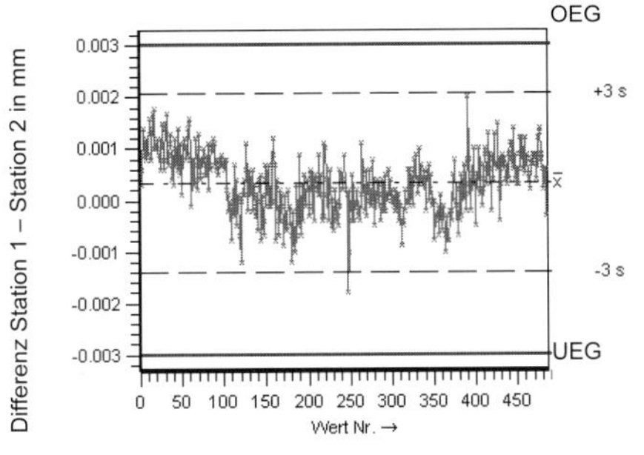

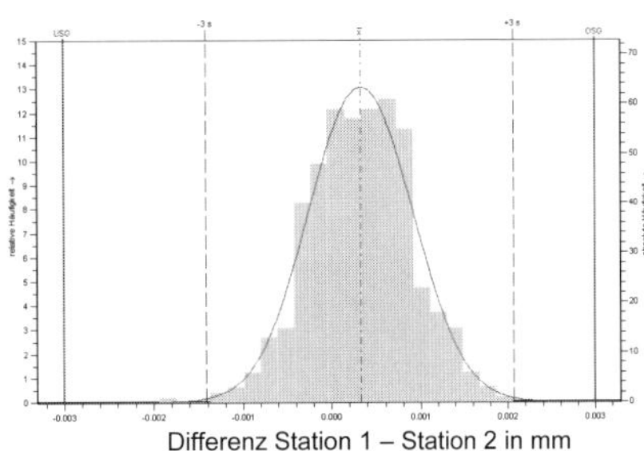

Abb. 4-7: Beispiel für den Verlauf der Differenz bei homogener Hardwareredundanz

Tab. 4-4: Zusammenfassung der Vor- und Nachteile der Hardwareredundanz

Fehlersicherheit durch redundante sequenzielle Überwachungseinrichtungen	
Nachteile	**Vorteile**
Investition: - Erhöhte Investition - Erhöhter Platzbedarf - Zusätzlicher Messkanal	Qualitätsleistung und Fehlersicherheit: - Prüfsysteme überwachen sich gegenseitig - Fehlmessungen eines Prüfsystems werden sicher erkannt
Verfügbarkeit und Zuverlässigkeit: - erhöhte Bauteilanzahl - Komplexität des Gesamtsystems steigt - Zuverlässigkeit des Gesamtsystems sinkt in einem geringen Maß. Vgl. dazu auch Kapitel 6.2 „Verfügbarkeitsverlust durch das Ausfallverhalten zusätzlicher Komponenten“.	Verfügbarkeit: - Erhöhte Verfügbarkeit durch Anheben des Kalibrierintervalls - Erhöhte Verfügbarkeit durch Verringerung des Überwachungsaufwands am Prüfsystem - Erhöhte Verfügbarkeit durch Verringerung des Wartungsintervalls

4.2.2 Analytische Redundanz

Maßnahmen zur Fehlererkennung, die auf analytischer Redundanz beruhen, nutzen Informationen, die im Prozess schon vorhanden sind[2]. Dabei werden Daten, die ursprünglich zu anderen Zwecken generiert wurden, logisch miteinander verknüpft, so dass daraus Überwachungsinformationen abgeleitet werden können.

> **Definition**: Die analytischen Redundanz gewinnt die redundante Information aus Kenntnissen die im betrachteten Prozess bereits vorhanden sind.

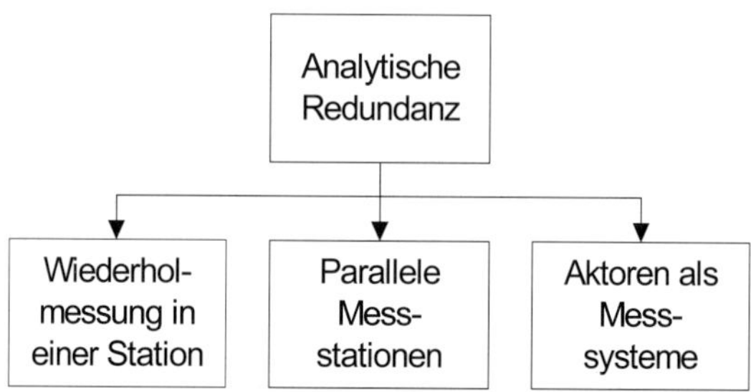

Abb. 4-8: Gliederung der analytischen Redundanz

In AMPS kann die Informationsgewinnung mithilfe von Wiederholmessungen in einer Station, baugleichen parallelen Messstationen oder Aktoren, die Messsignale liefern, erfolgen. Die Messwerte verschiedener Sensoren werden durch geeignete Algorithmen untereinander verglichen und überwacht [Wernz 1992, S.3].

4.2.2.1 Wiederholmessungen in der Messstation

Zur Erhöhung der Sicherheit des Produktionsprozesses können Wiederholmessungen mit derselben Überwachungseinrichtung durchgeführt werden. Im Gegensatz zur Einzelmessung wird bei Wiederholmessungen und Mittelwertbildung die Messunsicherheit um den Faktor $1/\sqrt{n*}$ (n* = Anzahl der Wiederholmessungen) verringert. Diese praktische Vorgehensweise dient der Reduzierung zufälliger Messabweichungen und wird auch als „$\sqrt{n*}$-Gesetz“ bezeichnet [Sandau 1999, S. 20]. In Anhang C ist die Herleitung des $\sqrt{n*}$-Gesetzes beschrieben. Die Wiederholmessung hat jedoch zur Folge, dass sich die Taktzeit um die Dauer von n*-1 Messungen erhöht. Weiterhin ergibt sich bei Wiederholmessungen das Problem, dass die folgenden Messungen den gleichen Bedingungen wie die Erstmes-

---

[2] Die analytische Redundanz kann auch „...die redundante Information aus theoretischen Kenntnissen über den betrachteten Prozess...“ gewinnen [Prock 1989, S. 290]. Hierauf soll in dieser Arbeit aber nicht weiter eingegangen werden.

sung unterliegen. Dies wirkt sich negativ aus, wenn z.B. die Messstation verschmutzt ist. Auch die zweite Messung wird wie die Erstmessung durch den Schmutz beeinflusst werden und ein fehlerhaftes Ergebnis liefern. Trotz dieser Nachteile ist die Wiederholmessung bei ausreichender Taktzeit als einfaches Instrument zur Fehlererkennung zu empfehlen.

Tab. 4-5: Wiederholmessung in einer Messstation

<table>
<tr><td>Aufbau und Prinzip:
Die Messung des Merkmals wird bei Bedarf (nicht grundsätzlich) in derselben Messstation wiederholt. Dies ist dann sinnvoll, wenn das Messergebnis in der Nähe der Spezifikationsgrenze liegt und aufgrund der Messunsicherheit das Messergebnis zufällig zwischen „gut“ und „schlecht“ schwankt.</td><td rowspan="2">Messprinzip
Obere Messpinole
Untere Messpinole</td></tr>
<tr><td>Auswertung:
1. Möglichkeit:
Liefert die erste Messung das Ergebnis „Ausschuss oder Nacharbeit“ so wird die Messung wiederholt. Liefert die zweite Messung dasselbe Ergebnis, wird das Teil als Schlechtteil deklariert und ausgeschleust. Ist die zweite Messung „gut“, erfolgt die Bewertung Gutteil[3].
2. Möglichkeit:
Berechnung der Mittelwerte aus den beiden Messergebnissen. Dadurch kann der zufällige Anteil der Messunsicherheit reduziert werden. (Wurzel n* –Gesetz).</td></tr>
<tr><td>Vorteile:
- Reduktion des Einflusses der Messunsicherheit
- Erhöhung der Qualitätsleistung
- Keine zusätzliche Messstation nötig
- Wiederholmessung nur bei Bedarf</td><td>Nachteile:
- Störungen wirken sich auf Erst- und Zweitmessung aus (Abhängigkeit)
- Taktzeitschädlich</td></tr>
<tr><td colspan="2">Bemerkung:
Eine andere Vorgehensweise hat sich bei Prüfmerkmalen bewährt, die durch Einlaufeffekte am Bauteil bei der zweiten Messung ein zuverlässigeres Ergebnis erwarten lassen. Z.B. bei der Geräuschprüfung von Wälzlagern wird bei der ersten Prüfung das Schmiermittel in der Laufbahn verteilt, bei der Wiederholprüfung erhält man deutlich stabilere (mit weniger Bauteileinfluss) Messergebnisse.</td></tr>
</table>

In der Praxis unterscheiden sich beide Möglichkeiten in der Abhängigkeit des ersten und zweiten Messergebnisses. Die Wiederholmessung in derselben Messstation wird dabei weitgehend den gleichen Bedingungen unterliegen wird wie die Erstmessung [Herz 2004]. Die Wiederholung der Messung in einer sequenziell

[3] Voraussetzung für diese Vorgehensweise ist, dass die Messunsicherheit des Messsystems zuvor im Sinne der DIN EN ISO 14253 (siehe Kapitel 2) an den Spezifikationsgrenzen abgezogen wurde. Dadurch wird gewährleistet, dass der wahre Wert des Merkmals mit der gewählten statistischen Sicherheit innerhalb der vereinbarten Spezifikationsgrenzen liegt.

angeordneten zweiten Messstation ist dagegen von der Erstmessung weitgehend unabhängig. Dies erklärt sich z.B. mit dem Verschmutzungsverhalten. Während in derselben Messstation die Verschmutzung sowohl auf die erste als auch auf die zweite Messung Auswirkungen hat, wird eine baugleiche zweite Messstation ein anderes Verschmutzungsverhalten aufweisen und damit andere Messergebnisse liefern.

Tab. 4-6: Vergleich der beiden Vorgehensweisen

Wiederholung der Messung in derselben Messstation	Wiederholung der Messung in einer baugleichen zweiten Messstation
Vorteile: - nur eine Messstation nötig - unveränderter Anlagenaufbau - Messunsicherheit wird um den Faktor $\frac{1}{\sqrt{n^*}}$ verringert	Vorteile: - keine Veränderung der Taktzeit - geringe Abhängigkeit (höhere Unabhängigkeit), da zwei Messsysteme zur Verfügung stehen. - Messunsicherheit wird um den Faktor $\frac{1}{\sqrt{n^*}}$ verringert
Nachteile: - Taktzeit erhöht sich um die „Ablaufzeit in der Station“ (ca. doppelte Zeit) - die Wiederholmessungen unterliegen den gleichen Bedingungen. Störungen beeinflussen sowohl die Erst- als auch die Folgemessung	Nachteile: - mehrere Messstationen nötig (mindestens zwei) - für mehr als zwei Wiederholmessungen ungeeignet, da dann eine dritte bzw. vierte Messstation benötigt wird

4.2.2.2 Parallele baugleiche Messstationen

Parallele baugleiche Messstationen werden aus Gründen der Mengenleistung in automatisierten Montage- und Prüfsystemen eingesetzt. Die damit erzeugte Redundanz kann zur gegenseitigen Überwachung der Messstationen verwendet werden. Fehler, wie z.B. ein Offset durch fehlerhafte Kalibrierung oder Einflüsse auf das Messgerät während der Produktion, können dadurch erkannt werden. Die Fehlererkennung basiert auf dem Vergleich der Messergebnisse der beiden Messstationen durch Differenzbildung und ermöglicht das Erkennen einer Veränderung der Messgerätestreuung. Eine schematische Darstellung paralleler baugleicher Messstationen zeigt Abbildung 4-9. Die Produktionsteile werden in einer Montagestation gefertigt und in zufälliger Reihenfolge auf beide Messstationen verteilt.

Abb. 4-9: Montagestation und parallele baugleiche Messstationen

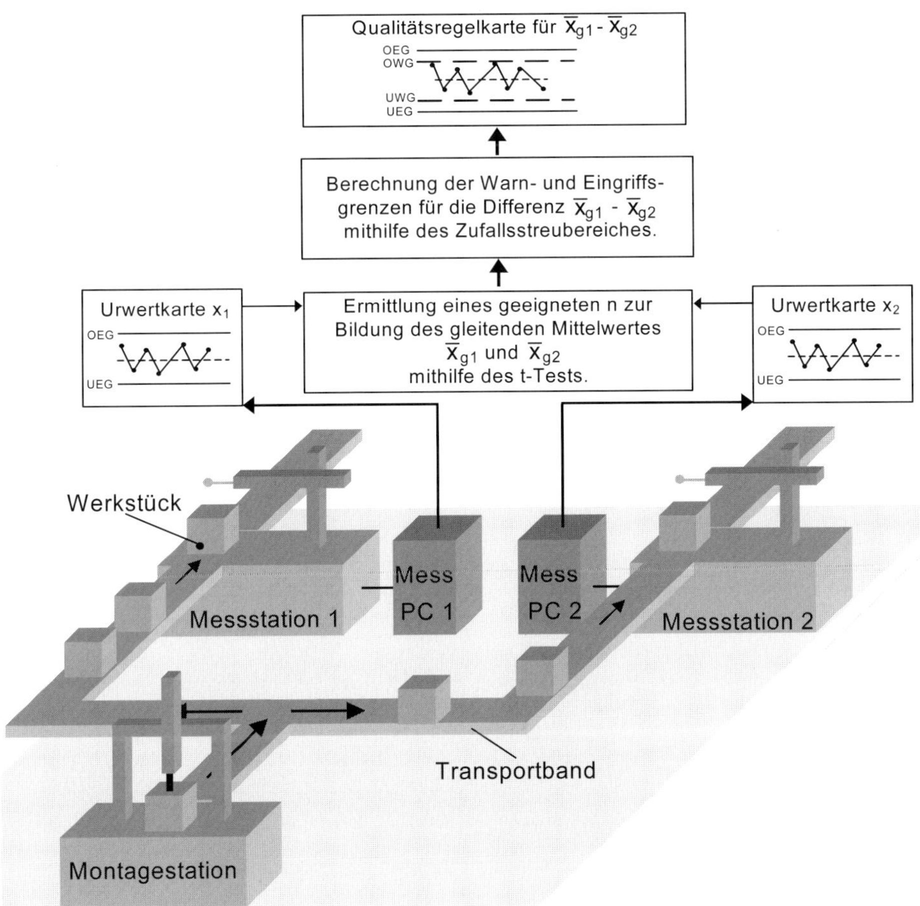

Zunächst werden die Messergebnisse wie gewohnt mit einer Urwertregelkarte überwacht. Zusätzlich werden gleitende Mittelwerte aus n-Urwerten gebildet. Auf Basis eines Vorlaufs wird mithilfe eines Hypothese-Tests eine geeignete Anzahl n zur Bildung des gleitenden Mittelwertes ermittelt. Dies ist ein iterativer Vorgang, der mithilfe eines Computerprogramms so lange durchgeführt wird, bis mit einer Anzahl n ein für den Prozessverlauf repräsentativer Stichprobenumfang gefunden ist. Optimierungsziel ist die Glättung der Prüfgröße $t_{Prüf}$ durch ein möglichst großes n und gleichzeitig die möglichst kurze Verzögerung des Ansprechverhaltens durch ein möglichst kleines n. In Abbildung 4-10 ist ein Vorlauf mit einer Messabweichung ab Urwert 51 dargestellt.

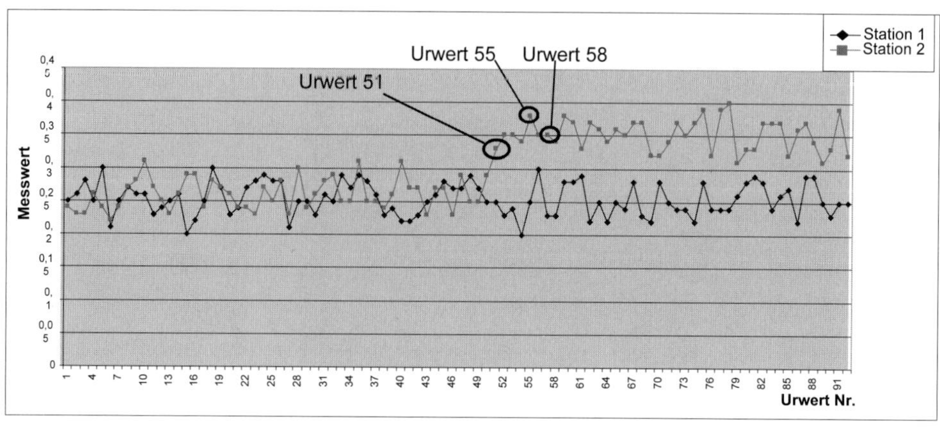

Abb. 4-10: Vorlauf mit Messabweichung ab Urwert 51

Der im Folgenden angewandte Hypothese-Test ist ein Mittelwertvergleich mit einer t-verteilten Prüfgröße ($t_{Prüf}$) und wird deshalb auch t-Test genannt.

Tab. 4-7: Mathematische Grundlagen des t-Tests [DGQ 1992, S. A 3.6 – 29f]

Nullhypothese		Alternativhypothese
$\mu_1 = \mu_2$		$\mu_1 \neq \mu_2$
mit der Prüfgröße $t_{\text{Prüf}} = \frac{\bar{x}_1 - \bar{x}_2}{s_d}$		
die Nullhypothese wird verworfen, wenn: $\lvert t_{\text{Prüf}} \rvert > t_{\text{krit}}\ mit\ t_{\text{krit}} = t_{f;1-\alpha/2}$		
mit: $s_d^2 = \frac{s_1^2}{n_1} + \frac{s_2^2}{n_2}$	$\frac{1}{f} = \frac{c^2}{n_1 - 1} + \frac{(1-c)^2}{n_2 - 1}$	$c = \frac{\frac{s_1^2}{n_1}}{\frac{s_1^2}{n_1} + \frac{s_2^2}{n_2}}$
$\bar{x}_1 = \bar{x}_{g1}; \bar{x}_2 = \bar{x}_{g2}$ Gleitenden Mittelwerte aus Station 1 und 2 n_1, n_2...Anzahl der Werte zur Berechnung der gleitenden Mittelwerte, s_1, s_2.. Standardabweichung der Werte zur Berechnung der gleitenden Mittelwerte, s_d, f, c...Hilfsgrößen		

Der t-Test gehört zu den „...robusten statistischen Verfahren...“, bei denen sich eine „...Abweichung der Wahrscheinlichkeitsverteilung von der Normalverteilung auf das Testergebnis nur gering auswirkt.“ [Dietrich 1998a, S. 115]. Deshalb kann auf einen Test auf Normalverteilung verzichtet werden. Der t-Test wird mit dem Signifikanzniveau von 99,9% (α =0,1%) und 99,0% (α =1%) durchgeführt.

In Abbildung 4-11 ist der t-Test mit n=6 dargestellt. Die Überschreitung des Signifikanzniveaus von 99,9% findet mit Datenpunkt 50 statt. Dies entspricht Urwert 55 in Abbildung 4-10. Damit wäre das Ansprechverhalten mit fünf Produktionsteilen nach Eintritt der signifikanten Messabweichung definiert.

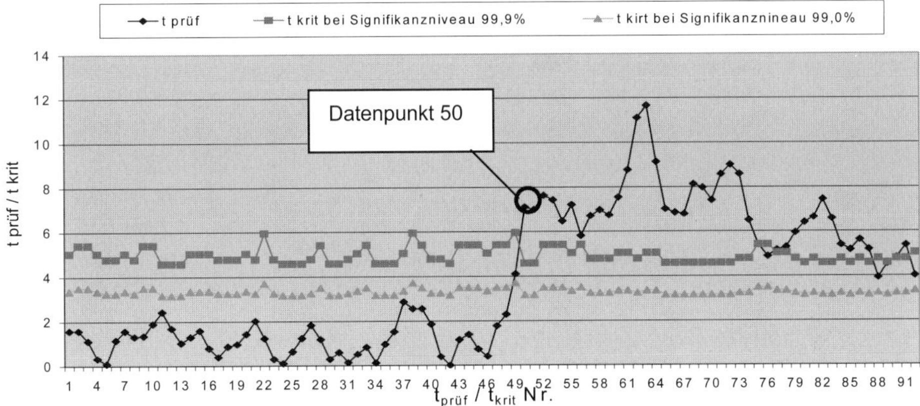

Abb. 4-11: t-Test mit n=6

In Abbildung 4-12 ist der t-Test mit n=20 dargestellt. Die Überschreitung des Signifikanzniveaus von 99,9% findet bei Datenpunkt 39 statt. Dies entspricht Urwert 58 in Abbildung 4-10. Damit wäre das Ansprechverhalten mit acht Produktionsteilen nach Eintritt der signifikanten Messabweichung definiert.

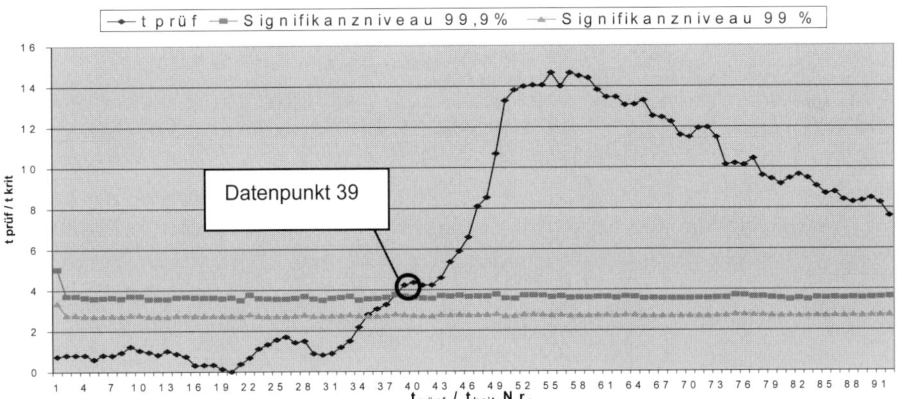

Abb. 4-12: Glättung der Prüfgröße tprüf durch größeres n (hier n=20)

Der festgelegte Stichprobenumfang n wird vorläufig zur Berechnung der Qualitätsregelkarte für die Differenz der gleitenden Mittelwerte verwendet. Nachdem weitere Erfahrungen mit dem Verhalten des Montage- und Messprozesses vorliegen, wird das gewählte n iterativ überprüft, bis ein stabiler Überwachungsprozess definiert werden kann.

Die Warn- und Eingriffsgrenzen für die Qualitätsregelkarte werden mithilfe des Zufallsstreubereichs auf unterschiedlichem Signifikanzniveau bestimmt. Die Eingriffsgrenze wird in diesem Beispiel mit 99,9% (statt den üblichen 99%) Zufallsstreubereich und die Warngrenze mit 99% (statt 95%) Zufallsstreubereich berechnet. Die Berechnung erfolgt auf der Basis von DGQ [DGQ 1992]:

$$\bar{x}_1 - \bar{x}_2 - t_{f;1-\alpha/2} \cdot s_d \leq \mu_1 - \mu_2 \leq \bar{x}_1 - \bar{x}_2 + t_{f;1-\alpha/2} \cdot s_d \qquad (4.2)$$

Wird der Zufallsstreubereich verlassen, kann mit einer Sicherheit von P = 1 - α angenommen werden, dass die Messunsicherheit einer der beiden Messprozesse signifikant zugenommen hat. Da zur Berechnung der Grenzen gleitende Mittelwerte verwendet werden, ergeben sich auch „gleitende" Warn- und Eingriffsgrenzen. Der Anwender muss deshalb eine „mittlere" Grenze festlegen. In Abbildung 4-13 sind die mittleren Warn- und Eingriffsgrenzen auf Basis des stabilen Teils des Vorlaufs (Abbildung 4-10 bis Urwert 50) eingezeichnet.

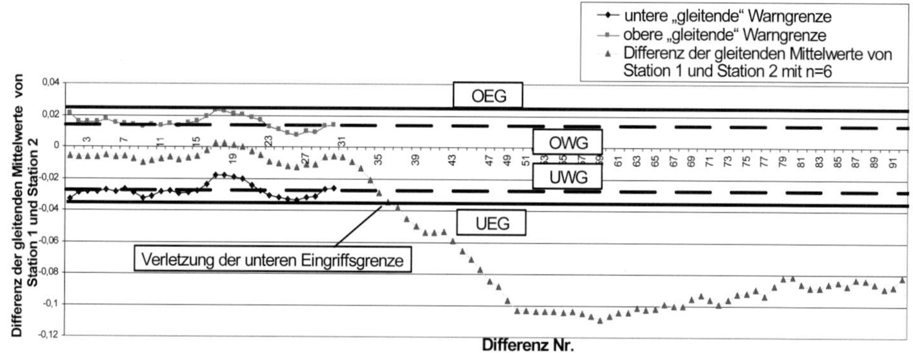

Abb. 4-13: Mittlere Warngrenzen anhand des stabilen Vorlaufs sowie Verletzung der unteren Eingriffsgrenze

In der Montagetechnik können Ausreißer entstehen. Diese würden die Streuung des gleitenden Mittelwertes derart beeinflussen, dass dieser kein repräsentatives Bild des Prozesses liefern kann. Ausreißer sollten deshalb nicht zur Bildung des gleitenden Mittelwertes herangezogen werden. In der automatisierten Überwachung kann dies durch die Definition von Schwellgrenzen geschehen. Messwerte, die diese Schwellgrenzen verletzen, werden nicht zur Berechnung verwendet. Als Schwellgrenzen können die Eingriffs-, die Toleranzgrenzen oder zusätzlich definierte Grenzen dienen.

4.2.2.3 Aktoren als Messsysteme

Aktoren sind Gerätekomponenten, die unter Einsatz von Energie eine Veränderung des Systemzustandes bewirken [Wünsche 1993]. Aktoren werden sensorische Eigenschaften zugesprochen, wenn ein Zusammenhang zwischen Leistungsaufnahme und Prozessänderung zu erkennen ist. Diese Eigenschaft kann analytisch redundant genutzt werden, wenn mit einem Messwertaufnehmer die

Prozessveränderung gemessen und mit der Leistungsaufnahme des Aktors verglichen wird. Voraussetzung für diese Vorgehensweise ist ein definierter Zusammenhang zwischen der Eingangsgröße des Aktors und der mit dem Messsystem gemessenen Ausgangsgröße. Beispielhaft ist in Abbildung 4-14 die Stromaufnahme eines Servomotors und das abgegebene Drehmoment, gemessen mit einem Drehmomentaufnehmer, dargestellt.

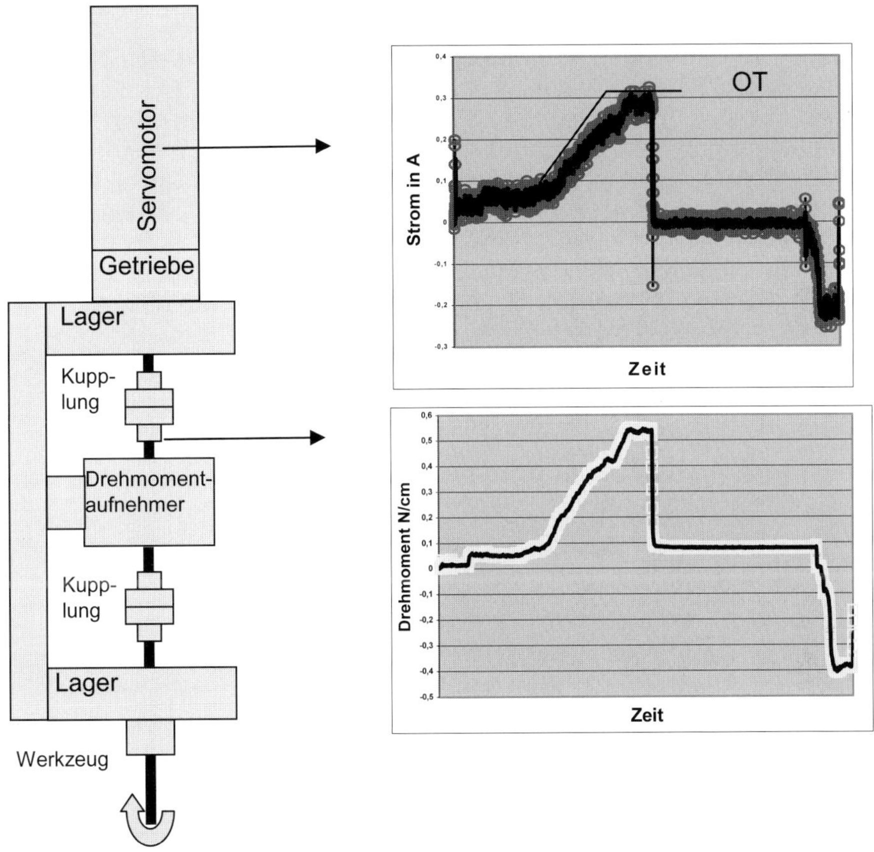

Abb. 4-14: Stromaufnahme eines Servomotors (oben) und Momentmessung mit einem Drehmomentaufnehmer (unten) über die Zeit

Zur Fehlererkennung können folgende Zusammenhänge genutzt werden:

1. Bei konstanter Drehzahl ist die Stromaufnahme des Motors abhängig vom
   - Drehmoment am Werkzeug,
   - Reibwert in den Lagern,
   - Reibwert im Getriebe und von der
   - Charakteristik des Servomotors.

2. Das gemessene Drehmoment ist abhängig vom
   - Drehmoment am Werkzeug,
   - Reibmoment im unteren Lager und von der
   - Charakteristik des Drehmomentaufnehmers.

Zielgröße ist das Drehmoment am Werkzeug. Solange die Reibwerte in den Lagern und im Getriebe klein bleiben und die Charakteristik des Servomotors und des Drehmomentaufnehmers sich nicht verändert, können diese Einflüsse vernachlässigt werden. Erst wenn durch Störgrößen (z.B. Beschädigung, Verschleiß) Änderungen bei den eingesetzten Komponenten eintreten, wird sich ein anderer Zusammenhang zwischen Strom und Drehmoment ergeben. Zur Fehlererkennung kann nun eine Toleranzgrenze (OT) bei der Stromaufnahme definiert (siehe Abbildung 4-14), das Proportionalitätsverhalten überwacht (siehe Abbildung 4-15) oder die beiden Messergebnisse durch Differenzbildung miteinander verrechnet werden (siehe Abbildung 4-16). Über einen Vorlauf werden die Überwachungsparameter festgelegt. Wird die Toleranzgrenze beim Strom überschritten, ändert sich der Proportionalitätsfaktor oder weicht die berechnete Differenz von einer definierten zulässigen Differenz ab, so ist das ein Hinweis auf eine signifikante Störung, z.B. aufgrund eines schwergängigen Lagers.

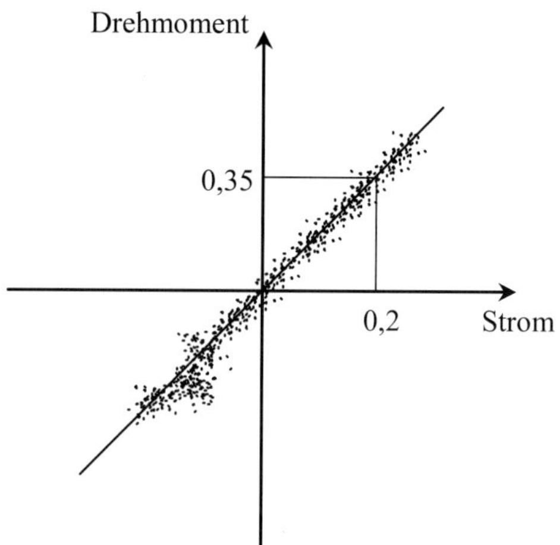

Abb. 4-15: Proportionalitätsbeziehung zwischen Stromaufnahme und Drehmoment

Für den praktischen Anwendungsfall muss beachtet werden, dass der momentbildende Strom eines Servomotors eine deutlich größere Streuung als das gemessene Drehmoment aufweist. Dies ist in Abbildung 4-14 gut zu erkennen. Deshalb müssen zur Auswertung des Stroms geeignete Filter (z.B. Tief-passfilter) eingesetzt werden, die eine Glättung der Stromwerte zulassen [Führer 1998].

Der Nachteil beim Einsatz von Filtern ist, dass damit nicht nur Stör- sondern auch Messsignale gefiltert werden und dadurch das Ansprechverhalten der Fehlererkennungsmethode verzögert wird. In der Praxis muss deshalb eine etwas größere Toleranz für den Strom zugelassen werden [Gebauer 1992].

In Abbildung 4-16 ist ein Beispiel für die Überwachung durch Differenzbildung dargestellt. Die Messergebnisse des Drehmomentsensors sind in der Einheit Newtonzentimeter (Ncm) (in Abbildung 4-16 oben) dargestellt. Über das bekannte Proportionalitätsverhalten zwischen Stromaufnahme und dem vom Motor abgegebenen Drehmoment kann dem Messwert in der Einheit Ampere (A) ein Moment der Einheit Ncm zugeordnet werden (in Abbildung 4-16 Mitte). Zur Überwachung wird die Differenz nach der Berechnungsvorschrift Motormoment minus Sensormoment gebildet (in Abbildung 4-16 unten). Die Eingriffsgrenzen wurden mithilfe des Zufallsstreubereichs anhand eines Vorlaufs bestimmt.

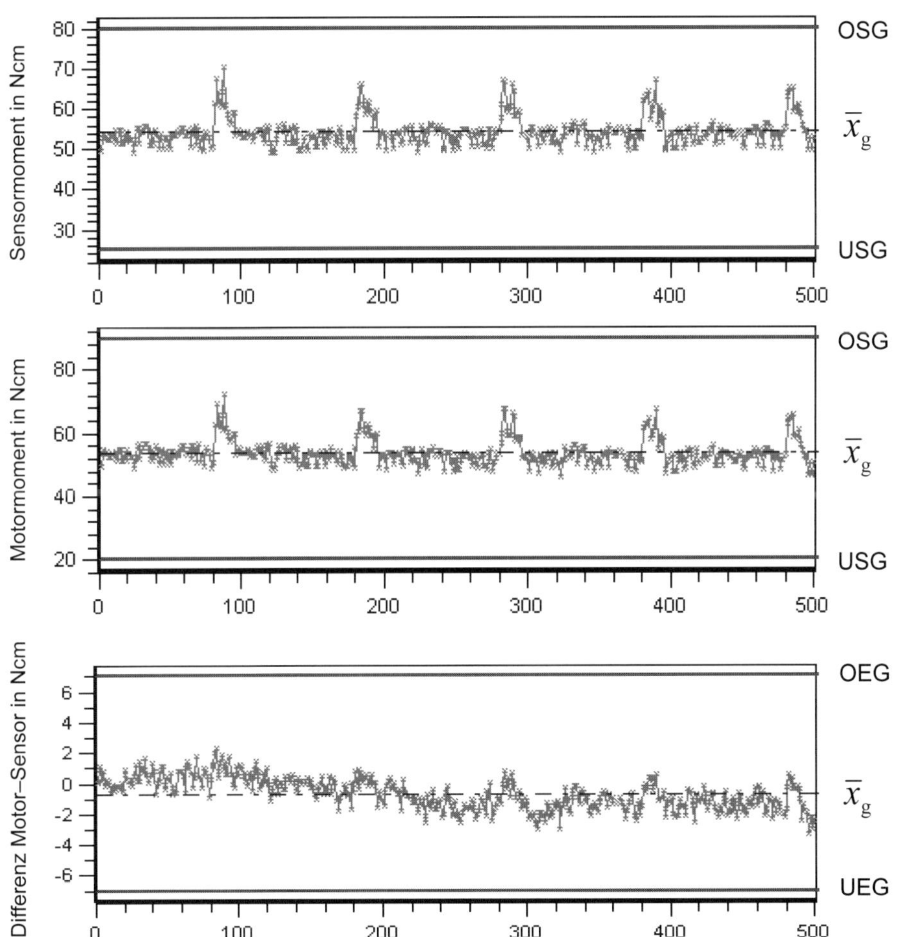

Abb. 4-16: Sensormoment (oben), Motormoment (Mitte) und Differenzbildung zur Fehlererkennung (unten)

4.3 Selbsttests zur Fehlererkennung

Definition:

Durch Selbsttests prüfen einzelne Komponenten von AMPS ihre Funktionsfähigkeit selbst. Dies kann softwareseitig z.B. mit zyklischen Tests und hardwareseitig mit mechanischen oder elektrischen Bauteilen realisiert werden.

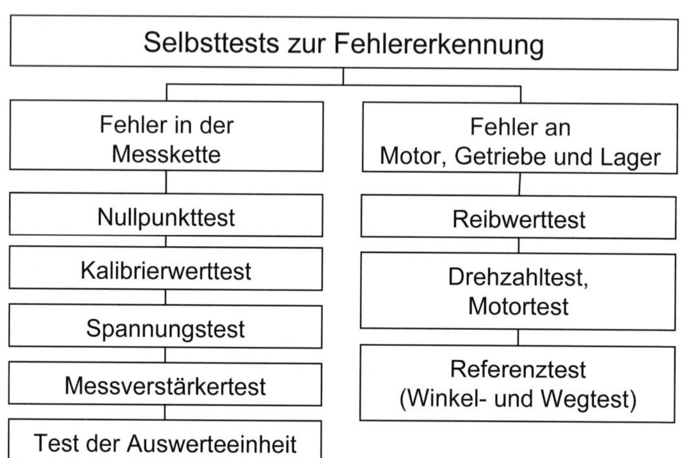

Abb. 4-17: Gliederung der Fehlererkennung durch Selbsttests

Selbsttests können in definierten periodischen Abständen, nach manuellen Eingriffen (z.B. Wartung, Reparatur) oder bei jedem Neustart des Systems aktiviert werden.

4.3.1 Selbsttests zur Fehlererkennung in der Messkette

Bei Messketten (Messwertaufnehmer, Kabel, Messverstärker und Auswerteeinheit vgl. Kapitel 3) mit Dehnungsmessstreifen-Messbrücke in Vollbrückenschaltung (Wheatstone-Brückenschaltung) können folgende Tests durchgeführt werden (Abbildung 4-17). Während der Nullpunkttest eine bekannte Überwachungsmethode für DMS-Messwertaufnehmer ist, stellt die automatisierte Anwendung der zusätzlichen Tests in AMPS eine Neuerung dar. Zum Beispiel wird der Kalibrierwerttest zum Zweck der Justage und Kalibrierung des Messwertverstärkers durch den Hersteller des Messaufnehmers vor Auslieferung an den Kunden durchgeführt [Staiger 2003]. Die spätere Nutzung des Tests durch den Kunden ist nicht vorgesehen, da die dazu notwendige elektrische Verdrahtung fehlt. Die im Folgenden beschriebene Umsetzung nutzt diese latent vorhandene Überwachungsmöglichkeit zur Fehlererkennung bei AMPS.

Nullpunkttest:
Mit dem Nullpunkttest wird der korrekte Abgleich der unbelasteten Messbrücke überprüft. Dieser kann sich aufgrund der Veränderungen der DMS-Klebestelle sowie Schäden an den DMS in Folge von Überlast ändern. Beim Nullpunkttest liegt die stabilisierte Brücken-Speisespannung U_S (z.B. 5V +/- 0,1%) an. Der Kalibrierwiderstand R_5 ist abgeschaltet. Bei unbeschädigter Brücke ist das Verhältnis der Widerstände R_1 zu R_2 gleich dem Verhältnis der Widerstände R_3 zu R_4 (Berechnung 4.3). Als Resultat aus Stromfluss und Innenwiderstand der Messbrücke ergibt sich bei abgeglichener Messbrücke ein (Antwort-) Messsignal U_m von 0V plus/minus einer zulässigen bauartbedingten Toleranz. Das Messsignal U_m wird vom Messverstärker zur Ausgangsspannung U_A verstärkt und an der Auswerteeinheit als Messwert angezeigt. Bei verstimmter, d. h. beschädigter Messbrücke, weicht das Ausgangssignal U_A vom erwarteten Wert um mehr als die zulässige Toleranz (z.B. +/- 20 mV) ab (Abbildung 4-18).

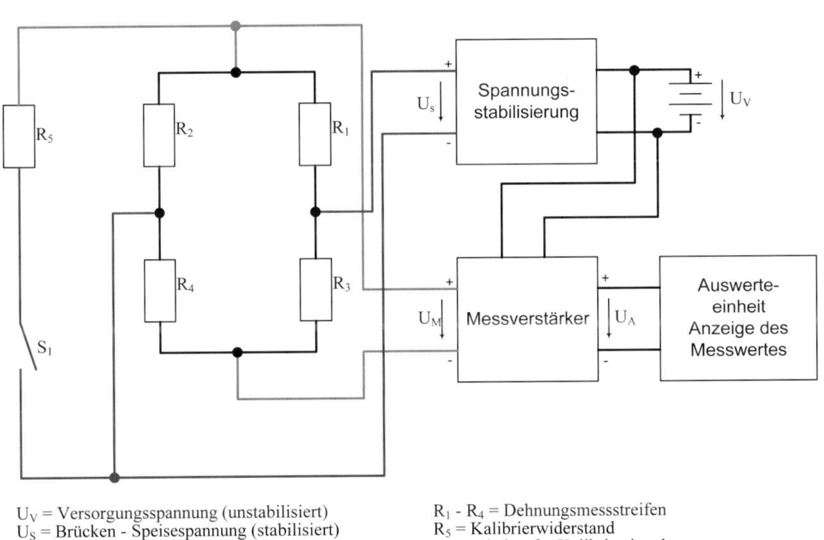

U_V = Versorgungsspannung (unstabilisiert)
U_S = Brücken - Speisespannung (stabilisiert)
U_M = Messsignal (Ausgang der Brücke)
U_A = Ausgangsspannung (Ausgang des Verstärkers)

R_1 - R_4 = Dehnungsmessstreifen
R_5 = Kalibrierwiderstand
S_1 = Schalter für Kalibriersignal

Abb. 4-18: Wheatstone-Brückenschaltung mit Messkanalverstimmung

Abgleichbedingung für die unbelastete Brücke ohne R_5 (S_1 geöffnet):

$\frac{R_1}{R_2}=\frac{R_3}{R_4}$ $mit\ U_M=U_{R2}-U_{R4}=R_2\cdot I_2-R_4\cdot I_4=\frac{R_2\cdot U_s}{R_1+R_2}-\frac{R_4\cdot U_S}{R_3+R_4}$ $U_M=U_S\cdot\left(\frac{R_2}{R_1+R_2}-\frac{R_4}{R_3+R_4}\right)$ *Beispiel:* $U_M=5V\cdot\left(\frac{350\Omega}{(350+350)\Omega}-\frac{350\Omega}{(350+350)\Omega}\right)=5V\cdot 0=0V$	(4.3)

Kalibrierwerttest:
Beim Kalibrierwerttest wird durch Schließen eines Schalters (S_1) die Messbrücke über einen Kalibrierwiderstand (R_5) gezielt verstimmt. Die Brücken-Speisespannungen U_S liegt unverändert an und die Brücke ist unbelastet. Als Ergebnis wird bei unbeschädigter Messbrücke ein charakteristisches Messsignal U_M (Kalibrierwert) erzeugt (Berechnung 4.4), das als verstärkter Messwert an der Auswerteeinheit abgelesen werden kann. Ist die Messbrücke beschädigt, weicht der gemessene Wert vom erwarteten Kalibrierwert (z.B. 5mV) ab. Abgleichbedingung für die unbelastete Brücke mit R_5 (S_1 geschlossen):

$\frac{R_1}{R_{ges}}=\frac{R_1\cdot(R_5+R_2)}{R_5\cdot R_2}=\frac{R_3}{R_4}\quad mit\frac{1}{R_{ges}}=\frac{1}{R_2}+\frac{1}{R_5};\ R_{ges}=\frac{R_2\cdot R_5}{R_2+R_5}$ $U_M=R_{ges}\cdot I_{ges}-R_4\cdot I_4=\frac{R_2\cdot R_5}{R_2+R_5}\cdot\frac{U_S}{R_1+\frac{R_2\cdot R_5}{R_2+R_5}}-R_4\cdot\frac{U_S}{R_3+R_4}$ $U_M=U_S\cdot\left(\frac{R_2\cdot R_5}{R_1(R_2+R_5)+R_2\cdot R_5}-\frac{R_4}{R_3+R_4}\right)$ Beispiel: $U_M=5V\cdot\left(\frac{(350\cdot 87330)\Omega^2}{(350(350+87330))\Omega^2+(350\cdot 87330)\Omega^2}-\frac{350\Omega}{(350+350)\Omega}\right)$ $U_M=5V\cdot\left(\frac{8733}{17501}-\frac{1}{2}\right)=5V\cdot(-0{,}001)=-0{,}005V=-5mV$	(4.4)

Abbildung 4-19 zeigt ein Beispiel für einen automatischen Nullpunkt- und Kalibrierwerttest in einem AMPS. Durch den Einbaufall des Aufnehmers treten Querkräfte auf, die einen Offset des Nullpunkts und eine gewisse Streuung bewirken (Mittelwert = 0,82 Ncm, Standardabweichung = 0,024 Ncm). Der Kalibrierwert weicht ebenfalls von den Herstellerangaben (-50 Ncm) ab [Staiger 2003]. Dies ist durch den Einbaufall bedingt.

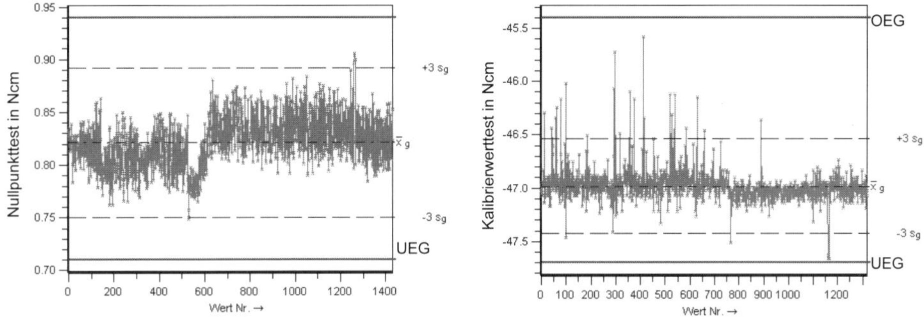

Abb. 4-19: Nullpunkttest (links) und Kalibrierwerttest (rechts)

Die Streuung (scheinbare Ausreißer nach oben und unten in Abbildung 4-19 rechts) sind auf die hohe Prozessgeschwindigkeit (sehr kurze Taktzeit) zurückzuführen, die für die analoge Kalibrierwerterfassung nur wenig Zeit lässt. Dies wird als prozesstypisch akzeptiert. Die Eingriffsgrenzen wurden mithilfe des Zufallsstreubereiches anhand eines Vorlaufs bestimmt.

Spannungstest:

Die Aufgabe der eingesetzten Spannungsstabilisierung liegt in der Bereitstellung einer definierten und stabilisierten Brücken-Speisespannung für die Messbrücke (z.B. 5V +/- 0,1% DC). Die stabilisierte Brücken-Speisespannung der Messbrücke wird aus einer unstabilisierten Versorgungsspannung (z.B. 24V +/-10% DC) erzeugt. Die hierfür verwendeten elektronischen Bauteile unterliegen den üblichen Fehlerquellen (Temperatur, elektromagnetische Störungen usw.) und könnten ihre Charakteristik verändern. Ändert sich dadurch die Brücken-Speisespannung, würde bei funktionsfähiger Brücke der Nullpunkt zwar gleich bleiben, der Kalibrierwert sich aber ändern. Durch den Kalibrierwerttest können somit gleichzeitig Fehler in der Spannungsversorgung erkannt werden.

Messverstärkertest

Die Aufgabe des Messverstärkers liegt in der Verstärkung des Messsignals der Messbrücke (z.B. Verstärkung von 5mV Messsignal auf 5V Ausgangssignal). Für die Verstärkung des Messsignals gelten analoge Zusammenhänge wie beim Spannungstest. Würde sich die am Messverstärker eingestellte Verstärkung ändern, so würde der Nullpunkttest zwar eine korrekte Nulllage ergeben, der Kalibrierwerttest jedoch vom erwarteten Kalibrierwert abweichen.

Test der Auswerteeinheit:

Bei den beschriebenen Tests wird die gesamte Messkette, d. h. Messwertaufnehmer, Spannungsversorgung, Messverstärker und Auswerteeinheit überprüft. Das bedeutet, dass mit dieser Vorgehensweise auch Fehler bei der Messwertübertragung (Kabel) sowie bei der Messwertverarbeitung (Auswerteeinheit) festgestellt werden können, da Fehler in diesen Komponenten zwar nicht zwangsläufige auf die Anzeige des korrekten Nullpunkts, sicher aber auf die Anzeige des korrekten Kalibrierwerts auswirken würden.

Ein Diskussionspunkt der Tests ist, dass eine Abweichung des Kalibrierwertes durch verschiedene Fehler in der Messkette (z.B. Spannungsversorgung, Beschädigung der Messbrücke, Messverstärkung) verursacht werden kann. Der Fehler wird zwar entdeckt, die Ursache muss jedoch mit zusätzlichem Aufwand ermittelt werden. Bei automatisierten Prüfungen steht aber zunächst die automatische Entdeckung eines Fehlers im Vordergrund, um durch unverzügliche Reaktion eine Fehlerfortpflanzung zu vermeiden. Die beschädigte Messkette kann präventiv ausgetauscht und einer anschließenden manuelle Ursachenanalyse, unabhängig vom automatischen Betrieb, unterzogen werden.

Die beschriebenen Tests haben den Nachteil, dass die Messkette nur im unbelasteten Zustand geprüft werden kann. Fehler, die sich nur im belasteten Zustand auf die Messung auswirken, können dadurch nicht erkannt werden. Mahmoud schlägt dazu vor, das Messsignal zu einem bestimmten Zeitpunkt zu speichern, ein Kontrollsignal von wenigen Millisekunden additiv zu überlagern und das Ergebnis mit der Summe aus (gespeichertem) Messsignal und erwartetem Antwortsignal auf das Kontrollsignal zu vergleichen [Mahmoud 2000, S. 96]. Dies hätte zum Vorteil, dass die Messkette nicht nur im unbelasteten, sondern auch im belasteten Zustand überprüft werden könnte. Jedoch ist hier zu beachten, dass durch die Verstimmung der Messbrücke mit einem Kalibrierwiderstand sich auch das Linearitätsverhalten der Brückenschaltung ändert. Ist diese Linearitätsabweichung klein, wäre diese Vorgehensweise dann vertretbar, wenn eine Unsicherheitsbetrachtung der Messkette (z.B. nach DIN V ENV 13005, GUM) eine weiterhin geringe kombinierte Messunsicherheit ergäbe.

Um diesen Nachteil zu kompensieren, werden im nächsten Gliederungspunkt weitere Möglichkeiten der Fehlererkennung beschrieben.

4.3.2 Selbsttests zur Fehlererkennung an Motor, Getriebe und Lager

Reibwerttest:

Beim Reibwerttest wird mit der Montagekomponente unter definierten Bedingungen ein „Leerhub“ gefahren (Abbildung 4-20). Das heißt, die Montagebewegung wird ohne Montageeingriff durchgeführt. Bei elektromechanischen Pressen kann z.B. von Ausgangs- in Endlage gefahren und bei elektromechanischen Schraubern eine Drehbewegung der Schraubspindel durchgeführt werden. Durch die Reibverhältnisse in den mechanischen Bauteilen wie z.B. Motor, Getriebe und Lager wird dadurch ein Messwert erzeugt. Dieser Messwert ist im Vergleich zum Montageeingriff i. d. R. sehr klein, jedoch für die unbeschädigte Montagekomponenten charakteristisch.

Drehzahltest, Motortest:

Beim Drehzahltest wird die Montagekomponente während eines definierten Zeitraums mit einer vorgegebenen Drehzahl im Leerlauf betrieben. Das Ergebnis der

Drehzahlmessung während dieses Leerlaufs muss innerhalb eines Toleranzbereichs mit der vorgegebenen Drehzahl übereinstimmen. Alternativ kann auch ein Messwert während eines Leerlaufs in eine Richtung (z.B. nach links drehen, abwärts bewegen) mit dem Ergebnis eines Leerlaufs in die andere Bewegungsrichtung (z.B. nach rechts drehen, aufwärts bewegen) verglichen werden. Dieser Test lässt eine Aussage über die Funktionsfähigkeit des Antriebs (Motor) und der Messaufnehmer zur Ermittlung der Drehzahl zu.

Bei diesem Test sollte jedoch zusätzlich die Leistungsaufnahme des Antriebs überwacht werden. Dies ist deshalb nötig, da bei Schäden in den Komponenten (Lager, Getriebe, Motor) die korrekte Drehzahl nur durch eine erhöhte Leistungsaufnahme erreicht werden kann.

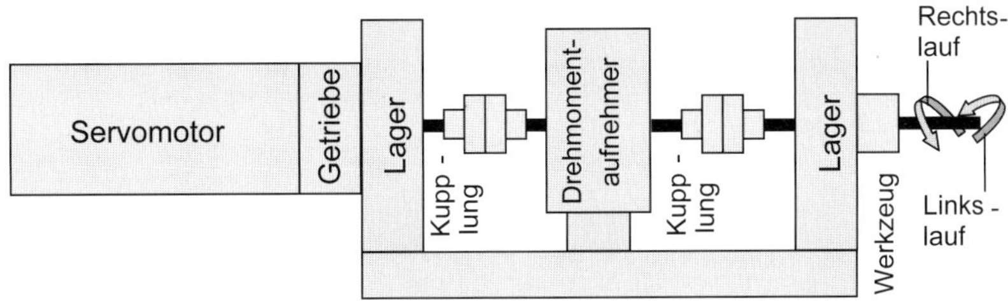

Abb. 4-20: Leerlauf am Beispiel Drehbewegung

Referenztest (Winkel- und Wegtest)

Beim Referenztest wird die Montagekomponente ebenfalls im Leerlauf betrieben. Dabei wird eine definierte Bewegung (auf/ab, links/rechts) ausgeführt. Die Bewertung kann durch den Vergleich der in beide Richtungen zurückgelegten Strecke beruhen oder es werden definierte Referenzpunkte angefahren. Für eine Drehbewegung eignet sich der Vergleich der zurückgelegten Strecke in Form des Drehwinkels während einer definierten Zeit bei einer definierten Drehzahl. Dabei wird der ermittelte Drehwinkel in die eine Richtung mit dem ermittelten Drehwinkel in die andere Richtung verglichen. Bei konstanten Bedingungen für die Drehzahl und die Messzeit müssen die Drehwinkel innerhalb eines definierten Toleranzbereiches gleich sein. Für eine translatorische Bewegung eignet sich der Wegtest. Bei diesem werden definierte Referenzpunkte angefahren.

Die drei beschriebenen Tests haben gemeinsam, dass sie nur im Leerlauf betrieben werden können. Nachteilig dabei ist, dass die Montagekomponente unter Last ein anderes Verhalten zeigen kann. Deshalb sollten diese Tests stets mit einer weiteren automatischen oder manuellen Methode der Fehlererkennung kombiniert werden. Vorteilhaft ist jedoch, dass die Tests zwischen zwei Montagevorgängen automatisch und deshalb ohne Taktzeitverlust durchgeführt werden können. Zwar können diese Test die manuelle Überwachung nicht vollständig ersetzen, jedoch können sie die Häufigkeit der notwendigen Durchführung deutlich reduzieren.

4.4 Plausibilitätskriterien

Plausibilitätskriterien sind Methoden der Fehlererkennung, mit denen die Abschätzung der richtigen Größenordnung eines Montage- oder Messergebnisses durchgeführt werden kann. Ziel der Plausibilitätskriterien ist eine Aussage über die Richtigkeit und Stimmigkeit von Ereignissen in AMPS.

Definition Plausibilitätskriterien:

Methoden zur Abschätzung der Richtigkeit und Stimmigkeit von Ereignissen in AMPS.

4.4.1 Kalibrierwertregelkarte

Mit der Kalibrierwertregelkarte wird überprüft, ob die Kalibrierung eines Messsystems im Bereich des erwarteten Kalibrierergebnisses liegt. Dazu wird ein Kalibriernormal mit einem bekannten und auf internationale Normale rückführbaren Istwert mit dem Messsystem verglichen. Der Anzeigewert wird in eine Qualitätsregelkarte eingetragen und mit den zuvor definierten Eingriffsgrenzen verglichen. Die Eingriffsgrenzen stellen die erweiterte Messunsicherheit (+/-U, vgl. Kapitel 2) dar (Abbildung 4-21).

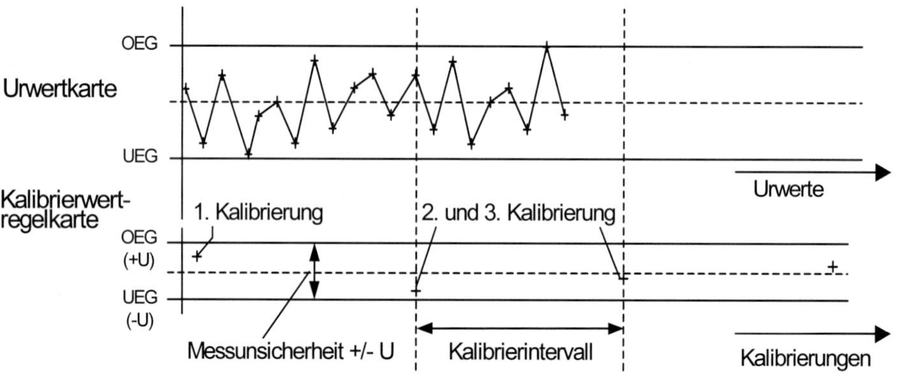

Abb. 4-21: Funktionsprinzip der Kalibrierwertregelkarte

Liegt der Messwert innerhalb der Eingriffgrenzen, ist das Kalibrierergebnis vertrauenswürdig. Liegt er außerhalb, ist ein signifikanter, über die erwartete Messunsicherheit hinausgehender Fehler aufgetreten. Der Messwert ist nicht vertrauenswürdig und kann nicht als Kalibrierergebnis gewertet werden. Verbesserungsmaßnahmen müssen eingeleitet und die Kalibrierung muss wiederholt werden.

4.4.2 Normale

Definition:

> Unter einem Normal versteht man eine „Maßverkörperung, Messgerät, Referenzmaterial oder Messeinrichtung zum Zweck, eine Einheit oder einen oder mehrere Größenwerte festzulegen, zu verkörpern, zu bewahren oder zu reproduzieren." [VIM 1994, S. 80]

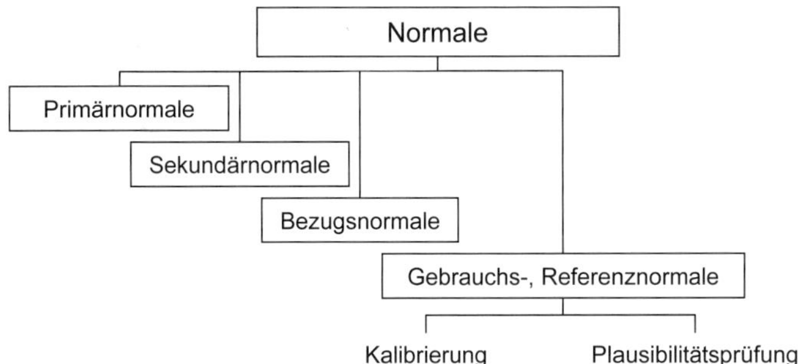

Abb. 4-22: Gliederung der Normale

Primärnormale erfüllen die höchste metrologische Forderung. Sekundärnormale werden durch den Vergleich mit einem Primärnormal festgelegt. Bezugsnormale haben die höchste verfügbare Genauigkeit an einem betrachteten Ort. Gebrauchs- bzw. Referenznormale werden mithilfe der Bezugsnormale kalibriert [VIM 1994, S. 83]. Gebrauchs- bzw. Referenznormale werden auch als Referenzmaterial bezeichnet, bei dem „...ein oder mehrere Merkmalswerte so genau festgelegt sind, dass sie zur Kalibrierung von Messverfahren...verwendet werden können" [VIM 1994, S. 87]. Gebrauchs- bzw. Referenznormale werden täglich zur Kalibrierung oder Plausibilitätsprüfung von Prüfsystemen in AMPS verwendet.

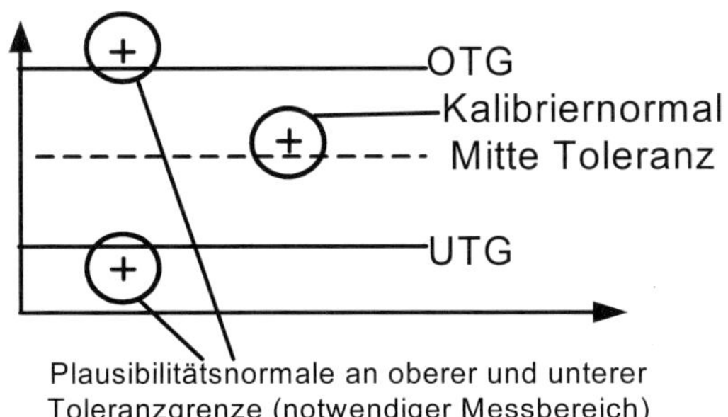

Abb. 4-23: Anwendung der Referenzteile

Dazu gehören:

- Kalibrierung mit Kalibrierwertregelkarte
- Messmittelfähigkeitsuntersuchung
- Kontrolle der Messwertberechnung
- Kontrolle des verfügbaren Messbereiches

Um diese Prüfungen durchführen zu können, sollten für jedes Merkmal drei Gebrauchsnormale zur Verfügung stehen. Jeweils ein Plausibilitätsnormal (knapp) außerhalb der oberen und unteren Toleranzgrenze (OTG, UTG) sowie ein Kalibriernormal innerhalb der Toleranz (möglichst mittig). Abbildung 4-23 verdeutlicht den Zusammenhang.

Verbausicherung gegen Handhabungsfehler von Gebrauchsnormalen

Wenn Gebrauchsnormale in ihrer Geometrie den Werkstücken nachempfunden sind, besteht die Gefahr, dass sie anstelle der Werkstück montiert werden. Da

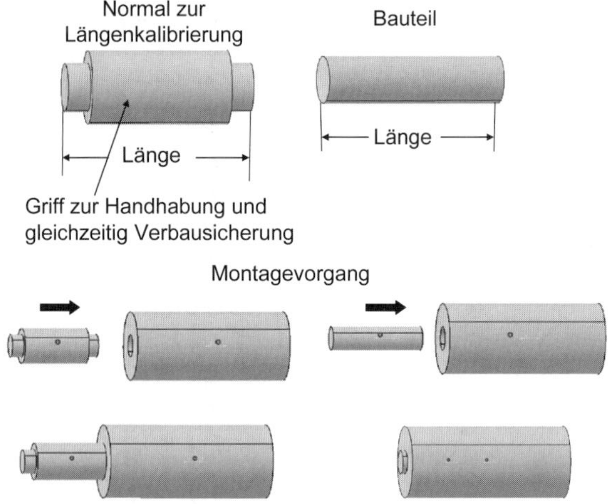

Abb. 4-24: Beispiel für die Verbausicherung eines Kalibriernormals

sich Gebrauchsnormale von den Werkstücken durch eine eingeschränkte Funktionalität (z.B. das Fehlen von Bohrungen) oder durch die Verwendung anderer Materialien unterscheiden, führt dies in der Regel zum Funktionsausfall des Produktes. Meist wird der Fehler vor der Auslieferung an den Kunden bei der Funktionsprüfung erkannt. Ist dies nicht der Fall, ist eine Reklamation des Kunden die sichere Folge. Aus diesen Gründen sollten Gebrauchsnormale neben der farblichen Kennzeichnung auch eine Verbausicherung aufweisen. In Abbildung 4-24 ist ein Beispiel dafür dargestellt.

Vollzähligkeitskontrolle von Gebrauchsnormalen

Eine weitere Möglichkeit zur Vermeidung von Verwechslungen ist die Vollzähligkeitskontrolle von Gebrauchsnormalen. Jedes Gebrauchsnormal hat eine definierte Lagerstelle außerhalb des AMPS. Nach Kalibriervorgängen müssen alle Normale an der vorgesehenen Lagerstelle sein. Ist dies nicht der Fall, darf die Produktion nicht freigegeben werden. Eine Möglichkeit der Umsetzung ist die Verwendung eines Setzkastens (Abbildung 4-25).

Abb. 4-25: Setzkasten zur Vollzähligkeitskontrolle von Gebrauchsnormalen

Automatisierter Einsatz von Gebrauchsnormalen

Kalibrierungen und Plausibilitätsprüfungen können automatisiert ablaufen. Ziel ist die automatische Kalibrierung und Überwachung der Prüf- und Messsysteme. Dazu werden die (verbausicheren) Gebrauchsnormale dem AMPS automatisch zugeführt. Voraussetzung für die Durchführung ist, dass die Position des

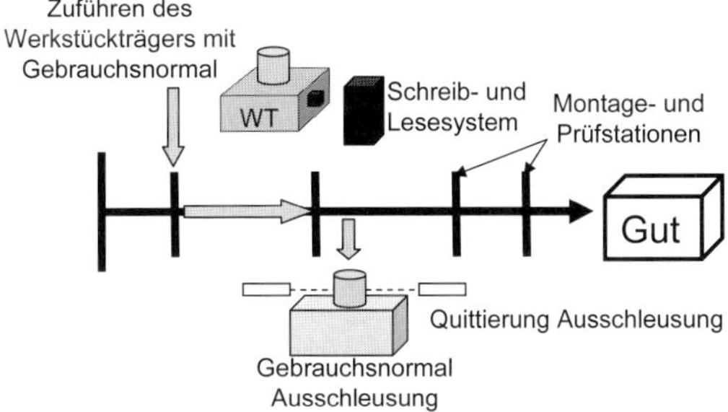

Abb. 4-26: Automatischer Umlauf von Gebrauchsnormalen

Gebrauchsnormals im AMPS zum Zeitpunkt der Kalibrierwertermittlung eindeutig bekannt ist, so dass der Abgleich zwischen Soll- und Istwert und das gezielte Ausschleusen möglich ist. Der auf ein Bezugsnormal rückführbare Sollwert ist in der Maschinensteuerung hinterlegt. Erreicht das Kalibrier- bzw. Plausibilitätsnormal die Messstelle und wird gemessen, wird der erzeugte Messwert als Kalibrier- bzw. Plausibilitätsergebnis erkannt und mit dem Sollwert verglichen. Die Überwachung erfolgt z.B. mit der bereits beschriebenen Kalibrierwertregelkarte. Die Positionsbestimmung der Gebrauchsnormale kann z.B. durch die Codierung eines Werkstückträgers (WT) mithilfe eines Schreib- und Lesesystems erfolgen. Die

Ausschleusung muss durch eine Quittierung zusätzlich abgesichert sein. In Abbildung 4-26 ist der Ablauf beispielhaft dargestellt.

4.4.3 Handhabung von Schlechtteilen

In AMPS muss eine eindeutige Handhabung und Ausschleusung von Schlechtteilen und Teilen mit dem Status „unbekannt“ gewährleistet werden. Schlechtteile entstehen durch fehlerhafte Montage- oder Prüfprozesse, oder werden als fehlerhafte Einzelteile dem AMPS zugeführt. Teilestatus unbekannt liegt vor, wenn Montage- oder Prüfprozesse nicht abgeschlossen werden können, oder wenn durch einen manuellen Eingriff die eindeutige Zuordnung verloren geht. Zur fehlerfreien Handhabung von Schlechtteilen und unbekannten Teilen sind folgende Prinzipien zu beachten.

Obligatorische Teilebewertung „unbekannt“

In der Maschinensteuerung (SPS) muss für jedes im AMPS befindliche Werkstück grundsätzlich der Ausgangsstatus „unbekannt“ programmiert werden. Während des Prozessablaufes werden in einem teilebezogenen Datenspeicher alle Montage- und Prüfergebnisse gesammelt. Ist eines der Ergebnisse schlecht, z.B. Ausschuss oder Nacharbeit, wird der Teilestatus unverzüglich auf Ausschuss oder Nacharbeit gesetzt. Erst wenn alle Montage- und Prüfprozesse mit „gut“ bewertet wurden, darf der Teilestatus in der Maschinensteuerung auf „Gutteil“ gesetzt werden. Wird der Prozessablauf unterbrochen, z.B. durch eine Störung oder einen manuellen Eingriff, bleibt der Teilestatus unbekannt erhalten.

Leertakten nach manuellem Eingriff

Durch einen manuellen Eingriff in ein AMPS ist die eindeutige Position und Bewertung von Werkstücken nicht immer nachvollziehbar. Werkstücke könnten vertauscht, oder zusätzliche, manuell ausgelöste Montage- und Prüfoperationen durchgeführt worden sein. Um eine Vermischung von Schlechtteilen mit Gutteilen bei Neustart des automatischen Betriebs zu vermeiden, ist das Leertakten des AMPS notwendig.

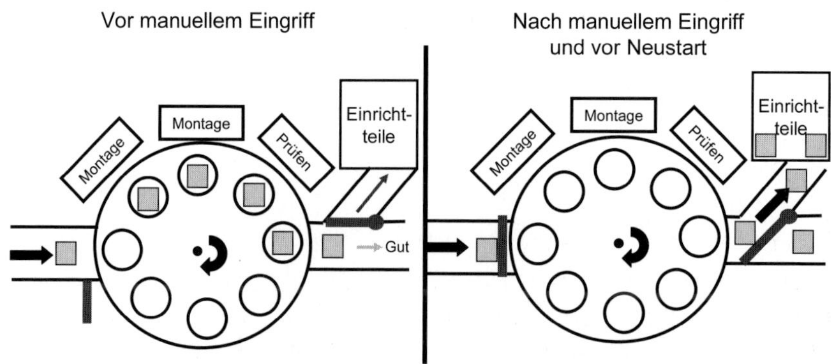

Abb. 4-27: Leertakten nach manuellem Eingriff

Alle Werkstücke, die nicht eindeutig einer Bewertung zugeordnet werden können, müssen ausgeschleust werden. Abbildung 4-27 zeigt das Prinzip am Beispiel eines Rundtaktmontage- und Prüfautomaten.

Schlechtteil Quittierung und Sortierweichen Bruchkontrolle

Das Ausschleusen eines Schlechtteils in die Nacharbeit oder den Ausschuss muss durch eine Schlechtteilquittierung überwacht werden. Da im automatischen Ablauf die Position jedes Werkstücks (gut und schlecht) im AMPS eindeutig bekannt ist, kann ein Zeitfenster definiert werden, in dem ein Schlechtteil in den Schlechtteilbehälter ausgeschleust werden muss. Innerhalb dieses Zeitfensters muss durch das Werkstück, z.B. beim Passieren einer Lichtschranke, ein Signal ausgelöst werden (Abbildung 4-28). Fehlt das Signal im Zeitfenster, wird der automatische Betrieb und der Teiletransport gestoppt. Der Maschinenbediener muss nun das Werkstück, das nicht ausgeschleust wurde, aus dem Teiletransport entfernen. Dieser manuelle Eingriff stellt einen Nachteil dieser Vorgehensweise dar, da meist mehrere Werkstücke entfernt werden, um sicher zu stellen, dass das Schlechtteil ausgeschleust wurde. Deshalb sollte, z.B. durch eine zusätzliche Sortierweichen-Bruchkontrolle, die Ausgangs- und Endlage der Sortierweiche abgefragt werden, um das Auftreten dieses Fehlers zu verhindern (Abbildung 4-28).

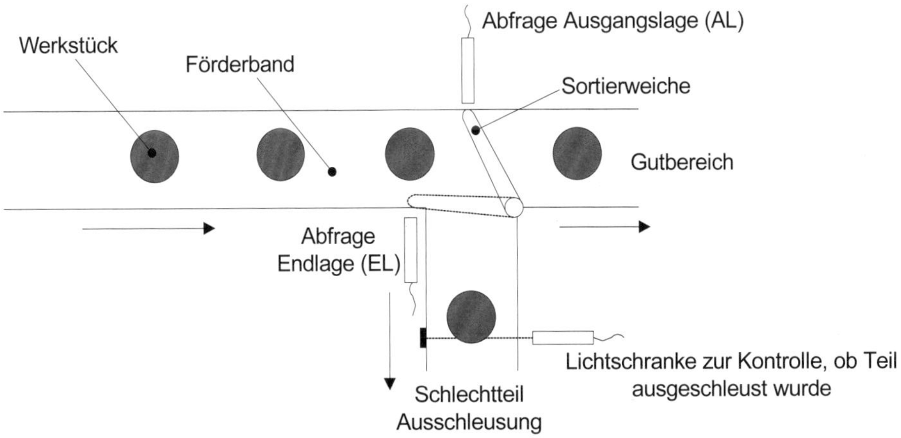

Abb. 4-28: Schlechtteil-Quittierung, Sortierweichen-Bruchkontrolle sowie Umsetzung des Prinzips „Verbot mit Erlaubnisvorbehalt"

Prinzip „Verbot mit Erlaubnisvorbehalt"

Dieses Sortierprinzip der Werkstücke besagt, dass der Gutbereich grundsätzlich gesperrt ist. Erst durch eine Gutbewertung des Werkstücks wird eine Bewegung ausgelöst, die die Sortierung in den Gutbereich zulässt. Der stabile Zustand ist die Schlechtsortierung. In Abbildung 4-28 ist dies durch die Ausgangslage der Sortierweiche mit gesperrten Gutbereich dargestellt.

Nicht manipulierbare Schlechtteilbehälter und Transportbänder

Der Transport und die Aufbewahrung von Schlechtteilen muss gegen manuellen Eingriff gesichert sein. Der Zugriff auf den Werkstücktransport oder auf den Schlechtteilbehälter darf erst nach der Überwindung einer Sperre möglich sein. Dadurch wird z.B. ein unbeabsichtigtes Vertauschen von Werkstücken verhindert. Beispiele für die Umsetzung zeigt Abbildung 4-29.

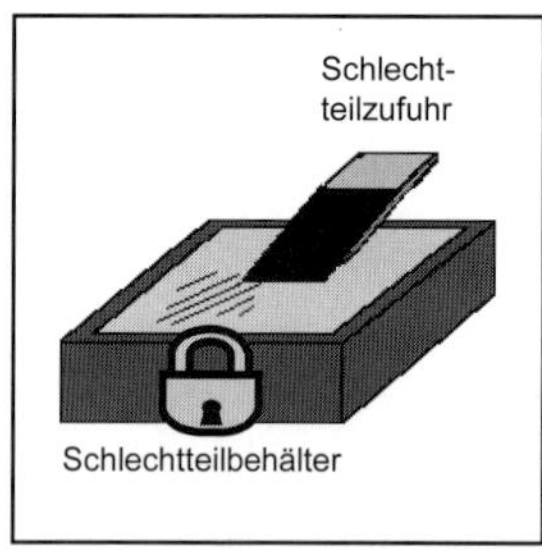

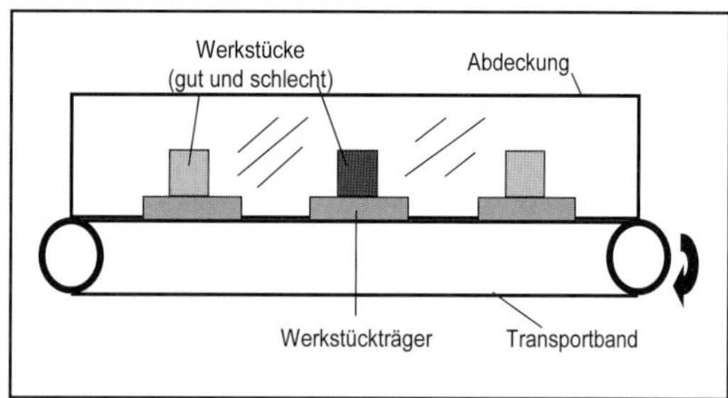

Abb. 4-29: Nicht manipulierbare Schlechtteilbehälter und Transportbänder

Variabler Schlechtteil-Speicherplatz

Bei dieser Sortiermöglichkeit für Werkstücke hat der Bediener die Möglichkeit, ein Qualitätsmerkmal gezielt auszuwählen und die Werkstücke mit Nacharbeits- oder Ausschussbewertung in diesem Speicherplatz zu sammeln. Dies ermöglicht eine temporäre Sammlung bestimmter Ausschuss- oder Nacharbeitskriterien um das Qualitätsverhalten des Montage- oder Prüfprozesses zu analysieren.

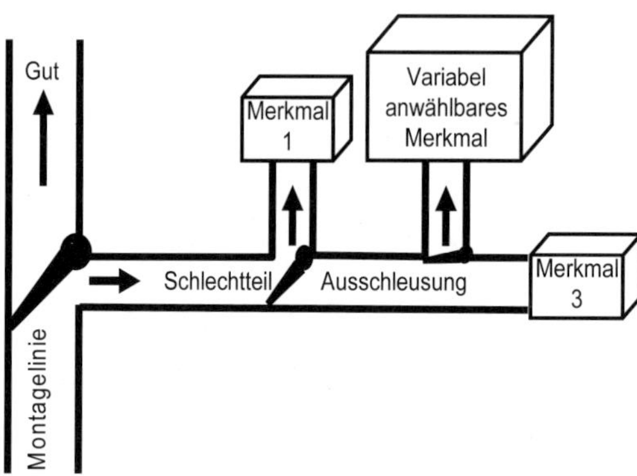

Abb. 4-30: Variabler Schlechtteil-Speicherplatz

Integrierte Ausschuss- und Nacharbeitszelle

Bei der integrierten Ausschuss- und Nacharbeitszelle werden Schlechtteile an einem separaten, im AMPS integrierten, Arbeitsplatz gesammelt. Der Ausschuss- oder Nacharbeitsgrund ist in der SPS teilebezogen gespeichert und wird dem Bediener zusammen mit der Arbeitsanweisung zur weiteren Handhabung des Schlechtteils über ein Informationssystem angezeigt. Eine Arbeitsanweisung könnte z.B. sein, dass Ausschussteile ausgeschleust und nach Ausschussursachen sortiert werden. Für Nacharbeitsteile wird in der Regel ein ursachenbezogener Nacharbeitsablauf durchgeführt und die nachgearbeiteten Teile wieder dem System zugeführt.

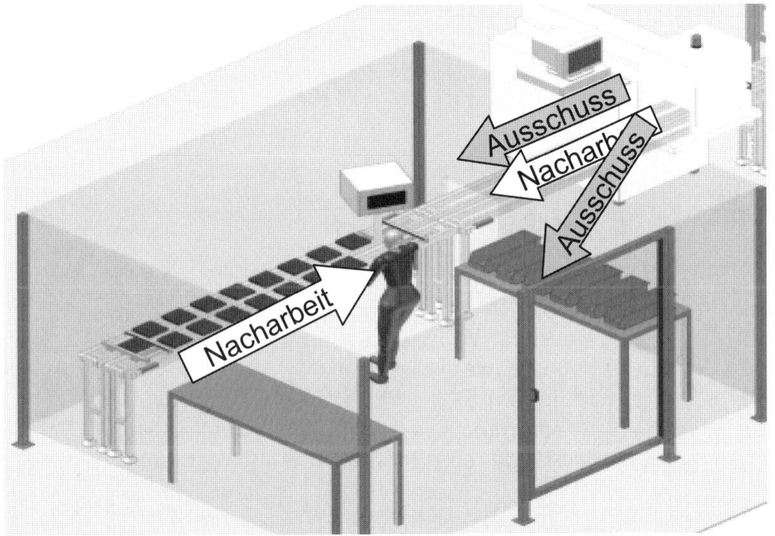

Abb. 4-31: Integrierte Ausschuss- und Nacharbeitszelle

Schwellgrenzen für Schlechtteile

Schwellgrenzen erfassen Ausreißer im Prozessablauf. Sie werden zusätzlich zu den Eingriffs- und Toleranzgrenzen definiert und dienen dazu, besondere Ereignisse im Montage- und Prüfprozess zu erfassen. In Abbildung 4-32 ist ein Merkmalsverlauf mit Schwellgrenze dargestellt. In wenigen Fällen führen Störungen zu Extremwerten (Schwellwerten), die weit über die Toleranzgrenzen hinausgehen. Für die Verbesserung des Prozessablaufs ist es hilfreich, die Ursachen für diese Störungen zu analysieren. Dazu können die Werkstücke mit der extremen Merkmalsausprägung gesondert ausgeschleust werden. Auch andere Maßnahmen bei Überschreitung der Schwellgrenzen sind denkbar. Zum Beispiel der Stopp des Prozesses, wenn bekannt ist, dass die extremen Überschreitungen zu Schäden am AMPS führen können.

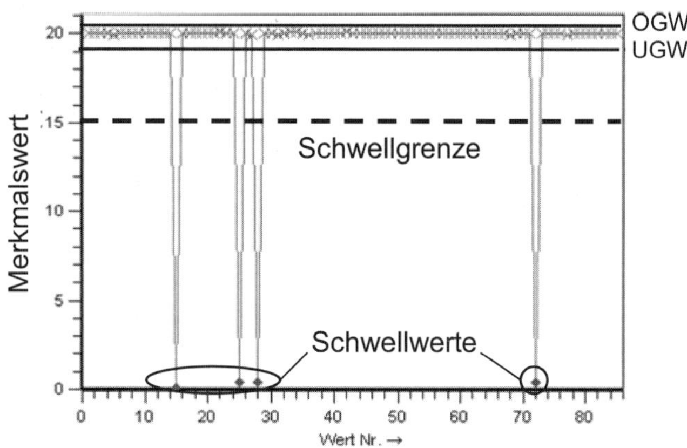

Abb. 4-32: Schwellgrenze

4.4.4 Teilerückverfolgbarkeit

Definition:

> „Unter dem Begriff Rückverfolgbarkeit versteht man die Möglichkeit, Werdegang, Verwendung oder Ort einer Einheit anhand aufgezeichneter Kennzeichnungen verfolgen zu können." [DIN 8402 1995, S. 21]

Durch die Teilerückverfolgbarkeit kann zum einen der Nachweis der Einhaltung vereinbarter Qualitätskriterien gegenüber dem Kunden nachgewiesen und die Abgrenzung der betroffenen Teilemenge im Schadensfall durchgeführt werden. Zum anderen hilft die Rückverfolgbarkeit bei der Fehleranalyse im Produktionsprozess. Für sicherheitsrelevante Produkte ist die einzelteilbezogene Rückverfolgbarkeit zwingend vorgeschrieben. Zur Umsetzung der Teilerückverfolgbarkeit sind zwei Voraussetzungen zu erfüllen:

1. Teilekennzeichnung
2. Zuordnung von Produktionsdaten zum Teil oder zur Teilemenge

Die Teilekennzeichnung kann reversibel oder irreversibel erfolgen. Neben der reversiblen Kennzeichnung mit z.B. Farbe und Etiketten, ist die irreversible Beschriftung oder mechanische Zerstörung möglich. Die Kennzeichnung kann sowohl an Gutteilen wie auch an Schlechtteilen durchgeführt werden. Während die Kennzeichnung von Schlechtteilen zur Fehleranalyse und zur Vermeidung von Verwechslungen durchgeführt wird, dient die Kennzeichnung von Gutteilen der Zuordnung der Produktionsdaten zum Werkstück. Die Kennzeichnung durch mechanische Zerstörung wird bei Schlechtteilen angewandt. Zum einen wird dadurch eine Verwechslung im Produktionsprozess sicher ausgeschlossen und zum anderen kann Missbrauch durch Dritte, zum Beispiel nach der Verschrottung, unterbunden werden. Abbildung 4-33 stellt die Möglichkeiten der Teilekennzeichnung dar.

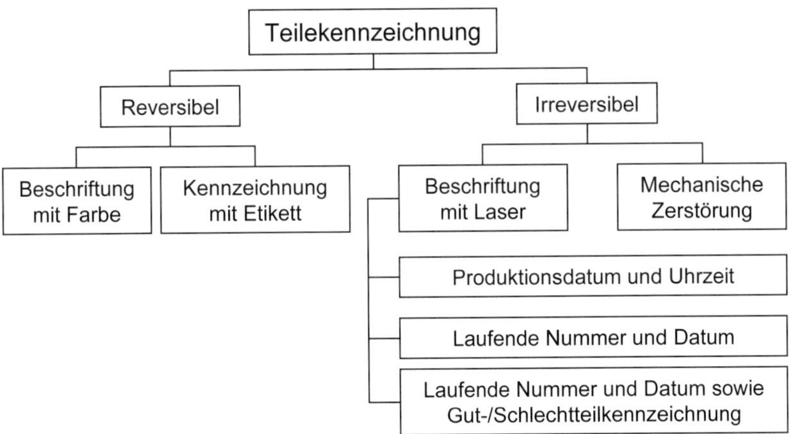

Abb. 4-33: Möglichkeiten der Teilekennzeichnung

In Abhängigkeit welche Werkstücke gekennzeichnet werden, kann die Teilerückverfolgbarkeit in eine Chargengebundene-, Gutteil-, Schlechtteil- und Gesamtteile-Rückverfolgbarkeit gegliedert werden (Abbildung 4-34).

Bei der Chargengebundenen-Rückverfolgbarkeit werden die Werkstücke mit einem Produktionsdatum und einer Uhrzeit irreversibel beschriftet. Zum Produktionsdatum wird die Chargennummer der verwendeten Einzelteile gespeichert. Bei späteren Problemen mit Einzelteilen lässt sich so das „verseuchte“ Produktionslos eingrenzen. Bei der Gutteil-Rückverfolgbarkeit werden nur gute Werkstücke irreversibel mit einer laufenden Nummer beschriftet. Zu dieser Nummer werden die Produktionsdaten, z.B. die Ergebnisse der Funktionsprüfung, gespeichert. Bei der Schlechtteil-Rückverfolgbarkeit werden nur die Schlechtteile reversibel oder irreversibel gekennzeichnet. Gutteile werden nicht gekennzeichnet. Der Ausschuss- oder Nacharbeitsgrund wird teilebezogen gespeichert. Diese Vorgehensweise dient der Fehleranalyse im Produktionsprozess oder der Unterbindung von Verwechslung oder Missbrauch.

Die aufwändigste und gleichzeitig sicherste Methode ist die Gesamtteile-Rückverfolgbarkeit, bei der sowohl Gut- als auch Schlechtteile gekennzeichnet werden. Die Gutteile werden sofort irreversibel beschriftet. Die Schlechtteile werden in Ausschuss und Nacharbeit unterschieden. Ausschuss wird ebenfalls sofort irreversibel beschriftet oder mechanisch zerstört. Nacharbeit wird reversibel beschriftet. Dabei gibt es verschieden Spielarten. Es kann der einmalige oder mehrmalige Versuch der Nacharbeit zugelassen werden. Ist die Nacharbeit erfolgreich, wird das Gutteil irreversibel beschriftet. Ist die Nacharbeit nicht erfolgreich, wird eine Ausschussbewertung mit der folgenden irreversiblen Kennzeichnung durchgeführt. Abbildung 4-34 gliedert die Teilerückverfolgbarkeit.

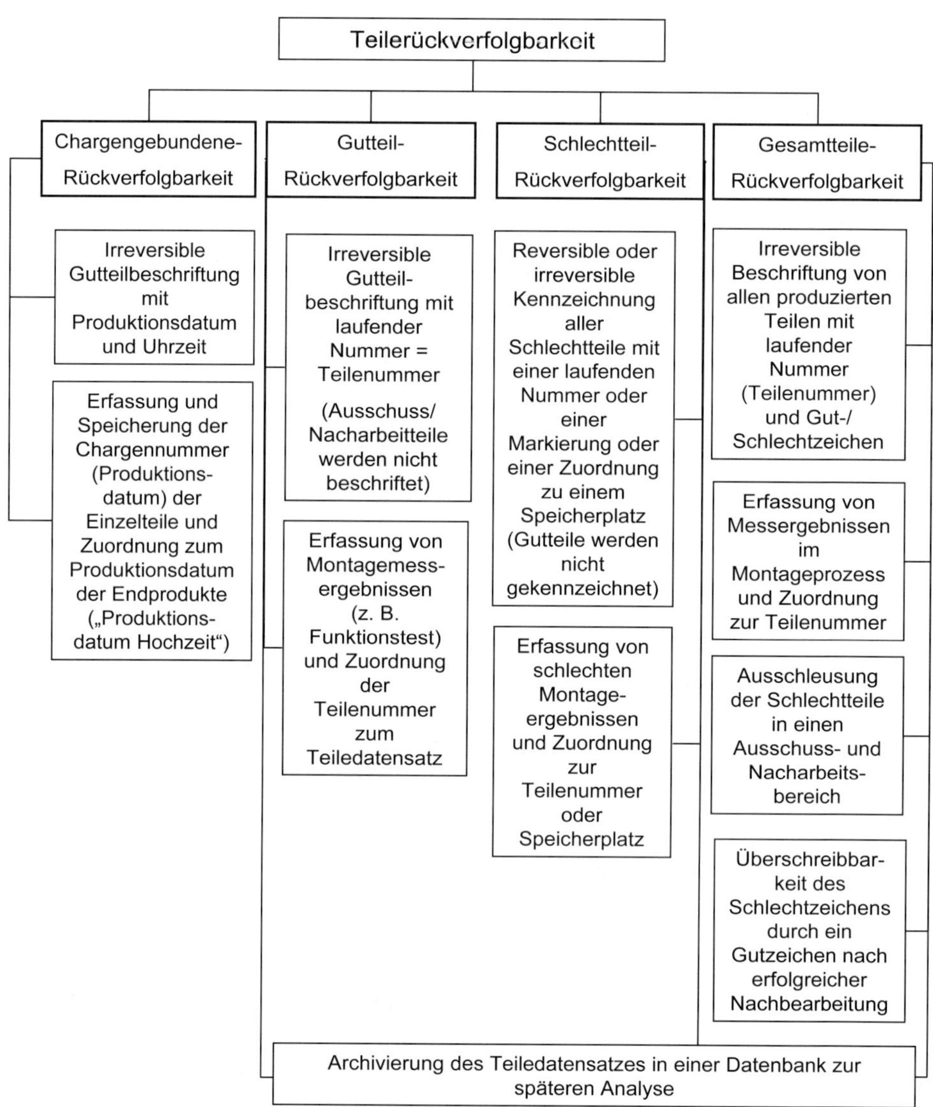

Abb. 4-34: Gliederung der Teilerückverfolgbarkeit

4.4.5 Zwischenkastenprinzip

Beim Zwischenkastenprinzip wird das Produktionslos erst nach einer abschließenden zusätzlichen Prüfung zur Lieferung an den Kunden freigegeben. Diese Freigabeprüfung kann z.B. eine zusätzliche Stichprobenprüfung der Werkstücke oder eine Inspektion und Kalibrierung des AMPS sein. Durch diese Vorgehensweise wird die Qualität des Produktionsloses zusätzlich abgesichert, indem nachträglich die Funktionsfähigkeit qualitätsbestimmender Einrichtungen überwacht wird. Eine Freigabeprüfung kann z.B. die Überwachung einer Funktionsprüfstation der fertig montierten Baugruppe sein. Vor Freigabe des Zwischenkastens wird die Funktionsprüfstation mit Gebrauchsnormalen kalibriert und eine Plausibilitätsprüfung durchgeführt. Liegen die Prüfergebnisse innerhalb des definierten Qualitätsbereiches (z.B. Kalibrierwertregelkarte), wird der Zwischenkasten freigegeben und mit der Produktion des nächsten Loses begonnen. Abbildung 4-35 stellt den Ablauf graphisch dar.

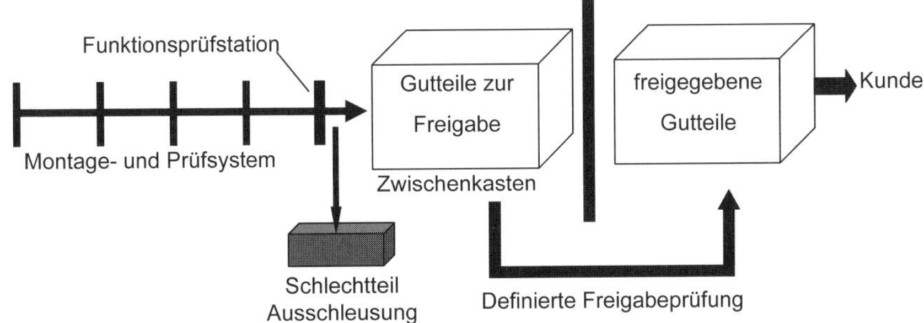

Abb. 4-35: Zwischenkastenprinzip

4.4.6 Bewegungs- und Zeitüberwachung

Bewegungen von Komponenten in AMPS können durch ihre Ausgangs- und Endlage sowie durch den Zeitablauf vom Startbefehl zum Verlassen der Ausgangs- bis zum Erreichen der Endlage definiert werden. Die Plausibilitätskriterien bestehen darin, dass nach dem Startbefehl die Ausgangslage verlassen (Signal 1 - 0) und nach einer definierten Zeit die Endlage erreicht (Signal 0 - 1) werden muss. Weiterhin dürfen die Signale von Ausgangs- und Endlage nicht gleichzeitig anstehen. Die Stabilität des Signals ist ein zusätzliches Kriterium. Dieses wäre dann verletzt, wenn ein Signalwechsel ohne Startbefehl vorliegt. Zum Beispiel dann, wenn das Ausgangs- oder Endlagensignal zwar nach Zeitablauf erreicht, jedoch kurz danach wieder verlassen wird. Am Beispiel einer Dosiereinheit in Abbildung 4-36 wird der Ablauf erklärt. Durch eine Düse wird der Inhalt eines Zylinders mit Hilfe eines Kolbens ausgepresst. Abhängig von der Viskosität und vom Luftgehalt im Medium wird dafür ein gewisses Zeitfenster benötigt. Ausgangs- und Endlage des Kolbens werden durch Initiatoren überwacht. Wird das Zeitfenster vom Startbefehl zum Verlassen der Ausgangslage bis zum Erreichen der Endlage über- oder unterschritten, so ist das ein Hinweis auf eine signifikante Veränderung der Viskosität oder auf zu große Lufteinschlüsse im Medium.

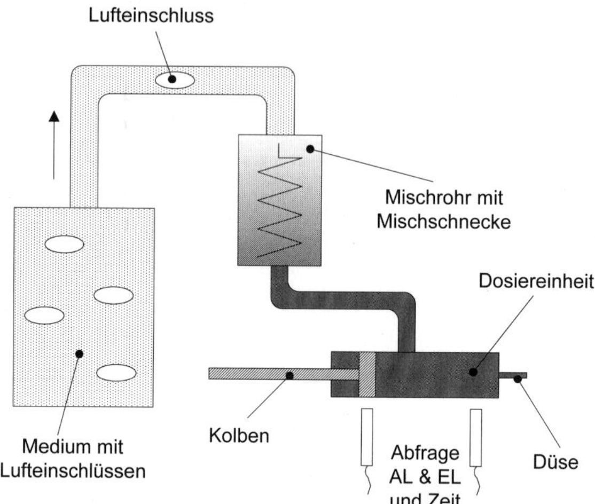

Abb. 4-36: Kombinierte Bewegungs- und Zeitüberwachung [Ploetz 2004]

4.4.7 Messbereichsüberwachung beim Kalibrieren

Bei diesem Plausibilitätskriterium muss die Kalibrierung in einem vorher definierten Kalibrierbereich ausgeführt werden. Dieser sollte in der Mitte des Messbereichs liegen. Ein Richtwert für die Breite des Kalibrierbereichs ist zwanzig Prozent des Messbereichs. Die Messbereichsüberwachung erfüllt zwei Funktionen. Erstens werden dadurch Linearitätsfehler minimiert. Zweitens wird die Erkennung von Justagefehlern, Beschädigung der Messkette und der Messstation sowie übermäßiger Verschleiß erkannt.

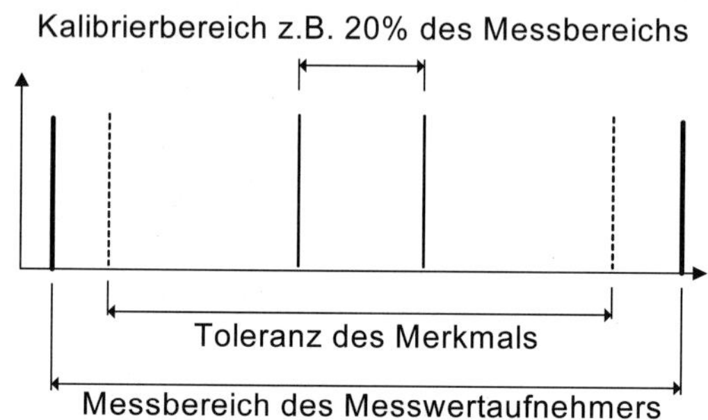

Abb. 4-37: Messbereichsüberwachung beim Kalibrieren

4.4.8 Bewegungsüberwachung in der Messkette

Die Bewegungsüberwachung in der Messkette wird durch die Definition eines Ruhelagenbereichs und einer Messposition außerhalb dieses Bereichs realisiert. Nach dem Start des Messablaufs muss das Messsignal (Punkt 1) den Ruhelagenbereich verlassen und nach Beendigung wieder dorthin zurückkehren (Punkt 2 in Abbildung 4-38). Durch dieses Plausibilitätskriterium können Schäden in der Messkette, wie z.B. defekter Messaufnehmer, Kabelbruch oder eine fehlerhafte Justage des Messwertaufnehmers erkannt werden.

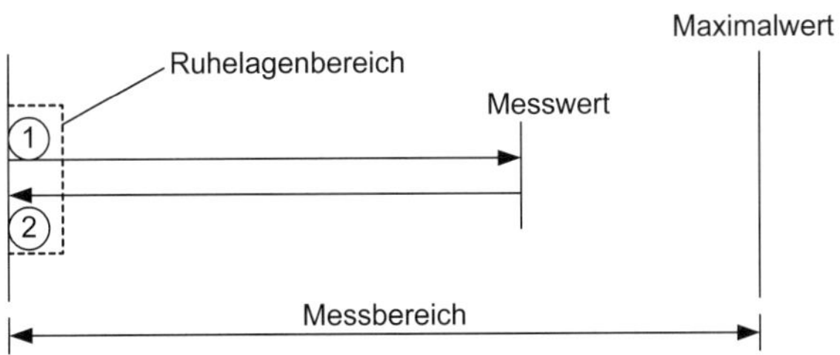

Abb. 4-38: Bewegungsüberwachung in der Messkette

4.4.9 Mehrmalige Schlechtbewertung in Folge

Die mehrmalig aufeinanderfolgende Überschreitung von Toleranzgrenzen kann zwei Gründe haben. Zum einen kann der Produktionsprozess gestört sein, zum anderen kann der Messprozess Schaden genommen haben. In beiden Fällen ist es sinnvoll, den Produktionsprozess anzuhalten, um die Ursache der mehrmaligen Überschreitung zu beseitigen. Dabei ist je nach Anwendungsfall zu definieren, wie viele aufeinanderfolgende Überschreitungen zugelassen werden, bis der Prozess gestoppt wird. In der Praxis hat sich eine dreimalige Schlechtbewertung in Folge als Unterbrechungskriterium bewährt.

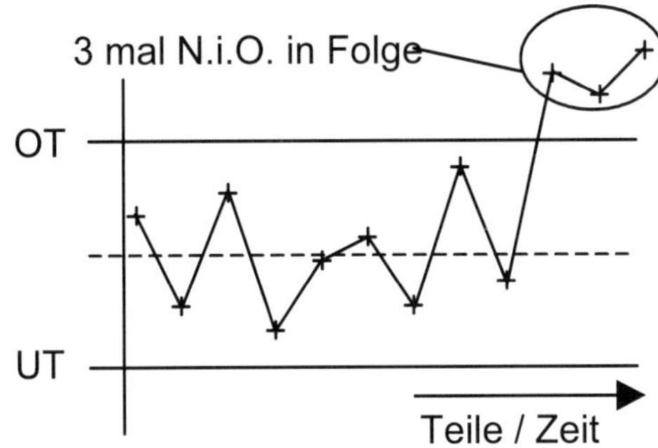

Abb. 4-39: Mehrmalige Schlechtbewertung in Folge [Ploetz 2004]

4.4.10 Rüstvorgänge

Bei Rüstvorgängen können folgende Plausibilitätskriterien zur Fehlervermeidung beitragen.

Werkzeugidentifikationssysteme

Mithilfe einer automatischen Werkzeugidentifikation können manuelle Fehler bei der Werkzeugauswahl während des Rüstvorgangs auf einen andere Werkstücktype vermieden werden. Besonders hilfreich ist das bei ähnlichen Produkten. Der prinzipielle Aufbau in Abbildung 4-40 zeigt als Beispiel ein Werkzeug mit Barcodekennzeichnung und ein Kameralesesystem. Die Kennzeichnung wird mit der in der Maschinensteuerung hinterlegten Sollkennzeichnung verglichen. Die Werkzeugerkennung kann mit einer automatischen Programmumstellung kombiniert werden [Strauch 2005].

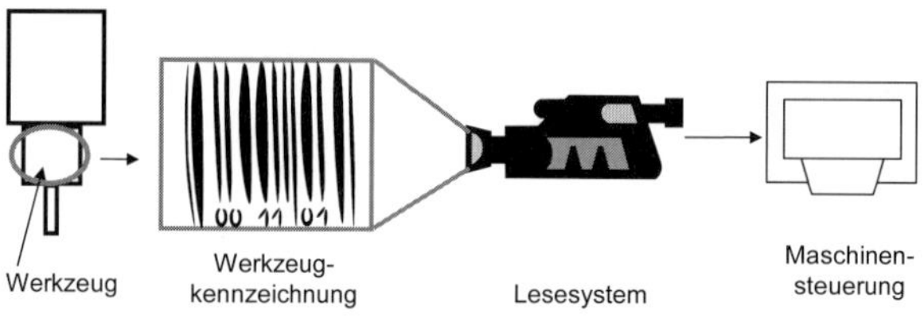

Abb. 4-40: Werkzeugidentifikationssystem

Automatische Programmumstellung bei Typenwechsel

Dadurch wird gewährleistet, dass alle Montage- und Prüfkomponenten in einem AMPS gleichzeitig auf den neuen Werkstücktyp umgestellt werden. Dies kann z.B. durch die Auswahl an einer Master SPS oder mit einem Werkzeugidentifikationssystem erfolgen. Abbildung 4-41 verdeutlicht den Ablauf.

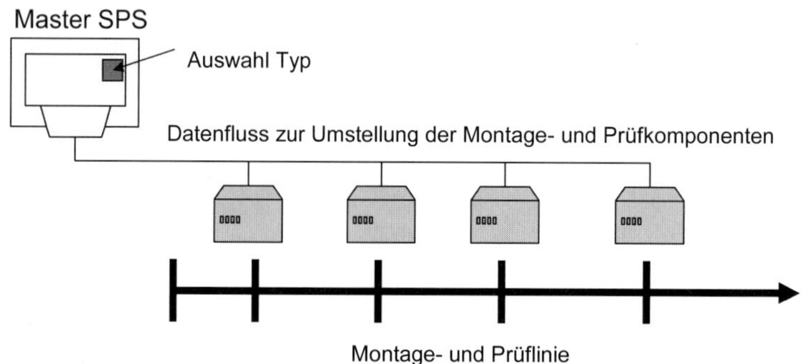

Abb. 4-41: Automatische Programmumstellung bei Typenwechsel

Schnellverschlüsse für Werkzeugwechsel

Diese mechanische Hilfestellung, z.B. über Schnappverschlüsse, ermöglicht das beschleunigte Auswechseln der typengebundenen Werkzeuge. Dies erleichtert das positionsgenaue Einpassen und verkürzt die Rüstzeit.

4.4.11 Poka Yoke Maßnahmen

Der japanische Ausdruck Poka Yoke (Poka = unbeabsichtigter Fehler, Yoke = Vermeidung) ist eine Vorgehensweise zur Vermeidung und Verminderung unbeabsichtigter menschlicher Fehler [Linß 2002, S. 320]. Beim Poka Yoke Prinzip werden einfache Vorrichtungen eingesetzt, um den Bediener bei seiner Arbeit zu unterstützen. Dabei sollen alle Konstruktionen und Fertigungsabläufe so gestaltet werden, dass bestimmte zufällige Fehler nicht mehr auftreten können, oder sofort nach dem Auftreten entdeckt werden [Reich 2004].

Poka Yoke verfolgt die systematische Ausschaltung von folgenden Fehlerursachen:

- Vergessen,
- Verwechseln,
- Vertauschen,
- Missverständnisse,
- Lesefehler oder
- Informations- und Kommunikationsfehler [Linß 2002, S. 320].

In AMPS kann Poka Yoke hauptsächlich im manuellen Betrieb, also beim Rüsten und Instandhalten, aber auch als Leitidee beim Konstruieren und bei der Produktionsplanung eingesetzt werden. Besonders bei Rüstvorgängen, bei denen der Mensch als Fehlerquelle auftritt, ist Poka Yoke ein gut geeignetes Prinzip zur Fehlervermeidung oder Fehlererkennung. Beim Rüsten können dem Bediener standardisierte Abfolgen der Arbeitsschritte vorgeschrieben werden, die es trotz der Störgröße Mensch nicht möglich machen, einen Rüstfehler zu begehen [Quintec 2004].

5 Absicherungs-Algorithmen zur Steigerung der Qualitätsleistung

Als Neuerung bei der Planung von AMPS werden die Methoden der Fehlererkennung zu Algorithmen kombiniert, sodass sie in ihrer Gesamtwirkung die Qualitätsleistung von AMPS verbessern. Dabei wird zwischen einem Standard-Absicherungs-Algorithmus (S-Ab-Al) sowie einem planbaren Erweiterten-Absicherungs-Algorithmus (E-Ab-Al) unterschieden. Zur Umsetzung wurde ein Planungswerkzeug entwickelt, das die im Kapitel 3 beschriebenen finalen Fehler zusammenfasst und einem Planungsteam hilft, geeignete Methoden der Fehlererkennung auszuwählen. Das Planungsergebnis sind die bedarfs- und risikogerecht kombinierten Methoden der Fehlererkennung mit voraussichtlichen Kosten.

5.1 Standard-Absicherungs-Algorithmus (S-Ab-Al)

Der S-Ab-Al sollte für alle AMPS gelten. In diesem Standard werden alle Methoden der Fehlererkennung zusammengefasst, die als Voraussetzung für eine akzeptable Qualitätsleistung eines AMPS notwendig sind (Tabelle 5-1).

Tab. 5-1: Standard-Absicherungs-Algorithmus für alle AMPS

Messkette	Bewegungsüberwachung in der Messkette (Ruhe- und Messpositionsüberwachung)
	Messbereichsüberwachung beim Kalibrieren
	Mehrpunktkalibrierung bei Messsystemen, deren Linearitätsverhalten im Messbereich definiert werden muss (z.B. pneumatische Messsysteme).
	Automatisches Kalibrierintervall
Stationsebene	Existenz der Werkstücke prüfen
	Positions- und Lageüberwachung der Werkstücke
	Ausgangs- und Endlage von Bewegungen überwachen
Prozessebene	Obligatorische Teilebewertung „unbekannt“, bis alle Montage- und Prüfvorgänge positiv abgeschlossen sind.
	Verbot mit Erlaubnisvorbehalt Gutspur ist blockiert im Einricht- und Automatikbetrieb
	Schlechtteil Quittierung

Prozessebene	Stopp nach mehrmals (i. d. R. dreimal) Schlechtbewertung hintereinander
	Änderung der (normalen) Rahmenbedingungen (z.B. Verschmutzung) müssen zu einer Schlechtbewertung führen
	Schlechtteil-Klassifizierung; für jedes Schlecht-Merkmal ein eigener Speicherplatz. Ausnahme: sinnvolle Zusammenlegung von Merkmalen
manueller Eingriff	Leertakten nach manuellem Eingriff: Restteilbestände in der Maschine ausschleusen
	Eindeutige Sortierung bei Notaus oder Halt nach Ausgangslage / Leerlauf und bei Wiederanlauf (z.B. nach Störungen)
	Farbliche Kennzeichnung von Referenzteilen
	Nicht manipulierbare Schlechtteilbehälter und Transportbänder
	Referenzteile (z.B. Kalibrier- und Plausibilitätsteile) werden automatisch ausgeschleust

Der Verzicht auf nur einen dieser Standards kann im Wirkungsverbund des AMPS zu massiven Einbrüchen der Qualitätsleistung führen.

5.2 Erweiterter-Absicherungs-Algorithmus (E-AB-Al)

Der E-Ab-Al beinhaltet alle Methoden der Fehlererkennung, die nicht zum Standardumfang gehören. In ihm werden die beschriebenen Methoden zunächst in die, im Kapitel 3 definierten Funktionsbereiche gegliedert. Während der S-Ab-AL aus standardisierten Methoden der Fehlererkennung besteht, ist der E-Ab-AL variabel planbar. Abhängig von den Fehlermöglichkeiten in dem zu planenden AMPS, wird von einem Planungsteam eine bedarfsgerechte Kombination der Methoden erarbeitet.

Dazu wurde ein Planungswerkzeug entwickelt, mit dem das Planungsteam die Entdeckung der finalen Fehler durch den Standard-Absicherungs-Algorithmus bewerteten und mit einer Risikoprioritätszahl (RPZ) eine Risikoabschätzung durchführen kann.

Ein Maß für das Fehler-Entdeckungspotenzial einer Methode ist die Entdeckungswahrscheinlichkeit (E). Ein Maß für die Signifikanz des finalen Fehlers sind das Auftreten und das Gewicht. Tabelle 5-2 definiert den Bewertungsmaßstab. Auftreten, Gewicht und Entdeckung sowie die voraussichtlichen Kosten der Methoden der Fehlererkennung wurden bei der Erstellung des Planungswerkzeuges von einem Expertenteam festgelegt (Tabelle 5-3 bis 5-6).

Die Kosten entstehen pro Typ, das heißt pro Ausführung. Zum Beispiel entstehen die Kosten für Referenznormale (Gebrauchsnormale) in der Regel pro zu messendes Merkmal (MM), während die Kosten für die automatische Programmumstellung bei Typenwechsel einmalig anfallen. Die Angabe der Höhe der Kosten ist ein unverbindlicher Schätzwert und muss für die jeweilige Branche (z.B. Automobilzulieferindustrie) angepasst werden.

Tab. 5-2: Bewertungsmaßstab

Auftreten	sicheres Auftreten	sehr wahrscheinlich	zufälliges Auftreten	nie bis selten	
Bewertungszahl	10 - 9	8 - 7	6 - 5	4 - 3	2 - 1
Prozessfähigkeit	Cpk < 0,8	0,8 < Cpk < 1,0	Cpk = 1,0	Cpk > 1,33	> 1,67
Gewicht	gravierend führt zu N.i.O am komplexen Fertigteil und kann nicht nachbearbeitet werden	schwerwiegend / hoch führt zu N.i.O am Zwischenprodukt; abhängig vom Montageschritt kann schwer oder nicht nachbearbeitet werden	mittelschwer / durchschnittlich führt zu N.i.O an einer preisgünstigen Baugruppe oder kann nachbearbeitet werden	leicht zu beheben oder kein großer Verlust	
Bewertungszahl	10 - 9	8 - 7	6 - 5 - 4	3 - 2 - 1	
Entdeckung	zufällige Entdeckung Fehler wird durch Absicherungsmaßnahme nicht erkannt	75% Chance des Entdeckens	sehr wahrscheinlich (>90%) Absicherungsmaßnahmen relativ sicher	sicher (100%) Entdecken sehr wahrscheinlich; durch mehrere voneinander unabhängige Maßnahmen	
Bewertungszahl	10 - 9	8 - 7	6 - 5 - 4	3 - 2 - 1	

Ein Beispiel verdeutlicht den Aufbau der Tabellen 5-3 bis 5-6:

Tabelle 5-3 bis 5-6: Methoden zur Fehlererkennung für die Funktionsbereiche

Tab. 5-3: Funktionsbereich “Messkette”

	E	Kosten in 1000€	pro Typ
Schwellgrenzen	8	0,5	MM
Min, max, mittel Referenzteil oder Referenzmesssystem	7	1,5	MM
PC-gestützte Kalibrierwertregelkarte	5	0,5	MM
Nullpunkt, Kalibrier-, Verstärkerkennwert automatisch prüfen	5	1	MA
Automatisches Kalibrieren mit PC-gestützter Kalibrierwertregelkarte	4	10	MM
Vergleich gleitender Mittelwert aus parallelen Messstationen	4	1	MM
Merkmal wird in einer bereits vorhandener Station zusätzlich geprüft	3	0,5	MM
Sequenzielle baugleiche Messstationen (homogene Hardwareredundanz (HR))	1	15	ST
Zusätzliche Prüfung des Merkmals mit bauähnlicher Station (diversitäre HR)	1	15	ST

Tab. 5-4 Funktionsbereich "Station"

	E	Kosten in 1000€	pro Typ
Schwellgrenzen	8	0,5	MM
Min, max, mittel Referenzteil	7	1,5	MM
PC-gestützte Kalibrierwertregelkarte	5	0,5	MM
Automatisches Kalibrieren mit PC-gestützter Kalibrierwertregelkarte	4	10	MM
Werkzeugüberwachung durch Lichtschranke (Bruch Überwachung)	4	1	WZ
Vergleich paralleler Messstationen (analytische Redundanz)	4	1	MM
Merkmal wird in vorhandener Station zusätzlich geprüft	3	0,5	MM
Identität zugeführtes Werkstück prüfen (z.B. Kamera)	3	3	MM
Leistungs- und Positionsüberwachung Antriebseinheit (Verschleißerkennung)	3	0,5	AT
Reibwerttest der Antriebs-, Getriebe und Lagereinheit	3	1	ST
Werkzeugüberwachung durch Kamera (Bruch und Verschleiß)	3	3	WZ
Prüfung Einzelteil vorsehen	3	15	ST
Sequenzielle Messstationen (homogene Hardwareredundanz (HR))	1	15	ST
Zusätzliche Prüfung des Merkmals mit bauähnlicher Station (diversitäre HR)	1	15	ST

Tab. 5-5 Funktionsbereich "Prozess"

	E	Kosten in 1000€	pro Typ
Je N.i.O.-Merkmal ein N.i.O.-Speicherplatz	7	1	MM
Variabler N.i.O.-Speicherplatz	7	1	ML
Chargengebundene Teilerückverfolgbarkeit	7	1	ML
Sortierweichen Bruchkontrolle	6	0,5	ST
Wiedereintakten von Nacharbeitsteilen	6	5	ML
Reversible Schlechtteilkennzeichnung	6	20	ML
Gutteile Rückverfolgbarkeit	5	12	ML
Integrierter Nacharbeits- und Ausschuss-Arbeitsplatz	4	25	ML
Gesamtteile Rückverfolgbarkeit mit irreversibler Schlechtteilkennzeichnung	3	15	ML
Integrierter NA- und AA-Arbeitsplatz mit Gesamtteile Rückverfolgbarkeit	2	70	ML
Irreversible Schlechtteilkennzeichnung	2	10	ML
Zusätzliche Prüfung (Station) Merkmal	2	15	ST
Automatischer Referenzteile Umlauf	2	10	ML
Ausreichend große N.i.O.-Speicher vorsehen	5	0,5	MM
Schlechtteil Einzelrückverfolgbarkeit (z.B. nummerierter Speicherteller)	5	2	MM
Speicherplatz für Teilestatus unbekannt vorsehen	6	2	ML

Die Methode „Schwellgrenzen“ (siehe 4.4.3) ist eine Methode der Fehlererkennung im Funktionsbereich Messkette und Station. Die Entdeckungswahrscheinlichkeit von Fehlern im AMPS mit dieser Methode wurde in beiden Funktionsbereichen mit acht (8), d. h. mit einer relativ niedrigen Entdeckungswahrscheinlichkeit von ca. 75%, bewertet. Die Kosten für die Umsetzung liegen pro Merkmal, auf das diese Methoden angewandt wird, bei etwa 500 Euro.

Tab. 5-6 Funktionsbereich „Manueller Eingriff“	E	Kosten in 1000€	pro Typ
Arbeitsanweisungen	7	0,5	ML
Checklisten	7	0,5	ML
Schnellverschlüsse für Werkzeugwechsel	7	1	ST
Schnellwechselvorrichtung für Gebrauchsnormale bzw. Referenzmesssystem	7	1	ST
Unmanipulierbare Schlechtteilebehälter und Transportbänder	5	2	ML
Verbausicherung Referenzteile	4	0,5	RT
Automatisches Ausschleusen von Referenzteilen	4	0,5	ML
Einfache Poka Yoke Lösung ausarbeiten (z.B. Einlegeschikane)	2	2	ST
Aufwändige Poka Yoke Lösung (z.B. zusätzliche Kameraprüfung)	2	10	ST
Vollzähligkeitskontrolle für Referenzteile (Setzkasten)	3	1	ML
Automatische Programmumstellung bei Typenwechsel	3	1	ML
Leertakten nach manuellem Eingriff/Notaus	3	1	ML
Werkzeugidentifikationssysteme (Kamera, Barcode)	3	3	WZ
Zusätzliche Prüfung Merkmal	2	15	ST
Zwischenkastenprinzip mit Zwischenspeicher realisieren	4	5	ML

Legende: MM Merkmal; AT Antrieb, BW Bewegung, WZ Werkzeug, ST Station; ML Montagelinie, MA Messaufnehmer, RT Referenzteil, E Entdeckungswahrscheinlichkeit

Durchführung und Ergebnis des Planungswerkzeuges:

1. Schritt:
   Ein kleines Planungsteam bestehend aus drei, maximal vier Personen, diskutiert das Lastenheft und das vorläufige Layout des AMPS.
2. Schritt:
   Anhand der finalen Fehler (Spalte „Finale Fehler“ in Abbildung 5-1) und des Standard-Absicherungs-Algorithmus entscheiden die Teammitglieder, welche Fehlerkette (Spalten „Ursache“ und „Fehlerfolge“) für das AMPS zutrifft. Wird eine zutreffende Fehlerkette mit zu hoher RPZ bewertet, können mit Hilfe des Auswahlkataloges zusätzliche Methoden der Fehlererkennung für einen verbesserten Zustand gewählt werden. Bietet der Auswahlkatalog keine geeignete Maßnahme an, so kann manuell eine andere Lösungsmöglichkeit eingetragen werden. Das Team arbeitet alle Fehlerketten in den Funktionsebenen ab und legt zusätzliche Maßnahmen für den verbesserten Zustand fest. Für

jede Maßnahme sind Realisierungskosten hinterlegt, die automatisch in das Formblatt eingetragen werden.

3. Schritt:
   Das Team diskutiert die Vollständigkeit der finalen Fehler. Werden zusätzliche Fehlermöglichkeiten erkannt, können diese manuell ergänzt werden.

4. Schritt:
   Ebenfalls in Teamarbeit müssen die festgelegten zusätzlichen Absicherungsmaßnahmen auf ihre Plausibilität im Gesamtablauf überprüft werden. Insbesondere Methoden der Fehlererkennung, die sich auf das gesamte AMPS beziehen sowie Doppelnennungen müssen geprüft werden. Weiterhin ist die Kostenabschätzung auf die jeweilige Branche anzupassen und zu optimieren. Aufgrund der im Vorfeld festgelegten Entdeckungswahrscheinlichkeiten kann es dazu kommen, dass durch die ausgewählte Methode der Fehlererkennung die Risikoprioritätszahl nicht ganz den unkritischen Bereich (RPZ < 300) erreicht, obwohl die gewählte Methode objektiv ausreichend ist. Zum Beispiel ist das im Anhang D bei der Methode „Werkzeugüberwachung durch Lichtschranke“ der Fall (RPZ = 320). In diesem Fall sollte durch eine Bemerkung, z.B. Maßnahme ausreichend, die Auswahl dieser Methode gerechtfertigt werden.

Als Ergebnis erhält das Planungsteam zusätzlich zum festegelegten Standard-Absicherungs-Algorithmus eine bedarfsgerechte Kombination verschiedener Methoden der Fehlererkennung sowie voraussichtliche Kosten für deren Realisierung. In Abbildung 5-1 ist das Planungswerkzeug beispielhaft dargestellt. Als Auswahlkatalog sind im jeweiligen Funktionsbereich die Tabellen 5-3 bis 5-6 hinterlegt. Im Anhang D ist das Planungswerkzeug vollständig dargestellt.

	FMEA für automatische Montage- und Prüfsysteme	**Erstellt durch:**	**Überarbeitet durch:**	**Genehmigt durch:**
		Datum:	**Datum:**	**Datum:**
	Merkmal: Verstemmen Bolzen	500 < RPZ < 1000 300 < RPZ < 500 0 < RPZ < 300	Teil-Nummer:	Teil-Bezeichnung:

	Finale Fehler	**Ursache**	**Folge**	Istzustend					Verbesserter Zustand					**Kosten** (in 1000€)	**Anzahl Type**
				S-Ab-Al	Auftreten	Gewicht	Entdeckung	RPZ		Auftreten	Gewicht	Entdeckung	RPZ		
Messkette	Messwert liegt knapp außerhalb der Produktionstoleranz	Messunsicherheit an Toleranzgrenzen, Messystem nicht korrekt justiert, Kalibrierfehler	Teil wird in AA/NA sortiert	S-Ab-Al	7	3	3	63	**Tabelle 5-3 hinterlegt** 1. Schwellengrenzen 2. min., max., mittel Referenzteil 3. PC-gestützte Kalibrierwertregelkarte 4. Merkmal wird in vorhandener Station geprüft						
			Teil wird in eine Nachbargutgruppe sortiert		7	5	3	105							
	Messwert liegt außerhalb der Funktionstoleranz	grober Messfehler durch grobe Störfaktoren (z. B. Verschmutzung, Werkzeugbruch)	Teil wird in AA/NA einsortiert	S-Ab-Al	7	3	5	105	Sequentielle Messstationen (Redundanz), ZK nicht möglich (2; 15/ST)						
			Teil wird in eine entfernte Gtugruppe sortiert		7	10	10	700	**Tabelle 5-4 hinterlegt** ... 4. Werkzeugüberwachung durch Lichtschranke 5. Leistungs- und Positionsüberwachung Antriebseinheit	7	10	2	140	15,0	1
Station	Initiator sendet falsches Signal	Initiator wird verstellt oder beschädigt, elektromagnetische Störungen	Keine Erkennung von Zuständen oder Bauteilen möglich	S-Ab-Al	5	8	8	320	Anschlagposition vorsehen (5; 0,5/BW) **Tabelle 5-5 hinterlegt** 1. Chargengebundene-Teilerückverfolgbarkeit 2. Sortierweichen Bruchkontrolle 3. Gutteile-Rückverfolgbarkeit	5	8	5	200	0,5	1
Prozess	Teil durch Prüfsystem richtig bewertet aber SPS oder Mechanik/Roboter sortiert falsch	Zuordnung Teiledaten in SPS flasch oder Sortiermechanik beschädigt bzw. falsch justiert	N.i.O. wird gut	S-Ab-Al	5	10	7	350	Gutteile Rückverfolgbarkeit (5; 12/ML) **Tabelle 5-6 hinterlegt** 1. Arbeitsanweisungen 2. Schnellverschlüsse für Werkzeugwechsel 3. Nicht manipulierbare Schlechtteilebehälter und Transportbänder 4. Verbausicherung Referenzteile	5	10	5	250	12,0	1
Einrichten	Bauteile fallen herunter oder werden entnommen	manueller Eingriff, Fehler im automatischen Ablauf	ungeprüfte oder halbfertige Teile verseuchen Gutteile	S-Ab-Al	7	10	9	630	verbausichere Rerferenzteile (4; 0,5/RT) Bemerkung zur Auswahl 19:	7	10	4	280	1,0	2
														zusätzliche Absicherungsmaßnahmen:	**28,5 T€**

6 Steigerung der Verfügbarkeit von AMPS

6.1 Verfügbarkeitsgewinn durch fehlersichere Montage- und Prüfkomponenten

Der Beitrag der Absicherungs-Algorithmen zur Steigerung der Verfügbarkeit von AMPS besteht in der zeitlichen Verkürzung und der Reduktion der Häufigkeit von manuellen präventiven Überwachungsmaßnahmen durch den Einsatz fehlersicherer Montage- und Prüfkomponenten.

Definition Fehlersicherheit bzw. Eigensicherheit (vgl. auch Kapitel 4.1)

Fähigkeit eines Montage- oder Prüfsystems Fehler sofort nach ihrem Auftreten oder in einem kurzen zeitlichen Abstand danach automatisch zu erkennen und anzuzeigen.

In Abbildung 6-1 ist der Gewinn an Maschinenlaufzeit durch die Reduktion des zeitlichen Aufwands und der Häufigkeit der manuellen Überwachungsmaßnahme idealisiert dargestellt.

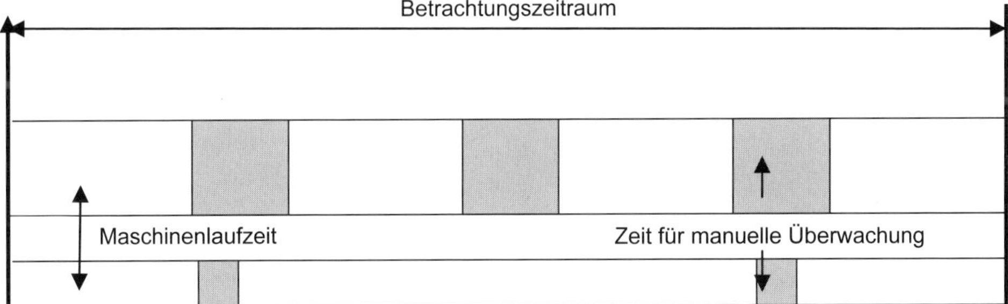

Abb. 6-1: Idealisierter Verfügbarkeitsgewinn durch ein fehlersicheres System (unten) im Vergleich zu einem konventionellen System (oben)

Die Fehlersicherheit einer Montage- und Prüfkomponente wird durch den Einsatz von Fehlererkennungsmethoden auf Mess- und Stationsebene erreicht. Dadurch wird die gesamte Funktionsfähigkeit überwacht. Im Kapitel 4 wurden die Methoden der Fehlererkennung bereits beschrieben. Zur Realisierung der Fehlersicherheit eignen sich besonders Redundanzkonzepte und Selbsttests.

Mit Selbsttests können die Messkette, der Antrieb (Motor und Drehzahl) sowie der Reibwerte in einer Station geprüft werden. Bei der Hardwareredundanz wird die Differenz der Messergebnisse sequenzieller Messwertaufnehmer oder Stationen mit einer maximal zulässigen Differenz verglichen. Bei der analytischen Redundanz erfolgt ein Mittelwert- oder ein Proportionalitätsvergleich. Der Mittelwertvergleich eignet sich für doppelte parallele Messstationen, die Merkmale aus derselben Grundgesamtheit prüfen. Der Proportionalitätstest eignet sich für den Vergleich proportionaler Zusammenhänge, wie z.B. zwischen der Stromaufnahme eines Antriebsmotors und dessen abgegebenes Drehmoment (Abbildung 6-2).

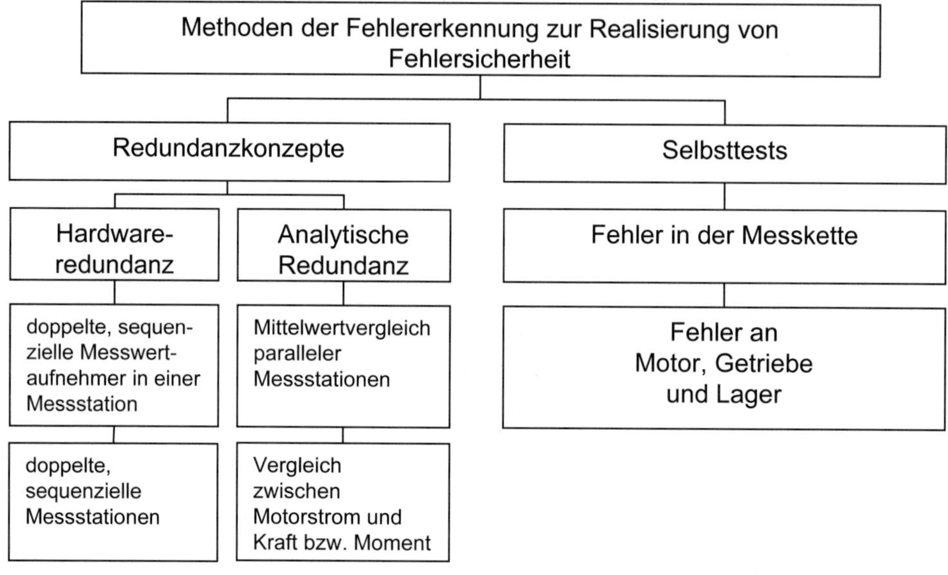

Abb. 6-2: Methoden zur Realisierung von Fehlersicherheit

Der Verfügbarkeitsgewinn durch den Einsatz fehlersicherer Montage- und Prüfkomponenten wurde in Versuchen quantifiziert [Dornig 2005] und mit dem durchschnittlichen Aufwand zur Überwachung und Kalibrierung bestehender Systeme verglichen (vgl. Anhang B). Für die Komponenten Längenmesstechnik, Pressen und Schraubtechnik wurden Redundanzkonzepte und Selbsttests erprobt und das praktisch mögliche Verfügbarkeitspotenzial ermittelt. In Tabelle 6-1 sind die Montage- und Messaufgabe, die technische Realisierung sowie die Methode der Fehlererkennung zur Realisierung der Fehlersicherheit zusammengestellt. Mit Einsatz der Hardwareredundanz in der Längenmesstechnik kann durch den Übergang von der präventiven zur bedarfsorientierten Instandhaltung ein Verfügbarkeitsgewinn von bis zu 8% pro Station realisiert werden. Der Verfügbarkeitsgewinn bei Pressen fällt mit 3% pro Presse deshalb weniger hoch aus, weil diese Systeme robust und einfach zu überwachen sind. Die kurze und leicht durchzuführende Überwachung bietet nur wenig Verfügbarkeitspotenzial. Elektromechanische Schrauber sind ebenfalls robuste Systeme, jedoch im Vergleich zu Pressen deutlich schwieriger zu überwachen.

Häufig werden zur Überwachung von Schraubsystemen Schraubfallsimulationen oder zusätzliche Drehmoment-/Drehwinkelaufnehmer eingesetzt, die den automatischen Ablauf eines AMPS unterbrechen. Fehlersichere Schrauber liefern ein Verfügbarkeitspotenzial von bis zu 7% pro Schraubsystem. (Tabelle 6-1).

Tab. 6-1: Verfügbarkeitsgewinn durch Fehlersicherheit an Beispielen

	Längenmesssystem		**Pressensystem**		**Schraubsystem**
Aufgabe	Kontrolle und Gruppierung von Längenmaßen	Kontrolle eine Winkelmaßes mit kurzer Taktzeit	In-Prozess Überwachung eines Einpressvorgangs		In-Prozess Überwachung eines Schraubvorgangs
Realisierung	Längenmessstation mit inkrementalen Messwertaufnehmer	Doppelte parallele Winkelmessstation aus Taktzeitgründen	Hydraulische Presse mit piezoelektrischem Kraftaufnehmer	Elektromechanische Presse mit DMS Kraftaufnehmer	Elektromechanischer Schrauber mit DMS Drehmomentaufnehmer.
Absicherungsmaßnahme zur Realisierung der Fehlersicherheit:					
Hardware Redundanz	Doppelte sequenzielle Messstation	-	Doppelte sequenzielle Kraftaufnehmer	Doppelte sequenzielle Kraft-Weg-Aufnehmer **oder**	Doppelte sequenzielle Drehmoment- Drehwinkelaufnehmer **oder**
Analytische Redundanz	-	Mittelwertvergleich doppelter paralleler Messstationen	-	Kraft-Strom Proportionalität **oder**	Drehmoment-Strom Proportionalität **oder**
Selbsttest	-	-	-	Selbsttest für Aufnehmer, Getriebe, Motor und Lager	Selbsttest für Aufnehmer, Getriebe, Motor und Lager
Realisierbarer Verfügbarkeitsgewinn im Vergleich zu bestehenden Systemen:					
	bis 8% pro Station		**bis 3% pro Presse**		**bis 7% pro Schrauber**

6.2 Verfügbarkeitsverlust durch das Ausfallverhalten zusätzlicher Komponenten

Durch den Einsatz zusätzlicher (mechanischer und elektronischer) Bauelemente und Komponenten zur Realisierung der Hardwareredundanz steht dem Verfügbarkeitsgewinn durch die Reduzierung des Überwachungsaufwands ein Verfügbarkeitsverlust durch das Ausfallverhalten der zusätzlichen Komponente gegenüber.

Das Ausfallverhalten wird durch die Ausfallrate λ (siehe Kapitel 2) beschrieben. Mahmoud gibt Ausfallraten für elektronische Komponenten von Kraftfahrzeugen an. Da diese Komponenten in bauähnlicher Form auch in AMPS eingesetzt werden, sind die Erfahrungen aus der Kfz-Industrie auf AMPS übertragbar (Tabelle 6-2) [Mahmoud 2000, S. 91].

Stellvertretend für die mechanischen Komponenten wird die Ausfallrate eines Wälzlagers verwendet. Diese berechnet sich aus der Lebensdauer, die sich aus der konstruktiven Dimensionierung des Lagers ableitet. SKF gibt für Maschinen in Fabrikationsbetrieben bei Tag- und Nachtbetrieb (hier 7200 h/a Betriebszeit) eine erforderliche Lebensdauer eines Wälzlagers von 50.000 Betriebsstunden an [SKF 1989, S. 33].

Tab. 6-2: Ausfallraten für Komponenten von AMPS ermittelt aus Angaben für bauähnliche Systeme [Mahmoud 2000]

Komponenten eines AMPS	Ausfallrate λ Ausfälle/h	F(t) Ausfälle/a bei 7200h Betriebszeit
Absoluter Winkelgeber	$3{,}9 \cdot 10^{-6}$	0,028
Inkrementaler Längensensor	$8{,}3 \cdot 10^{-6}$	0,058
Induktiver Näherungssensor	$8{,}67 \cdot 10^{-6}$	0,061
Beschleunigungssensor	$8{,}5 \cdot 10^{-6}$	0,059
Schalter, z.B. Bremslichtschalter	$12 \cdot 10^{-6}$	0,083
Potentiometer, z.B. Drosselklappenpotentiometer	$0{,}12 \cdot 10^{-6}$	0,001
Mikrorechner, Messrechner, Steuergerät	$1 \cdot 10^{-6}$	0,007
Mechanische Komponente	$20 \cdot 10^{-6}$	0,130

Als Beispiel sei angenommen, dass zur Realisierung der Hardwareredundanz pro Station sieben zusätzliche Sensoren sowie vier zusätzliche mechanische Einheiten benötigt werden. Für die elektronischen Komponenten wird aus Tabelle 6-2 eine mittlere Ausfallrate von 0,06 Ausfällen/7200h angesetzt. In Tabelle 6-3 ist die Berechnung zusammengefasst.

Tab. 6-3: Berechnung der zusätzlichen mittleren Reparaturzeit (MTTR) aufgrund der eingesetzten Hardwareredundanz im Vollbetriebsjahr (7200h)

Elektronische Komponenten	**Mechanische Komponenten**
0,06 Ausfälle/a * 7 zusätzl. Sensoren = 0,42 Ausfälle/a mit einer mittleren Reparaturzeit von 60 Minuten/Ausfall ergeben sich: 25 Minuten zusätzliche Reparaturzeit pro Vollbetriebsjahr	0,13 Ausfälle/a * 4 mech. Einheiten = 0,52 Ausfälle/a mit einer mittleren Reparaturzeit von 120 Minuten/Ausfall ergeben sich: 62 Minuten zusätzliche Reparaturzeit pro Vollbetriebsjahr
Summe: 87 Minuten ≈ 1,5 Stunden/Vollbetriebsjahr = 0,02% zusätzliche Reparaturzeit im Vollbetriebsjahr pro redundanter Station.	

Tab. 6-4: Zusätzlicher Aufwand für Hardwareredundanz

	Zeitaufwand	Materialaufwand
Bei 7200h Nutzung (100%)	87 Minuten MTTR	0,4 Sensoren 0,5 mechanische Einheiten
Bei 5760h/a Nutzung (80%)	72 Minuten MTTR	0,3 Sensoren 0,4 mechanische Einheiten
Bei 4320h/a Nutzung (60%)	54 Minuten MTTR	0,2 Sensoren 0,3 mechanische Einheiten

In der Realität ist nicht von einer Betriebszeit von 7200 Stunden pro Jahr auszugehen. Diese würde nur dann erreicht werden, wenn die praktische Verfügbarkeit (Gesamtnutzungsgrad) des AMPS während des gesamten Jahres 100% betragen würde. Dies ist in der Regel nicht der Fall. Realistische Nutzungsgrade liegen zwischen 75% und 95%. Das bedeutet, dass die berechnete zusätzliche Reparaturzeit als maximaler Wert angenommen werden kann.

Neben dem zusätzlichen zeitlichen Reparaturaufwand entsteht ein zusätzlicher Materialaufwand durch den notwendigen Austausch der elektronischen und mechanischen Komponenten.

Um beide Zusammenhänge darzustellen, fasst Tabelle 6-4 den zu erwartenden Aufwand nach obigen Beispiel zusammen.

Fazit:

> Unter der Voraussetzung, dass die eingesetzten zusätzlichen mechanischen und elektronischen Komponenten zur Realisierung der Hardwareredundanz konstruktiv ausreichend dimensioniert und mechanisch korrekt in das AMPS eingebaut sind, ist ein unwesentlicher **Verfügbarkeitsverlust von ca. 0,02 %** pro redundanter Station zu erwarten. In Anbetracht des möglichen Verfügbarkeitsgewinns durch die Minimierung des Überwachungsaufwandes von 3% bis 8% ist dieser Verlust vernachlässigbar. In den weiteren Berechnungen wird der Verfügbarkeitsverlust deshalb nicht berücksichtigt.

7 Steigerung der Qualitätsleistung und Verfügbarkeit am Beispiel „Nockenwellenversteller"

Am Beispiel eines automatisierten Montage- und Prüfsystems für Nockenwellenverstellsysteme wird das vorgestellte Werkzeug zur Planung des Absicherungs-Algorithmus angewandt. Die Ergebnisse der Planung werden in dem AMPS umgesetzt und die Auswirkung auf die Qualitätsleistung und Verfügbarkeit mit einem Probelauf verifiziert.

Die im Folgenden dargestellten Systeme, Merkmale und Leistungsdaten sind mit Rücksicht auf den Know-how Schutz idealisiert dargestellt. Sie repräsentieren aber praxisbezogene Anforderungen.

7.1 Systembeschreibung und Aufgabenstellung

Nockenwellenverstellsysteme sind Motorenelemente des Ventiltriebs eines PKW-Motors. Durch sie erfolgt der Antrieb und die Steuerung der Nockenwelle. Über hydraulischen Druck, der vom momentanen Lastzustands des Motors abhängt, wird ähnlich dem Wirkungsprinzip einer Flügelzellenpumpe, ein begrenzter Drehwinkel der Nockenwelle (ca. 20°) relativ zu ihrer Rotationsrichtung gewährleistet. Dieser Verstellbereich bewirkt eine hinsichtlich Leistung, Drehmoment und Abgasverhalten verbesserte Motorcharakteristik. Abbildung 7-1 zeigt einen Reihensechszylinder mit zwei obenliegenden Nockenwellen und einem Nockenwellenversteller für die Einlass- und Auslassseite.

Abb. 7-1: PKW-Motor mit je einem Nockenwellenversteller für die Ein- und Auslassseite [auto 2005, S. 28]

Zur automatisierten Montage und Prüfung der Nockenwellenversteller wurde ein AMPS auf Zellenbasis mit freiem Werkstückträgerumlauf geplant (Abbildung 7-2). Taktzeitanforderung ist höchstens 0,2 Minuten pro Stück. Es sollten vier verschiedene Typen des Produktes produziert werden können.

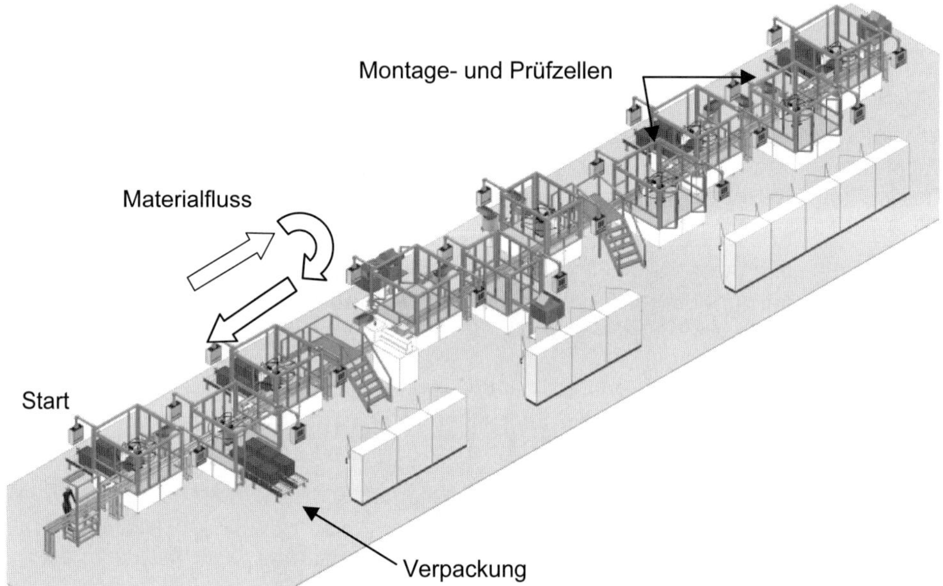

Abb. 7-2: Geplantes AMPS für Nockenwellenversteller

Zur Herstellung des Produktes sind zwei Montagevorgänge (Pressen und Schrauben) sowie vier Prüfvorgänge (zweimal Längenmessung, einmal Winkelmessung und einmal attributive Prüfung) notwendig (Tabelle 7-1).

Tab. 7-1: Montage- und Prüfvorgänge im AMPS für Nockenwellenversteller

Durchmesserprüfung am Einzelteil Rotor	Attributive Prüfung von fünf Ölbohrungen	Spaltmaßprüfung durch Messung zwischen Rotor und Stator	Zylinderstift einpressen	Fünf Verschraubungen	Funktionsprüfung Verriegelungsspiel
Toleranz T = 30,000 + 0,020 mm	Ölbohrung vorhanden, nicht vorhanden	T = 0,050 +/- 0,020 mm	T_{Kraft} = 500- 3000N T_{Weg}= 12,5 +/- 0,05mm	T_{Winkel} = 45 +/- 2° ab 5 Nm T_{Moment} = 17 +/-1 Nm	T = 0,35 +/- 0,25°
Pneumatische Messung mit Düsenmessdorn	Lehrung mit Lehrdorn	Drei induktive Messtaster	Elektromechanische Presse	Elektromechanischer Schrauber	Zwei parallele Messstationen mit Drehwinkelmessung

Die Montagevorgänge sollten mit einer In-Prozess-Überwachung ausgestattet sein. Die Prüfvorgänge müssen als 100%-Prüfung ausgelegt werden, d. h. jedes Werkstück wird geprüft. Zur Realisierung dieser Aufgabe werden im ersten Planungsschritt geeignete Montage- und Prüfkomponenten ausgewählt. Tabelle 7-1 fasst die Montage- und Prüfaufgaben, die Merkmale sowie die vorläufig ausgewählten Komponenten zusammen. Auf Basis dieser Vorleistungen wird mit der Planung der Absicherungs-Algorithmen begonnen.

7.2 Standard-Absicherungs-Algorithmus (S-Ab-Al)

Der Standard-Absicherungs-Algorithmus gilt für alle AMPS. In der Planungsphase wird er für jede Montage- und Prüfaufgabe als Checkliste genutzt, um sicher zu stellen, dass alle Anforderungen umgesetzt werden können. Tabelle 7-2 zeigt die Anwendung des S-Ab-Al beispielhaft für die Messaufgabe „Durchmesserprüfung am Einzelteil Rotor“ mit einem pneumatischen Düsenmessdorn.

Tab. 7-2: Anwendung des S-Ab-Al als Checkliste

Messkette	Bewegungsüberwachung in der Messkette (Ruhe- und Messpositionsüberwachung)	o.k.
	Messbereichsüberwachung beim Kalibrieren	o.k.
	Mehrpunktkalibrierung bei Messsystemen, deren Linearitätsverhalten im Messbereich definiert werden muss (z.B. pneumatische Messsysteme)	o.k.
	Automatisches Kalibrierintervall	o.k.
Stationsebene	Existenz der Werkstücke prüfen	o.k.
	Positions- und Lageüberwachung der Werkstücke	o.k.
	Ausgangs- und Endlage von Bewegungen	o.k.
Prozessebene	Obligatorische Teilebewertung „unbekannt“, bis alle Montage- und Prüfvorgänge positiv abgeschlossen sind	o.k.
	Verbot mit Erlaubnisvorbehalt Gutspur ist blockiert im Einricht- und Automatikbetrieb	o.k.
	Schlechtteil Quittierung	o.k.
	Stopp nach mehrmals (i. d. R. dreimal) Schlechtbewertung in Folge	o.k.
	Änderung der (normalen) Rahmenbedingungen (z.B. Verschmutzung) müssen zur einer Schlechtbewertung führen	o.k.
	Schlechtteil-Klassifizierung; für jedes Schlecht-Merkmal ein eigener Speicherplatz. Ausnahme: sinnvolle Zusammenlegung von Merkmalen	o.k.

manueller Eingriff	Leertakten nach manuellem Eingriff: Restteilbestände in der Maschine ausschleusen	o.k.
	Eindeutige Sortierung bei Notaus oder Halt nach Ausgangslage / Leerlauf und beim Wiederanlauf (z.B. nach Störungen)	o.k.
	Farbliche Kennzeichnung von Referenzteilen	o.k.
	Unmanipulierbare Schlechtteilebehälter und Transportbänder	o.k.
	Referenzteile (z.B. Kalibrier- und Plausibilitätsteile) werden automatisch ausgeschleust	o.k.

Zur Umsetzung dieser Forderungen werden notwendige hard- und softwaretechnische Maßnahmen bei der Realisierung (Konstruktion, Beschaffung von Komponenten sowie Montage- und Inbetriebnahme) berücksichtigt. Zum Beispiel werden die Anforderungen auf Messebene mit dem Einsatz eines Messcomputers, der diese Absicherungsmaßnahmen beinhaltet, realisiert.

Der Verzicht auf nur einen dieser Standards kann im Wirkungsverbund des AMPS zu massiven Einbrüchen der Qualitätsleistung führen, was im schlimmsten Fall die Auslieferung von Schlechtteilen an den Kunden zur Folge hat.

7.3 Erweiterter-Absicherungs-Algorithmus (E-Ab-Al)

Mithilfe des in Kapitel 5.2 vorgestellten Werkzeuges wird für jede Montage- und Prüfaufgabe der Erweiterte-Absicherungs-Algorithmus in den Funktionsbereichen Messkette, Station, Prozess und manueller Eingriff geplant. Die folgenden Tabellen zeigen die Maßnahmen als Ergebnis der Planung, die zusätzlich zum Standard-Absicherungs-Algorithmus realisiert werden müssen (Tabelle 7-3 bis 7-7).

Tab. 7-3: E-Ab-Al für die „Durchmesserprüfung durch Messung am Einzelteil Rotor“ mit einem pneumatischen Düsenmessdorn

Messkette	Station	Prozess	Manueller Eingriff
Max, min Referenzteil Wiederholmessung bei Schlechtbewertung Automatische Kalibrierwertregelkarte	Identität und Lagerichtigkeit des Werkstücks prüfen (Vermeidung einer Typenverwechslung)	Separater Schlechtteil-Speicherplatz Chargengebundene-Rückverfolgbarkeit	Verbausicherung für Gebrauchsnormale Automatische Typenumstellung Schnellverschlüsse für Werkzeugwechsel Speicherplatz für Gebrauchsnormale

Tab. 7-4: E-Ab-Al für die „Attributive Prüfung von fünf Ölbohrungen" mit einem Lehrdorn

Messkette	Station	Prozess	Manueller Eingriff
Gute und schlechte Referenznormale	Exakte Positionsüberwachung der Lehrdorne Werkzeugbruchüberwachung mit Lichtschranke	Separater Schlechtteil-Speicherplatz Chargengebundene-Rückverfolgbarkeit	*Wie bei Durchmesserprüfung*

In diesem Fall bietet sich an, beide Prüfungen in einer Station zu realisieren (Abbildung 7-3).

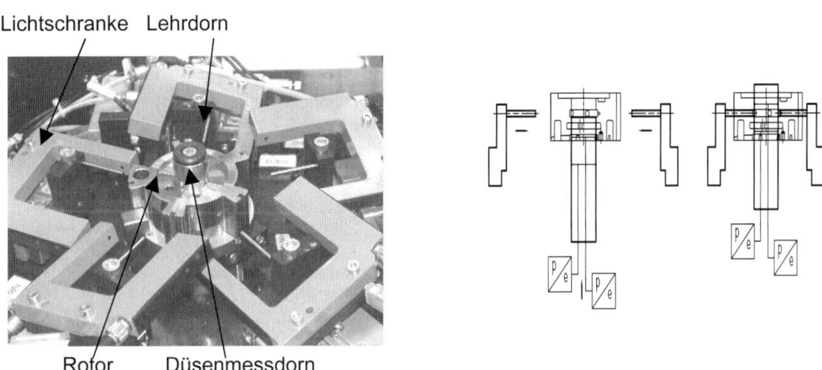

Abb. 7-3: Kombinierte Prüfstation für Durchmesser und Ölbohrungen

Tab. 7-5: E-Ab-Al für die „Spaltmaßprüfung durch Messung zwischen Rotor und Stator" mit induktiven Messtastern

Messkette	Station	Prozess	Manueller Eingriff
Wiederholmessung bei Schlechtbewertung Automatische Kalibrierwertregelkarte	*keine zusätzlichen Absicherungsmaßnahmen nötig*	Wiedereintaktung von Schlechtteilen möglich Integrierte Ausschuss- und Nacharbeitszelle	*Wie bei Durchmesserprüfung*

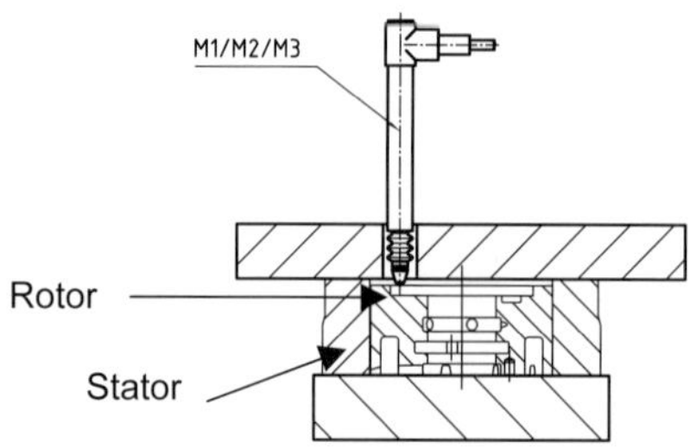

Abb. 7-4: Messprinzip der Spaltmaßprüfung

Tab. 7-6: E-Ab-AI für den Montagevorgang „Zylinderstift einpressen" mit einer elektromechanischen Presse mit integrierter Überwachung der Kraft mit einem Dehnungsmessstreifen (DMS) Kraftaufnehmer und inkrementalen Wegmesssystem.

Messkette	Station	Prozess	Manueller Eingriff
Automatische Nullpunkt-, Kalibrierwert- und Verstärkerkennwert-Prüfung Referenzfahrt für Wegaufnehmer Referenzmesssystem	Exakte Positionsüberwachung Werkzeug	Wiedereintaktung von Schlechtteilen möglich Integrierte Ausschuss- und Nacharbeitszelle	Automatische Typenumstellung Schnellverschlüsse für Werkzeugwechsel Schnellwechselvorrichtung für Referenzmesssystem

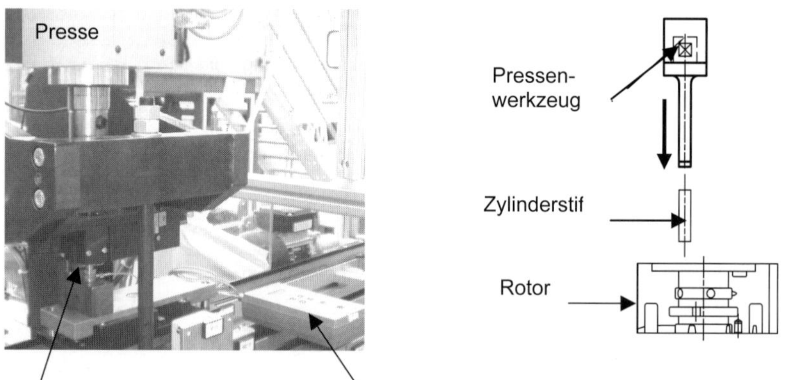

Abb. 7-5: Zylinderstift einpressen mit Referenzmesssystem

Tab. 7-7: E-Ab-Al für den Montagevorgang „Fünf Verschraubungen" mit fünf elektromechanischen Schraubern mit integrierter Überwachung des Momentes und des Drehwinkels

Messkette	Station	Prozess	Manueller Eingriff
Sequenzielle Messwertaufnehmer (Hardwareredundanz) <u>Zusätzlich:</u> Referenzmesssystem als Schraubfallsimulation	*keine weitere Absicherung nötig*	Wiedereintaktung von Schlechtteilen möglich Integrierte Ausschuss- und Nacharbeitszelle	Automatische Typenumstellung Schnellverschlüsse für Werkzeugwechsel Schnellwechselvorrichtung für Referenzmesssystem

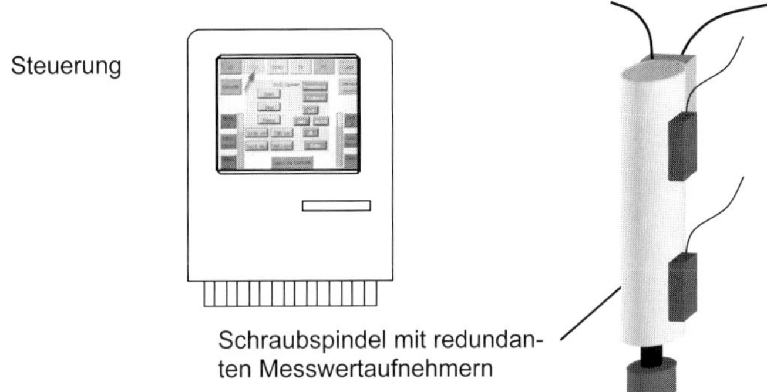

Abb. 7-6: Schraubspindel mit redundantem Messaufnehmer

Tab. 7-8: E-Ab-Al für „Funktionsprüfung Verriegelungsspiel" mit zwei parallelen Messstationen und inkrementalen Drehwinkelmesssystem

Messkette	Station	Prozess	Manueller Eingriff
Vergleich gleitender Mittelwerte aus parallelen Messstationen (Analytische Redundanz) Min, max Referenznormale Kalibrierwertregelkarte	Positionsüberwachung des Werkzeugs (Drehwinkel Messantrieb)	Wiedereintaktung von Schlechtteilen möglich Integrierte Ausschuss- und Nacharbeitszelle Gutteil-Rückverfolgbarkeit Gutteilbeschriftung Reversible Schlechtteilbeschriftung	Automatische Typenumstellung Schnellverschlüsse für Werkzeugwechsel Verbausicherung für Gebrauchsnormale

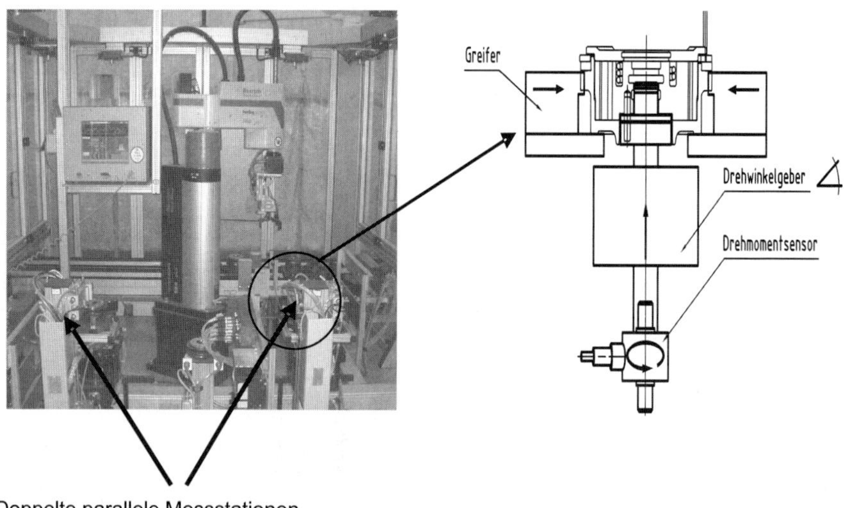

Abb. 7-7: Doppelte parallele Messstationen zur Funktionsprüfung

Auf Prozessebene wurde eine integrierte Ausschuss- und Nacharbeitzelle geplant. Wie bereits im Kapitel 4.4 dargestellt, dient diese Art der Schlechtteilbehandlung zum einen der ursachenbezogenen Ausschleusung von Ausschussteilen und zum anderen der Nachbesserung von Nacharbeitsteilen. Die Nacharbeitsteile können dem AMPS wieder zugeführt werden. In Abbildung 7-8 ist der Arbeitsplatz dargestellt. Ausschussteile werden mit einem Etikett reversibel beschriftet. Nacharbeitsteile können von hier aus dem AMPS wieder zugeführt werden.

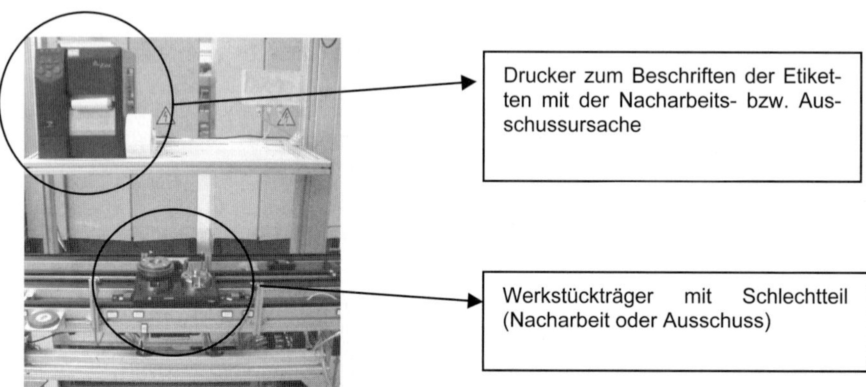

Abb. 7-8: Integrierte Ausschuss- und Nacharbeitszelle zur reversiblen Schlechtteilkennzeichnung mit Etikett

7.4 Vorläufige Systemfähigkeit

Nachdem der Standard-Absicherungs-Algorithmus sowie der Erweiterte-Absicherungs-Algorithmus realisiert wurden, kann im Rahmen einer Vorabnahme die vorläufige Systemfähigkeit (vgl. Kapitel 2.5) ermittelt werden.

Tab. 7-9: Ermittlung der vorläufigen Systemfähigkeit

	Taktzeit Soll: 0,2 min/St: Taktzeit Ist: 0,28 min/St									
	Kennzahl	Durchmesser-messung Rotor in mm	Prüfung der fünf Ölbohrungen	Spaltmaßmessung in mm	Zylinderstift auf Maß einpressen in mm	Zylinderstift einpressen kraftüberwacht in N	Fünf Schrauben ein-schrauben winkel-überwacht in Grad	Fünf Schrauben ein-schrauben moment-überwacht in Nm	Funktionsprüfung Station 1 in Grad	Funktionsprüfung Station 2 in Grad
Tol.:		0,018	frei	0,030	0,600	500-3500	20,0	4,0	0,500	0,500
Messprozess	C_g	2,4	-	2,1	1,9	o.k.[1]	o.k.[2]	o.k.[2]	2,1	1,9
	C_{gk}	2,2	-	1,9	1,7	o.k.[1]	o.k.[2]	o.k.[2]	1,9	1,8
	R&R %	7,7	-	9,3	-	-	-	-	9,8	10,0
	absolut	0,0014	-	0,0028	-	-	-	-	0,0490	0,0500
	Attrib. Test	-	o.k.	-	-	-	-	-	-	-
Montageprozess	Absich. Maß-na.	o.k.	o.k.	o.k.	o.k.	o.k.	o.k.	o.k.	o.k.	o.k.
	Plausi. Test	o.k.	o.k.	o.k.	o.k.	o.k.	o.k.	o.k.	o.k.	o.k.
	Cm	1,9	-	1,9	o.k.[1]	o.k.[1]	o.k.[2]	o.k.[2]	2,1	2,2
	Cmk	1,8	-	1,8	o.k.[1]	o.k.[1]	o.k.[2]	o.k.[2]	2,0	2,1
	Pp	1,8	-	1,7	2,3	1,9	2,5[3]	1,9[3]	1,9	2,0
	Ppk	1,5	-	1,4	2,1	1,8	2,2[3]	1,7[3]	1,7	1,9
Vorläufige Systemfähigkeit ist gegeben										

Bemerkung	[1] Angaben des Pressenherstellers, [2] Angabe des Schrauberherstellers, [3] kleinster Wert der fünf Schrauber, Graue Felder: Durch Maschinenhersteller beeinflussbar

Wie aus Tabelle 7-9 ersichtlich, ist die vorläufige Systemfähigkeit gegeben. In der Spalte „Durchmesser Messung Rotor in mm" und „Spaltmaß Messung in mm" wurden zwar die Maschinenfähigkeit (*Cm*, *Cmk*) und die vorläufige Prozessfähigkeit (*Pp*, *Ppk*) ermittelt, jedoch hat das AMPS keinen Einfluss auf diese Ergebnisse, da es sich hier um zugeführte Einzelteile handelt. Die niedrigeren Fähigkeitskennwerte lassen aber auf Abweichungen in den Bearbeitungsprozessen dieser Merkmale schließen. Im folgenden Probelauf werden die Merkmale weiter beobachtet.

7.5 Erwarteter Verfügbarkeitsgewinn

Durch die systematische Planung des Erweiterten-Absicherungs-Algorithmus wird ein hoher Grad an Fehlersicherheit der Montage- und Prüfkomponenten erreicht. Dies ist die Voraussetzung für die Reduktion der Häufigkeit der präventiven Instandhaltungsmaßnahmen, wie z.B. Überwachung, Kalibrierung und Wartung. In der Tabelle 7-10 sind die durchschnittlichen Zeiten für die präventive Instandhaltung (vgl. Anhang B) den reduzierten Instandhaltungszeiten gegenübergestellt. Die reduzierten Instandhaltungszeiten sind eine Abschätzung. Als Ergebnis ist ein Verfügbarkeitsgewinn von ca. 103 Minuten pro Tag zu erwarten. Das entspricht etwa 7%.

Tab. 7-10: Durchschnittlicher und reduzierter Aufwand für präventive Instandhaltungsmaßnahmen

	Durchschnittlicher Aufwand nach Anhang B	Reduzierter Aufwand Abschätzung	Verfügbarkeitsgewinn
Pneumatische Durchmessermessung am Rotor	3 mal pro Tag 5 min pro Durchführung	3 mal pro Tag 5 min pro Durchführung	0 min
Attributive Prüfung Ölbohrung	3 mal pro Tag 4 min pro Durchführung	1 mal pro Woche 4 min pro Durchführung	11 min
Spaltmaßmessung	6 mal pro Tag 5 min pro Durchführung	3 mal pro Tag 5 min pro Durchführung	15 min
Zylinderstift einpressen	3 mal pro Tag 5 min pro Durchführung	1 mal pro Woche 5 min pro Durchführung	14 min
Fünf Verschraubungen	1 mal pro Tag 10 min pro Schrauber 5 Schrauber	1 mal pro Woche 10 min pro Schrauber 5 Schrauber	42 min
Funktionsprüfung Verriegelungsspiel	3 mal pro Tag 3 min pro Referenzteil 2 Referenzteile 2 Stationen	3 mal pro Woche 3 min pro Referenzteil 2 Referenzteile 2 Stationen	30 min
Summe	**148 min pro Tag**	**45 min pro Tag**	**103 min**

7.6 Probelauf

Zur Verifizierung der Ergebnisse wird ein Probelauf durchgeführt. Der Probelauf findet unter realistischen Bedingungen statt, d. h. nicht mehr als die geplanten Bediener und ohne besondere Vorbereitung hinsichtlich der Materialbereitstellung. Die präventive Instandhaltung erfolgt nach dem in Tabelle 7-10 angegebenen reduzierten Aufwand.

Die Ergebnisse des Probelaufs sind:

Betrachtungszeitraum: 8 h = 480 min
Pausen: 45 min
Belegungszeit T_B: 435 min
Geplante Zeit für Instandhaltung: 15 min/Schicht (45 min/Tag)
Geplante Taktzeit t_{plan}: 0,2 min/Stück (M_{plan} = 5 Stück/min)
Reale Taktzeit t_{real}: 0,2083 min/Stück (M_{real} = 4,8 Stück/min)
Mindestanzahl Bediener: 2 Bediener, 1 Hilfskraft
Tatsächliche Anzahl Bediener: 2 Bediener, 1 Hilfskraft

Tab. 7-11: Ausbringungsmenge des Probelaufs

Ausbringungsmenge		**Stück**
Produzierte Menge (Gut- und Schlechtteile)	m	1723
Gutteile	m_{gut}	1682
Maschinenbedingte Schlechtteile	m_{amb}	15
Nicht maschinenbedingte Schlechtteile	m_{anmb}	26
Anzahl Schlechtteile gesamt	$m_a = m_{amb} + m_{anmb}$	41
Schlechtteile in Gutmenge	$N.i.O._G = N.i.O._{Gmb} + N.i.O._{Gnmb}$	0
Schlechtteile in Gutmenge maschinenbedingt	$N.i.O._{Gmb}$	0
Schlechtteile in Gutmenge nicht maschinenbedingt	$N.i.O._{Gnmb}$	0

Tab. 7-12: Ausfallanalyse während des Probelaufs

Komponente	Fehler	Ursache	Maßnahme	Zeit	Art
Spaltmaß Rotor Stator prüfen	Rotor klemmt in Station	Rotor nicht korrekt ausgerichtet	Justage Station und Kalibrierung	5	T_T
	Kalibrierregelkarte meldet Grenzwertverletzung	Messplatte ist verschmutzt	Reinigung und erneute Kalibrierung	5	T_O
	3 x N.i.O in Folge	Messplatte ist verschmutzt	Reinigung und erneute Kalibrierung	5	T_T
Zylinderstift auf Maß einpressen	3 x N.i.O in Folge	Einpresskraft zu hoch, weil Bohrung Rotor zu klein	Manuelle Preprozessprüfung der zugeführten Einzelteile (Rotor) und Aussortieren der Schlechtteile	5	T_O
Verschrauben	Störung Schrauber 1 und 2	unbekannt	Kurze Inspektion und Neustart	4	T_T
	Schraube fehlt in der Zuführung	Schrauben wurden nicht nachgefüllt	Schrauben nachfüllen	7	T_O
	3 x N.i.O in Folge	Schraubengewinde beschädigt	Inspektion der Schrauber und Prüfung der Schrauben	10	T_O
Funktionsprüfung	Differenz Station 1 zu Station 2 zu groß	Kalibierwert Station 1 hat sich verändert	Justage Station 1 und Kalibrierung Station 1 und 2	10	T_T
Verriegelungsspiel	Differenz Station 1 zu Station 2 zu groß	Kalibierwert Station 1 hat sich verändert	Justage Station 1 und Kalibrierung Station 1 und 2	10	T_T

Tab. 7-13: Ausfallzeiten während des Probelaufs

Unterbrechungen	**Anzahl**	**Art**	**min**
Maschinenbedingte Unterbrechung wegen präventiver Inspektion und Wartung (geplanter Aufwand, Tabelle 7-10)	1	T_W *MRDP*	15 15
Maschinenbedingte Unterbrechung wegen Störung und Reparatur	5	T_T *MTTR*	34 6,8
Organisatorische Unterbrechungen wegen Teilemangel, Teilehygiene und Personalverfügbarkeit	4	T_O *MRDA*	27 6,75
Nicht maschinenbedingte Unterbrechung wegen höherer Gewalt (z.B. Streik, Stromausfall)	0	*MRDL*	0

Mit diesen Ergebnissen kann die Bereitschafts- und Maschinenlaufzeit berechnet werden:

Bereitschaftszeit T_{Bereit}: $T_{Bereit} = T_B - (T_T + T_W) = 435 - (34 + 15) = 386$ min

Maschinenlaufzeit T_{Lauf}: $T_{Lauf} = T_{Bereit} - T_O = 386 - 27 = 359$ min

Tab. 7-14: Analyse der Schlechteilmenge

Fehlerart / Station	N.i.O.-Teile in N.i.O.				N.i.O.-Teile in Gutmenge		Gutteile in N.i.O. Scheinausschuss		N.i.O.-Teile gesamt		Ursache	Vorgeschlagene Maßnahme
	Ausschuss AA		Nacharbeit NA									
	mb	nmb	mb	nmb	mb	nmb	mb	nmb	mb	nmb		
Durchmesserprüfung Rotor	0	4	0	0	0	0	0	0	0	4	Bohrung des Rotors war zu klein	Qualität der Einzelteile verbessern
Attributive Prüfung an 5 Ölbohrungen	0	2	0	0	0	0	0	0	0	2	Grat in Bohrung	Qualität der Einzelteile verbessern
Spaltmaß Rotor-Stator messen	0	0	0	5	0	0	3	3	3	8	Verschmutzung der Einzelteile führt zu einer Verschmutzung der Station	Sauberkeit der Einzelteile verbessern
Zylindertift auf Maß einpressen	0	6	0	0	0	0	0	0	0	6	Einpresskraft zu groß, weil Bohrung für den Zylinderstift zu klein	Qualität der Rotoren verbessern
5x Verschrauben	0	0	2	6	0	0	0	0	2	6	2x Störung des Schraubers und 6 mal beschädigte Gewinde	Schrauber verbessern und Qualität der Gewinde verbessern
Funktionsprüfung	0	0	0	0	0	0	10	0	10	0	Stabilität der Messung in Station 1 nicht gegeben	Weitere Beobachtung, ob sich der Verdacht des Einlaufverhaltens bestätigt
	AA_{mb}	AA_{nmb}	NA_{mb}	NA_{nmb}	$N.i.O._{Gm}$	$N.i.O._{Gnm}$	SA_{mb}	SA_{nmb}	ma_{mb}	ma_{nmb}		
	0	12	2	11	0	0	13	3	15	26		
					$N.i.O._G$	0			ma	41		

7.7 Gesamtanlageneffektivität

Mit den Ergebnissen aus dem Probelauf kann die Gesamtanlageneffektivität berechnet werden.

Qualitätsleistung

Maschinenbedingte Qualitätsleistung

(Werte aus Tabelle 7-11)

$$QL_{\text{mb}} = \begin{cases} \dfrac{m - m_{\text{amb}}}{m} \cdot 100\% & \text{für } N.i.O._{\text{Gmb}} = 0 \\ 0 & \text{für } N.i.O._{\text{Gmb}} > 0 \end{cases}$$

$$QL_{\text{mb}} = \frac{1723\text{-}15}{1723} = \underline{\underline{99{,}13\%}}$$

Die maschinenbedingte Qualitätsleistung ist mit 99,1% zunächst ausreichend. Jedoch sollte das Schmutzungsverhalten der Messung „Spaltmaßprüfung durch Messung zwischen Rotor und Stator“ verbessert werden. Dies kann z.B. durch eine Punkt- statt Flächenauflage der Messobjekte geschehen. Die Station 1 der Funktionsprüfung zeigt eine unzureichende Stabilität der Messung. Dadurch wurden 10 gute Werkstücke als Schlechtteile (Scheinausschuss) bewertet und ausgeschleust. Als Ursache wird ein Einlaufverhalten vermutet. Mithilfe der analytischen Redundanz sollte das Stabilitätsverhalten der Station weiter beobachtet werden.

Gesamtqualitätsleistung

(Werte aus Tabelle 7-11)

$$QL = \begin{cases} \dfrac{m - m_{\text{a}}}{m} \cdot 100\% & \text{für } N.i.O._{\text{G}} = 0 \\ 0 & \text{für } N.i.O._{\text{G}} > 0 \end{cases}$$

$$QL = \frac{1723\text{-}41}{1723} = \underline{\underline{97{,}62\%}}$$

Die Gesamtqualitätsleistung ist mit 97,6% noch nicht ganz zufriedenstellend. Potenzial liegt in der Verbesserung der Qualität der zugeführten Einzelteile. Sowohl die Teilehygiene (Verschmutzung, Grat) als auch die Maßhaltigkeit der Einzelteile können verbessert werden.

Verfügbarkeit und Nutzungsgrad:

Technische Verfügbarkeit bzw. maschinenbedingter Nutzungsgrad:

Werte aus Tabelle 7-14

$V_t = NG_{mb} = \frac{T_{Lauf}}{T_B - T_O} \cdot 100\%$	$V_t = NG_{mb} = \frac{359\,min}{(435-27)\,min} \cdot 100\%$ $= 87{,}99\%$

Die technische Verfügbarkeit ist mit 88% noch nicht ausreichend. Sie sollte größer 90% sein. Ursachen sind die Ausfallzeiten aufgrund technischer Probleme bei Schrauber 1 und bei Station 1 der Funktionsprüfstation. Als Ursache wird für beide Komponenten ein Einlaufverhalten vermutet. Eine weitere Beobachtung wird empfohlen.

Praktische Verfügbarkeit bzw. Gesamtnutzungsgrad:

Werte aus Tabelle 7-13

$V_p = NG = \frac{T_{Lauf}}{T_B} \cdot 100\%$	$V_p = NG = \frac{359\,min}{435\,min} \cdot 100\% = \underline{\underline{82{,}52\%}}$

Die praktische Verfügbarkeit sollte größer 85% sein. Die realisierten 82,5% sind noch nicht ausreichend. Verbesserungspotenzial liegt in der Minimierung der Ausfallzeiten infolge mangelnder Qualität und Hygiene der Einzelteile. Weiterhin kann die Teileversorgung verbessert werden.

Leistungsgrad

Der Leistungsgrad entspricht der maschinenmöglichen Bearbeitungsgeschwindigkeit und ist i. d. R. maschinenbedingt. Deshalb ist eine Unterscheidung in maschinenbedingten Leistungsgrad und Gesamtleistungsgrad nicht nötig.

Tab. 7-15: Berechnung des Leistungsgrades

Taktzeitrechnung	Mengenrechnung
$LG = \frac{t_{plan}}{t_{real}} \cdot 100\%$	$LG = \frac{M_{real}}{M_{plan}} \cdot 100\%$
$LG = \frac{0{,}2\text{ min/Stück}}{0{,}2083\text{ min/Stück}} \cdot 100\%$ $= 96\%$	$LG = \frac{5\text{ Stück/min}}{4{,}8\text{ Stück/min}} \cdot 100\%$ $= 96\%$

Mit 96% ist der Leistungsgrad ausreichend, er sollte jedoch nicht unter 90% fallen.

Mit diesen Kennzahlen kann die Gesamtanlageneffektivität berechnet werden.

Tab. 7-16: Berechnung der maschinenbedingten Gesamtanlageneffektivität

Direkte Berechnung	Differenzierung nach Einflüssen
$G.A.E_{mb} =$ $= QL_{mb} \cdot LG \cdot NG_{mb} \cdot 100\% = 0.9913 \cdot 0{,}96 \cdot 0{,}8799 \cdot 100\% = 83{,}73\%$	$QL_{mb} =$ $= 99{,}13\%$
oder $= \frac{m_{gut} + m_{anmb}}{(T_B - T_O) \cdot M_{plan}} \cdot 100\% = \frac{(1682 + 26)\ St}{(435 - 27)\ min \cdot 5\ St/min} \cdot 100\% = 83{,}73\%$	$LG = 96\%$
oder $= \frac{t_{plan} \cdot (m_{gut} + m_{anmb})}{T_B - T_O} \cdot 100\% = \frac{0{,}2\ min/St \cdot (1682 + 26)\ St}{(435 - 27)\ min} \cdot 100\% = 83{,}73\%$	$NG_{mb} = V_t =$ $= 87{,}99\%$

Die maschinenbedingte Gesamtanlageneffektivität sollte mindestens 80% betragen. Die realisierten 83,7% sind ein guter Anfang, müssen aber systematisch verbessert werden. Neben der zu großen Schlechtteilmenge muss vor allem die Häufigkeit und Dauer der technischen Störungen reduziert werden.

Tab. 7-17: Gesamtanlageneffektivität

Direkte Berechnung	Differenzierung nach Einflüssen
$G.A.E =$ $= QL \cdot LG \cdot NG \cdot 100\% = 0.9762 \cdot 0{,}96 \cdot 0{,}8252 \cdot 100\% = 77{,}33\%$	$QL = 97{,}62\%$
oder $= \frac{m_{gut}}{T_B \cdot M_{plan}} \cdot 100\% = \frac{1682\ St}{435\ min \cdot 5\ St/min} \cdot 100\% = 77{,}33\%$	$LG = 96\%$
oder $= \frac{t_{plan} \cdot m_{gut}}{T_B} \cdot 100\% = \frac{0{,}2\ min/St \cdot 1682\ St}{435\ min} \cdot 100\% = 77{,}33\%$	$NG = V_P =$ $= 82{,}52\%$

Die Gesamtanlageneffektivität ist mit 77,3% akzeptabel. Hier sollten als idealer Kennwert 85% angestrebt werden. Verbesserungspotenzial bestehen bei der

Qualität der Einzelteile (z.B. Maßhaltigkeit) sowie in der Teilehygiene (z.B. Sauberkeit, Gratfreiheit). Weitere Verbesserungen sind bei den organisatorischen Rahmenbedingungen möglich.

Die Kosten für die Umsetzung des Erweiterten-Absicherungs-Algorithmus betrugen ca. 5% der Gesamtinvestition. Unter der Voraussetzung einer guten Qualitätsleistung konnte die Verfügbarkeit in diesem Beispiel um ca. 7% verbessert werden.

7.8 Zusammenfassung zur Systemfähigkeit

	Kennzahlen [Einheit]	Definition	Analyseumfang	Formel	Kenwert	
Messprozess am Beispiel QS 9000/MSA	C_g [1] Gage capability	Wiederholbarkeit des Messmittels	1 Bediener 1 Referenzteil 30 Messungen	$C_g = \frac{0,2T}{6s_g}$	$\geq 1,33$	1,9
	C_{gk} [1] Critical gage capability	Genauigkeit		$C_{gk} = \frac{0,1T - \lvert \bar{x}_g - x_m \rvert}{3s_g}$	$\geq 1,33$	1,8
	$R\&R$ [mm, %] Wiederholbarkeit und Nachvollziehbarkeit	Bedienereinfluss und Wiederholbarkeit unter Prozessbedingungen	3 Bediener, 10 Serienteile, 2 Messreihen oder 2 Durchläufe, 10 Teile	$R\,\&\,R = \sqrt{(EV^2 + AV^2)}$	$\leq 20\%$	10
	Attributive Fähigkeit	Wiederholbarkeit der Gut-, Schlecht-entscheidung	10 Gutteile 10 Grenzteile 10 Schlechtteile je 10 mal prüfen	Bei 100 Gut- und 100 Grenzteilprüfungen je 1 Fehlbewertung Bei 100 Schlechtteilprüfungen 0 Fehlbewertungen zulässig	100-1/1/0	100-0/0/0
Montageprozess	Absicherungsmaßnahmen	Absicherung gegen unvorhergesehene Störgrößen	Vorhandensein der technischen Einrichtungen	mit Checkliste prüfen		o.k.
	Plausibilitätsprüfung	korrekte Teilesortierung	2 Schlecht- und 2 Gutteile pro Merkmal der Anlage mind. zweimal zuführen	Gut- und Schlechtteile müssen erkannt und richtig gehandhabt werden. Bei acht Prüfungen ist keine Abweichung zulässig.	8-0	8-0
	Cm [1] Machine capability	Kurzzeitige Merkmalsstreuung, verursacht durch die Maschine	50 Teile produzieren	**Für Normalverteilte Merkmale:** $Cm, Pp, Cp = \frac{OGW - UGW}{6 \cdot \hat{\sigma}}$	$\geq 2,0$	2,1
	Cmk [1] Critical machine capability	Fähigkeit der Maschine zur Produktion in der Toleranzmitte		$Cmk, Ppk, Cpk = Min\left\{\frac{OGW - \hat{\mu}}{3 \cdot \hat{\sigma}}; \frac{\hat{\mu} - UGW}{3 \cdot \hat{\sigma}}\right\}$	$\geq 1,67$	2,0

Montageprozess	*Pp* vorläufig [1] Process potential	Kurzzeitige Merkmalsstreuung von Maschine und Umgebung	125 Teile produzieren	**Für alle Verteilungsdichten:** $Cm, Pp, Cp = \frac{OGW - UGW}{o_p - u_p}$	$\geq 1{,}67$	1,9
	Ppk vorläufig [1] Critical process potential	Kurzfristige Fähigkeit zur Produktion in der Toleranzmitte		$Cmk, Ppk, Cpk =$ $\text{Min}\left\{\frac{OGW - \hat{\mu}}{o_p - \hat{\mu}}; \frac{\hat{\mu} - UGW}{\hat{\mu} - u_p}\right\}$	$\geq 1{,}33$	1,9
	Cp Langzeit [1] Process capability	Langzeitmerkmalsstreuung von Prozess und Umgebung	Für Abschätzung mindestens achtstündiger Probelauf.	oder: $Cm, Pp, Cp = \frac{OGW - UGW}{x_{max} - x_{min}}$	$\geq 1{,}33$	1,4
	Cpk Langzeit [1] Critical process capability	Langzeitfähigkeit zur Produktion in der Toleranzmitte	Zur Beurteilung mindestens 20 Produktionstage	$Cmk, Ppk, Cpk =$ $\text{Min}\left\{\frac{OGW - \hat{\mu}}{x_{max} - \hat{\mu}}; \frac{\hat{\mu} - UGW}{\hat{\mu} - x_{min}}\right\}$	$\geq 1{,}0$	1,2
Leistung	Reale Taktzeit [Stück/min]]	Zeit zwischen zwei fertigen Teilen im ungestörten Betrieb	Durchschnitt der langsamsten Komponente	Ermittlung durch Stoppen	$< t_{plan}/0{,}90$	0,208
	Leistungsgrad [%]	Verhältnis von geplanter und realer Taktzeit	mindestens einminütiger ungestörter Betrieb bei maximal möglicher Geschwindigkeit.	$LG = \frac{t_{plan}}{t_{real}} \cdot 100\%$	> 90%	96%
		Verhältnis von realer und geplanter Kurzzeitmengenleistung im ungestörten Betrieb		$LG = \frac{M_{real}}{M_{plan}} \cdot 100\%$	> 90%	96%
	Technische Verfügbarkeit, maschinenbedingter Nutzungsgrad [%]	Anteil der Laufzeit an der Belegungszeit minus organisatorischer Ausfallzeiten	mindestens vierstündiger Produktionslauf	$V_t = NG_{mb} = \frac{T_{Lauf}}{T_B - T_O} \cdot 100\%$	> 90%	88%

Leistung	Gesamtnutzungsgrad, praktische Verfügbarkeit [%]	Anteil der Laufzeit an der Belegungszeit	mindestens achtstündiger Produktionslauf	$V_p = NG = \frac{T_{\text{Lauf}}}{T_B} \cdot 100\%$	> 85%	82%
Leistung	Maschinenbedingte Qualitätsleistung [%]	Produktion und Sortierung von Schlechtteilen	mindestens vierstündiger Produktionslauf	$QL_{mb} = \begin{cases} \frac{m - m_{amb}}{m} \cdot 100\% & \text{für } N.i.O._{Gmb} = 0 \\ 0 & \text{für } N.i.O._{Gmb} > 0 \end{cases}$	>99%	99,1%
Leistung	Gesamtqualitätsleistung [%]	Produktion und Sortierung von Schlechtteilen	mindestens achtstündiger Produktionslauf	$QL = \begin{cases} \frac{m - m_a}{m} \cdot 100\% & \text{für } N.i.O._G = 0 \\ 0 & \text{für } N.i.O._G > 0 \end{cases}$	>98%	97%
G.A.E.	Maschinenbedingte Gesamtanlageneffektivität [%]	$G.A.E_{mb} = QL_{mb} \cdot NG_{mb} \cdot LG$	mindestens vierstündiger Produktionslauf	$G.A.E_{mb} = \frac{m_{gut} + m_{anmb}}{(T_B - T_O) \cdot M_{plan}} \cdot 100\%$	> 80%	83%
G.A.E.	Gesamtanlageneffektivität [%]	$G.A.E = QL \cdot NG \cdot LG$	mindestens achtstündiger Produktionslauf	$G.A.E = \frac{m_{gut}}{T_B \cdot M_{plan}} \cdot 100\%$	> 75%	77%

Die Zusammenfassung zur Systemfähigkeit zeigt ein gutes Ergebnis mit überschaubarem Handlungsbedarf bei der Verfügbarkeit und der Qualitätsleistung. Verbesserungspotenzial liegen in der Beseitigung der maschinenbedingten Störungen (siehe Tabelle 7-13) sowie in der Verbesserung der Qualität und Sauberkeit der zugeführten Einzelteile. Nach der Umsetzung dieser Verbesserungsvorschläge ist ein international konkurrenzfähiger Montage- und Prüfprozess mit dem AMPS gegeben.

8 Zusammenfassung und Ausblick

In dieser Arbeit wird ein neuartiger Algorithmus für die Planung und Realisierung fehlersicherer automatisierter Montage- und Prüfsysteme (AMPS) vorgestellt. Durch die bedarfsgerechte Kombination verschiedener Methoden der Fehlererkennung können die Qualitätsleistung und gleichzeitig die Verfügbarkeit von AMPS verbessert werden.

Die Notwendigkeit der Steigerung der qualitativen und quantitativen Ausbringungsmenge investitionsintensiver automatisierter Montage- und Prüfsysteme wird in Kapitel eins erläutert. Zum einen sind dies die verschärften internationalen Haftungsbedingungen (Produkthaftungsgesetz) und zum anderen die Steigerung der Wettbewerbsfähigkeit des Unternehmens.

Im Stand der Technik (Kapitel zwei) werden die Qualitätsmerkmale von AMPS zusammengefasst. Kenngrößen hierfür sind die Qualitätsfähigkeit von Messmitteln, Maschinen und Prozessen; weiterhin das Verfügbarkeitsverhalten bzw. die Zuverlässigkeit des Systems und letztlich die Leistungsfähigkeit als Ausdruck für die Geschwindigkeit des Ausbringungsprozesses. Als Ergänzung zum Stand der Technik wird eine Differenzierung zwischen maschinenbedingten, z.B. technischen Störungen, und nicht maschinenbedingten Einflussgrößen, z.B. organisatorischen Störungen, vorgenommen. Dies schafft zusätzliche Transparenz im Spannungsfeld zwischen Anlagenhersteller und Anlagenbetreiber. Weiteres Verbesserungspotenzial wird durch die neue Definition der Qualitätsleistung realisiert. Während nach bisheriger Berechnung Schlechtteile in der Menge der Gutteile eine nur unwesentliche Verschlechterung der Qualitätsleistung ergaben, ist die Berechnung nun so ausgelegt, dass schon ein Schlechtteil in der Menge der Gutteile die Qualitätsleistung auf Null sinken lässt. Die Zusammenfassung der Qualitätsmerkmale von AMPS ergibt die Systemfähigkeit und wird tabellarisch dargestellt. Diese Zusammenfassung eignet sich als Grundlage für Analyse- und Entscheidungsprozesse.

Das Fehlerpotenzial von AMPS wird im dritten Kapitel analysiert. Dazu werden die AMPS in die Funktionsebenen Messkette, Station, Prozess und manueller Eingriff strukturiert. Ergebnis ist die Reduktion der vielfältigen Fehlermöglichkeiten auf wenige, aber signifikante finale Fehler.

Die Systematisierung von bekannten und die Entwicklung von neuen Methoden der Fehlererkennung zur Vermeidung der finalen Fehler ist Schwerpunkt des vierten Kapitels. Die Methoden gliedern sich in Redundanzkonzepte, Selbsttests und Plausibilitätskriterien. Das Konzept der Hardwareredundanz ist aus anderen Bereichen der Technik (z.B. Flugzeugbau) bereits bekannt und wird in dieser Arbeit erstmalig für die gezielte Anwendung in AMPS untersucht.

Das gleiche gilt für die analytische Redundanz. Dieses junge Forschungsgebiet der Technik greift auf Informationen zurück, die bereits im Prozess vorhanden sind und leitet daraus Überwachungsinformationen ab. In dieser Arbeit wird die analytische Kombinatorik für die gegenseitige Überwachung paralleler baugleicher Messstationen genutzt. Durch den Vergleich der gleitenden Mittelwerte aus beiden Messstationen werden auftretende Fehler umgehend erkannt. Eine weitere Möglichkeit ist die Nutzung der sensorischen Eigenschaften von Servomotoren. Diese, bereits im Werkzeugbau genutzte Eigenschaft, wird für die Nutzung in AMPS herausgearbeitet. Über das Proportionalitätsverhalten zwischen Stromaufnahme und Drehmoment eines Servomotors wird ein Messwert für das abgegebene Drehmoment erzeugt. Dieser wird zur Überwachung mit dem Messwert eines weiteren Aufnehmers verglichen.

Die Methoden der Selbsttests bestehen darin, dass einzelne Komponenten von AMPS ihre Funktionsfähigkeit selbstständig überwachen. Für Wheatstone`sche Messbrücken wird die automatische Durchführung des Nullpunkttests entwickelt. Neuartig ist die Weiterentwicklung des Kalibrierwerttests. Dieser macht sich eine elektrische Schaltung zu Nutze, die der Sensorhersteller für andere Zwecke, z.B. für die manuelle Kalibrierung und Justage des Messverstärkers, benötigt. Durch die Kombination des Nullpunkt- und des Kalibrierwerttests kann der Selbsttest auf die Spannungsversorgung, den Messverstärker und auf die Auswerteeinheit, d. h. auf die gesamte Messkette, ausgedehnt werden.

Plausibilitätskriterien dienen der Abschätzung der Richtigkeit und Stimmigkeit von Ergebnissen in AMPS. Die beschriebenen Methoden, wie z.B. die Kalibrierüberwachung, die Teilerückverfolgbarkeit und die Handhabung von Schlechtteilen sind weitgehend bekannt. Der Beitrag zur Erweiterung des bestehenden Wissen besteht darin, dass die für AMPS relevanten Methoden ergänzt, optimiert und systematisch beschrieben werden.

Im fünften Kapitel erfolgt die Zuordnung der Methoden der Fehlererkennung zu den möglichen finalen Fehlern. Dazu wird ein Standard-Absicherungs-Algorithmus definiert, der alle Methoden enthält, die als Basis für eine gute Qualitätsleistung in jedem AMPS integriert sein müssen. Weiterhin wird ein Erweiterter-Absicherungs-Algorithmus vorgestellt, der die bedarfs- und risikogerechte Erweiterung des Standards ermöglicht. Ein hierfür entwickeltes Computerprogramm erleichtert die Analyse der Fehlermöglichkeiten und die Zuordnung der Methoden der Fehlererkennung zu den finalen Fehlern.

Der Beitrag der Absicherungs-Algorithmen zur Steigerung der Verfügbarkeit von AMPS besteht in der zeitlichen Verkürzung und der Reduktion der Häufigkeit manueller Überwachungsmaßnahmen. Voraussetzung hierfür ist die Fehlersicherheit von AMPS, die durch den gezielten Einsatz der Methoden der Fehlererkennung erreicht wird. Fehlersicherheit beschreibt die Fähigkeit eines AMPS, Fehler sofort nach ihrem Auftreten oder in einem kurzen zeitlichen Abstand danach selbstständig zu erkennen. Der damit erzielte Verfügbarkeitsgewinn liegt bei den untersuchten Komponenten (Längenmesssystem, Pressen und Schrauber) zwischen drei und acht Prozent. Der Verfügbarkeitsverlust durch das Ausfallverhalten zusätzlicher Bauelemente bei Anwendung von Redundanzkonzepten ist dagegen vernachlässigbar klein.

Die theoretischen Erkenntnisse werden im siebten Kapitel am Beispiel eines AMPS für Nockenwellenverstellsysteme praktisch erprobt. Es zeigt sich, dass der

Aufwand bei der Analyse der Fehlermöglichkeiten in einem AMPS durch den Einsatz des Computerprogramms deutlich reduziert werden kann. Die kritischen finalen Fehler können schnell identifiziert und geeignete Abstellmaßnahmen in Form von zusätzlichen Methoden der Fehlererkennung definiert werden. Ergebnisse sind ein beschleunigter Entwicklungsprozess für AMPS sowie eine deutliche Verbesserung der Verfügbarkeit im späteren Betrieb. Im Beispiel konnte die Verfügbarkeit bei gleichzeitig sehr guter Qualitätsleistung um etwa sieben Prozent verbessert werden.

Als weiterführende Arbeit zu diesem Thema könnte das Ergebnisprotokoll der Systemfähigkeit in elektronischer Form im Betriebsdaten-Erfassungs-System (BDE) eines AMPS abgebildet werden. Hierzu ist zwar zusätzlicher Differenzierungsaufwand hinsichtlich der maschinen- und nicht maschinenbedingten Ausfallursachen nötig, jedoch würde die Vergleichbarkeit von AMPS deutlich an Qualität gewinnen. Durch die vorgestellten automatischen Methoden der Fehlererkennung kann zusätzlich der Aufwand für die Störungsdiagnose reduziert und die darauf aufbauende Fernwartung von AMPS verbessert werden.

9. Literaturverzeichnis

[Andreasen 1985]

Andreasen, Mogens Myrup: *Montagegerechtes Konstruieren*. Berlin, Heidelberg, New York, Tokyo: Springer-Verlag, 1985.

[auto 2004]

auto motor sport: *Heft 4*. Stuttgart: Vereinigte Motor-Verlage GmbH & Co. KG, April 2004.

[auto 2005]

auto motor sport: *Heft 1*. Stuttgart: Vereinigte Motor-Verlage GmbH & Co. KG, Januar 2005.

[Berndt 1968]

Berndt, G.; Hultzsch, E; Weinhold, H.: Funktionstoleranz und Meßunsicherheit; *Wissenschaftliche Zeitschrift der TU Dresden 17*. Dresden: 1968 H.2.

[Bertsche 99]

Bertsche, B. und Lechner, G.: Zuverlässigkeit im Maschinenbau, Ermittlung von Bauteil- und System-Zuverlässigkeiten. 2. Auflage. Berlin: Springer-Verlag, 1999

[Bertsche 04]

Bertsche, Bernd & Lechner, Gisbert: Zuverlässigkeit im Fahrzeug- und Maschinenbau. 3. Auflage, Berlin, Heidelberg, New York: Springer 2004

[Bihler ohne Jahr]

Bihler: Otto Bihler Maschinenfabrik GmbH & Co. KG, *Flexibles Montage-System*. Informationsschrift Halblech: ohne Datum und Verlag.

[Birolini 2004]

Birolini, Alessandro: *Reliability Engineering*. Berlin: Springer Verlag 2004.

[Bosch 1992]

Bosch, K.: *Statistik-Taschenbuch*. München: Oldenbourg Verlag, 1992.

[Bogner 2004]

Bogner, Sebastian: Optimierung und Erprobung eines Verfahrens zur Ermittlung des Fehlerpotenzials automatisierter Montage- und Prüfsysteme. *Praxisbericht über das Praktikum im Bereich Qualitätssicherung Entwicklung Maschinensysteme der INA-Schaeffler KG*. Herzogenaurach: 2004.

[DGQ 1992]

Deutsche Gesellschaft für Qualität e.V. (DGQ): Bearbeiter Franzkowski, Rainer, Block Q2, *Auswertungsverfahren*. Lehrgang der Deutschen Gesellschaft für Qualität e.V., 2. Ausgabe 1992.

[DGQ 1994]

Deutsche Gesellschaft für Qualität e.V. (DGQ): Zuverlässigkeitsprüfung: Lehrgangsunterlagen Block QII. 2. Ausgabe, 1994

[DGQ 1997]

Deutsche Gesellschaft für Qualität e.V.: Block QM, *Statistische Methoden zur Entscheidungsfindung*, Lehrgang der Deutschen Gesellschaft für Qualität e.V. (DGQ), 2. Ausgabe 1997.

[Dietrich 1998]

Dietrich, E; Schulze, A.: *Richtlinien zur Beurteilung von Meßsystemen und Prozessen, Abnahme von Fertigungseinrichtungen.* München: Carl Hanser Verlag, 1998.

[Dietrich 1998a]

Dietrich, E; Schulze, A: *Statistische Verfahren zur Qualifikation von Meßmitteln, Maschinen und Prozessen.* 3. Auflage, München: Carl Hanser Verlag, 1998.

[Dietrich 2003]

Dietrich, E; Schulze, A: *Statistische Verfahren zur Maschinen- und Prozessqualifikation.* 4. Auflage, München: Carl Hanser Verlag, 2003.

[Dietrich 2003a]

Dietrich, E; Schulze, A.: *Eignungsnachweis von Prüfprozessen Prüfmittelfähigkeit und Messunsicherheit im aktuellen Normenumfeld.* München: Carl Hanser Verlag, 2003.

[Ding 2005]

Ding, Eve; Massel, Thomas: New Concept for Redundant Monitoring of Lateral Accelerometers. *In: ATZ worldwide 4/2005 Volume 107.* München: Carl Hanser Verlag, 2005.

[Dornig 2005]

Dornig, Sirko: *Auswirkung von Absicherungsmaßnahmen zur Qualitätssteigerung auf die Verfügbarkeit von automatisierten Montage- und Prüfsystemen.* Diplomarbeit TU Ilmenau, INA-Schaeffler KG. Herzogenaurach: 2005.

[Ernst & Young 2004]

Ernst & Young AG: Mittelstandsbarometer 2004. www.ey.com/Global/content.nsf/Germany/Presse, zuletzt besucht am 04.04.2005.

[Frenco 2002]

Franco GmbH: *Die Annahme oder Zurückweisung von verzahnten Lehren und Meistern bezüglich Maß- und Formtoleranzen, Dokument OFD 10 vom 07.08.2002.* Altdorf: Eigenverlag Firma Frenco, 2002.

[Führer 1998]

Führer, A.; Heidemann, K.; Nerreter, W.: *Grundgebiete der Elektrotechnik Band 2. Zeitabhängige Vorgänge.* 6. Auflage, München: Carl Hanser Verlag, 1998.

[Gebauer 1992]

Gebauer, Klaus Peter: *Fehlerfrüherkennung an CNC Maschinen.* Dissertation, TU Darmstadt, 1992.

[Hansen 2001]

Hansen, Robert C.: *Overall equipment effectiveness: a powerful production/maintenance tool for increased profits.* 1. ed. New York, NY: Industrial Press, 2001.

[Hattangadi 2005]

Hattangadi, A. A.: *Plant and machinery failure prevention.* New York, NY: McGraw-Hill Professional, 2005.

[Heise 2002]

Heise Wolfgang: *Praxisbuch Zuverlässigkeit und Wartungsfreundlichkeit.* München: Carl Hanser Verlag, 2002

[Herwieg 99]

Herwieg, Friedag R.; Schmidt W.: Balanced Scorecard – Mehr als ein Kennzahlensystem. Freiburg: Haufe-Verlag, 1999

[Herz 2004]

Herz, Alexander: *Analyse der Einflussgrößen und der Komponenten der Messunsicherheit in der automatisierten Fertigungsmesstechnik und Entwicklung eines Verfahrens zu deren Abschätzung.* Diplomarbeit TU Ilmenau und INA-Schaeffler KG: 2004.

[Hofmann 1986]

Hofmann, Dietrich: *Handbuch Meßtechnik und Qualitätssicherung.* Berlin: VEB Verlag Technik, 1986.

[Hofmann 1988]

Hofmann, Dietrich: *Rechnergestützte Qualitätssicherung.* Berlin: VEB Verlag Technik, 1988.

[Hofmann 1990]

Hofmann, Peter: *Fehlerbehandlung in flexiblen Fertigungssystemen : eine Einführung für Hersteller und Anwender.* München, Wien: Oldenbourg Verlag, 1990.

[INA 2004]

INA-Schaeffler KG: *Gruppenprozedur 173753, Technische Liefervorschrift zur Fehlerabsicherung an Montage- und Prüfautomaten.* Herzogenaurach: 2004.

[Joa 2004]

Joa, Eric: *Untersuchungen zu Verteilungen und Merkmalen in Fertigungs- und Montageprozessen.* Projektarbeit TU Ilmenau: 2004.

[Jürgensmeyer 1937]

Jürgensmeyer, Wilhelm: *Die Wälzlager.* Berlin: Springer Verlag, 1937.

[Kaiser 1999]

Kaiser, Birgit; Nowack, H.M.W.: Nur scheinbar stabil. *In: QZ – Qualität und Zuverlässigkeit, Nr. 6, S. 761-765,* München: Carl Hanser Verlag, 1999.

[Kettl 07]

Kettl, Michael: Determinanten der technischen Zuverlässigkeit und technischen Verfügbarkeit in der automatisierten Montage- und Prüftechnik. Diplomarbeit FH Nürnberg und Schaeffler KG: 2007

[Klages 1994]

Klages, U.: *Struktur und Zuverlässigkeit verketteter Fertigungsanlagen.* Dissertation, Universität Braunschweig, 1994.

[Köhrmann 2000]

Köhrmann, C.: *Struktur und Zuverlässigkeit verketteter Fertigungsanlagen.* Fortschrittsbericht VDI Reihe 1 Nr. 538, Düsseldorf: VDI Verlag, 2000.

[Langmann 2003]

Langmann, Reinhard: *Taschenbuch der Automatisierung.* Leipzig: Fachbuchverlag Leipzig, 2003.

[Leinweber 1954]

Leinweber, P.; Berndt, G.; Kienzle, O.: *Taschenbuch der Längenmeßtechnik.* Berlin: Springer Verlag, 1954

[Lindermaier 1998]

Lindermaier, Robert: *Qualitätsorientierte Entwicklung von Montagesystemen.* Dissertation TU München: Springer Verlag, 1998.

[Linß 2002]

Linß, Gerhard: *Qualitätsmanagement für Ingenieure.* München: Carl Hanser Verlag, 2002.

[Linß 2003]

Linß, Gerhard: *Training Qualitätsmanagement.* München: Carl Hanser Verlag, 2003.

[Linß 2005]

Linß, Gerhard: *Qualitätsmanagement für Ingenieure.* 2. Auflage, München: Carl Hanser Verlag, 2005.

[Linß 2005a]

Linß, Gerhard: *Statistiktraining im Qualitätsmanagement.* München: Carl Hanser Verlag, 2005.

[Linß 2005b]

Linß, G.; Zinner, C.; Dornig, S; Sommer, S.: Prüfprozesse überprüfen, *QZ Zeitschrift für Qualität und Zuverlässigkeit.* München: Carl Hanser Verlag, Heft 4/2005, S. 43-47.

[Lotter 1995]

Lotter, B.: Unternehmerische Innovation, eine Alternative zur Verlagerung der Montage in Niedriglohnländer. In: *12. Deutscher Montagekongreß.* München, Landsberg: mi-Verlag 1995, ohne Seitenabgabe.

[Lotter 1996]

Lotter, B.: Automatische Montage – eine Alternative zum Niedriglohnland. In: Wiendahl, H.-P. (Hrsg.): *Dezentrale Produktionsstrukturen.* IFA- Kolloquium, Hannover: 1996.

[McKinsey 2005]

McKinsey&Company: *McKinsey sieht Perspektiven für den Standort Deutschland.* Pressemitteilung vom 16. Februar 2005, in: www.mckinsey.de/presse, zuletzt besucht am 04.04.2005.

[Mahmoud 2000]

Mahmoud, Rachad: *Sicherheits- und Verfügbarkeitsanalyse komplexer Kfz-Systeme.* Dissertation, UNI-Gesamthochschule Siegen: 2000.

[Mahmoud 2003]

Mahmoud, Mufeed M.: *Active fault tolerant control systems: stochastic analysis and synthesis.* Berlin: Springer Verlag, 2003.

[Milberg 1994]

Milberg, Joachim: Unsere Stärken stärken – Der Weg zu Wettbewerbsfähigkeit und Standortsicherung. In: Reinhardt, G.; Milberg, J. (Hrsg.): *Unsere Stärken stärken.* München, Landsberg: mi-Verlag, 1994, S. 13-31.

[Nakajima 1988]

Nakajima, Seiichi: *Introduction to TPM: total productive maintenance.* Cambridge, Mass.: Productivity Press 1988.

[Nakajima 1995]

Nakajima, Seiichi: *Management der Produktionseinrichtungen.* Frankfurt a. M., New York: Campus Verlag, 1995.

[Palmer 2003]

Palmer, Tony: *Efficient redundancy design practices.* Alexandria, Va.: Water Environment Research Foundation, 2003.

[Pauli 2002]

Pauli, Bernhard, Meyna, Arno: Taschenbuch der Zuverlässigkeits- und Sicherheitstechnik. Quantiative Bewertungsverfahren. München: Hanser 2002

[Pfeifer 1998]

Pfeifer, T.: *Fertigungsmesstechnik.* München: Oldenbourg Verlag, 1998.

[Ploetz 2004]

Ploetz, Nico: *Beschreibung und Entwicklung von Verfahren und Methoden zur Absicherung von automatisierten Montage- und Prüfprozessen.* Diplomarbeit TU Ilmenau und INA-Schaeffler KG: 2004.

[Prock 1989]

Prock, J.: *Ein allgemeines Konzept zur online-Meßfehlererkennung in dynamischen Systemen mittels analytischer Redundanz.* Zeitschriftenaufsatz: Automatisierungstechnik Band 37 Heft 8, 1989.

[Quintec 2004]

Quintec: *Poka Yoke Methode – Seminar für Lieferanten.* Schulungsunterlagen Poka Yoke Training: Robert Bosch GmbH, 2004.

[Reich 2004]

Reich, Frank; Starke, Lothar: Qual04 – *Methoden und Techniken der Qualitätssicherung 1.* Schulungsunterlagen: Studiengemeinschaft Darmstadt GmbH, 2004.

[Reinhard 1997]

Reinhard, Gunther: Effiziente Produktentwicklung, *in: VDI-Z 139 Nr. 4.* Düsseldorf: Springer-VDI-Verlag, April 1997.

[Reiter 1998]

Reiter, Robert: *Integrierte Gestaltung automatisierter Prüfmittel für die flexible Montage.* Fortschrittsbericht VDI Reihe 8 Nr. 720, Düsseldorf: VDI Verlag 1998.

[Sandau 1998]

Sandau, Michael; Wisweh, Lutz: Viele Weg, ein Ziel; Teil 1, *QZ Zeitschrift für Qualität und Zuverlässigkeit.* München: Carl Hanser Verlag, Heft 10/1998, S. 1246-1249.

[Sandau 1998a]

Sandau, Michael; Wisweh, Lutz: Viele Weg, ein Ziel; Teil 2. *QZ Zeitschrift für Qualität und Zuverlässigkeit.* München: Carl Hanser Verlag, Heft 11/1998, S. 1376-1380.

[Sandau 1999]

Sandau, Michael: *Sicherheit der Bestimmung von Meßergebnissen in der Fertigungsmeßtechnik – ein Beitrag zur präventiven Fehlervermeidung in der Produktionstechnik.* Dissertation, Universität Magdeburg: Fakultät für Maschinenbau, 1998.

[Scharf 1994]

Scharf, Peter: *Die automatisierte Montage mit Schrauben: Anforderungen, alternative Fügeverfahren, Wirtschaftlichkeit.* Renningen-Malms-heim: Expert-Verlag, 1994.

[Sig 03]

Uhrig, Björn, Wend, Frank: Felddatenauswertung versus Zuverlässigkeitsprognose nach Military Handbook 217F. Magazin Signal + Draht. Ausgabe Nr. 95, 4/2003. Hamburg: Tetzlaff Verlag

[Schmidt 1995]

Schmidt, Stefan: in: Nakajima, Seichi: *Management der Produktionseinrichtung.* Frankfurt a. M., New York: Campus Verlag, 1995.

[SKF 1989]

SKF GmbH: *Wälzlagerkatalog.* 1989.

[Spur 1986]

Spur, G.; Stöferle, T.: *Handbuch der Fertigungstechnik Bd. 5. Fügen, Handhaben und Montieren.* München, Wien: Carl Hanser Verlag, 1986.

[Staiger 2003]

Dr. Staiger, Mohilo & Co GmbH: *Bedienungsanleitung für Reaktionsmomentaufnehmer,* Bedienungsanleitung Nr. 1239, Reaktionsmomentaufnehmer 0150 / 0154, Stand 08.09.2003.

[Strauch 2005]

Strauch, Robert: Maßnahmen zur Fehlerabsicherung an automatisierten Montage- und Prüfsystemen. *Praxisbericht über das Praktikum im Bereich Qualitätssicherung Entwicklung Maschinensysteme der INA-Schaeffler KG.* Herzogenaurach: 2005.

[VDI 2005]

Verband Deutscher Ingenieure: *VDI Nachrichten Nr. 9.* Mittelstand greift nach Robotik. Düsseldorf: VDI-Verlag, 2005.

[VDI-Z 2004]

Verband Deutscher Ingenieure: *VDI-Z Integrierte Produktion Nr. 4 146. Jahrgang.* Düsseldorf: Springer-VDI-Verlag, 2004.

[VDMA 1996]

VDMA: Verband deutscher Maschinen- und Anlagenbauer: *Montage—Systemfähigkeit.* Forschungsheft Nr. 3, AiF-Vorhaben Nr. 9176. Frankfurt am Main: Maschinenbau Verlag, 1996.

[VIM 1994]

Internationales Wörterbuch der Metrologie (VIM): 2. Auflage, Berlin: Beuth Verlag, 1994.

[Weckenmann 1999]

Weckenmann, A.; Gawande B.: *Koordinatenmesstechnik.* München, Wien: Carl Hanser Verlag, 1999.

[Wendt 1992]

Wendt, Andreas: *Qualitätssicherung in flexibel automatisierten Montagesystemen.* Berlin, Heidelberg, New York: Springer Verlag, 1992.

[Wernz 1992]

Wernz, Andreas: *Erkennung und Diagnose von Sensorfehlern an einem Dampferzeuger.* Düsseldorf: VDI Verlag, 1992.

[Wireman 2004]

Wireman, Terry: *Total productive maintenance.* 2. ed New York, NY: Industrial Press, 2004.

[Wisweh 1987]

Wisweh, Lutz: *Rechnerunterstützte technologische Prüfvorbereitung bei der Geometrieprüfung in der Teilefertigung.* Dissertation B, TU Magdeburg: 1987.

[Wünsche 1993]

Wünsche, Th.; Heinzl, J.: *Rückwirkungen bei Aktoren sensorisch nutzen.* F & M 101 (1993) 5, München: Carl Hanser Verlag, 1993.

[Zinner 2005]

Zinner, Carsten: *Untersuchung zu Verteilungsmodellen und deren Einfluss auf die kostenoptimale Auswahl von Prüfmitteln zur Qualitätssicherung.* Dissertation TU Ilmenau: Fakultät für Maschinenbau, 2005.

Patentschriften

[DD 276 409 A3]

DD 276 409 A3 – *Schaltungsanordnung zur dynamischen Eigenüberwachung von Flammenwächtern.*

[DE 101 15 267 A1]

DE 101 15 267 A1 – *Verfahren zur Überwachung einer Windenergieanlage.*

[DE 198 35 039 C2]

DE 198 35 039 C2 – *Elektrisch betriebenes Warngerät für zu geschlossen zu haltende Türen.*

[DE 692 11 782 T2]

DE 692 11 782 T2 – *Beschleunigungssensor mit Selbst-Test und dazu gehörige Schaltung.*

Normen und Richtlinien

[DIN 81]

DIN 25424-1 1981: Fehlerbaumanalyse. Methode und Bildzeichen. Berlin: Beuth Verlag, 1981

[DIN 85]

DIN 25419 1985: Ereignisablaufanalyse. Verfahren, graphische Symbole und Auswertung. Berlin: Beuth Verlag, 1985

[DIN 90]

DIN 40041 1990: Zuverlässigkeit – Begriffe. Berlin: Beuth Verlag, 1990

[DIN 8402 1995]

DIN EN ISO 8402: *Qualitätsmanagement Begriffe.* Berlin: Beuth Verlag, 1995.

[DIN 8593 2003]

DIN 8593 Teil 0 bis 8: *Fertigungsverfahren Fügen* Berlin: Beuth-Verlag, 2003.

[DIN 40041, 1990]

DIN 40041: *Zuverlässigkeit – Begriffe*: Berlin: Beuth-Verlag, 1990.

[DIN Taschenbuch 303]

DIN Taschenbuch 303: Längenprüftechnik 1, Grundnormen. Berlin: Beuth Verlag 2000.

[DIN Taschenbuch 197]

DIN Taschenbuch 197: *Längenprüftechnik 2, Lehren.* Berlin: Beuth Verlag 2001.

[DIN 1319-1 bis -4]

DIN 1319 Teil 1 bis 4: *Grundlagen der Messtechnik.* Deutsches Institut für Normung e.V., Berlin: Beuth Verlag, 1995.

[DIN V ENV 13005 1999]

DIN V ENV 13005: *Leitfaden zur Angabe der Unsicherheit beim Messen (GUM).* Europäisches Komitee für Normung, Berlin: Beuth Verlag, Mai 1999.

[DIN EN 13306]

DIN EN 13306: *Begriffe der Instandhaltung.* Deutsches Institut für Normung e.V., Berlin: Beuth Verlag, September 2001.

[DIN EN ISO 14253-1 1999]

DIN EN ISO 14253-1: *Geometrische Produktspezifikation (GPS). Prüfung von Werkstücken und Meßgeräten durch messen. Teil 1: Entscheidungsregeln für die Feststellung von Übereinstimmung oder Nichtübereinstimmung mit Spezifikationen.* Berlin: Beuth Verlag, 1999.

[DIN 55319 2000]

DIN 55319: *Qualitätsfähigkeitskenngrößen.* Berlin: Beuth Verlag, 2000.

[MSA 2002]

A.I.A.G – Chrysler Corp., Ford Motor Co., General Motors Corp.: *Measurement Systems Analysis (MSA).* Michigan, USA: A.I.A.G. Verlag, 2002.

[VDA 4 2003]

VDA 4 2003: Sicherung der Qualität während der Produktrealisierung - Methoden und Verfahren. 4. Auflage. Frankfurt am Main: Druckerei Heinrich, 2003

[VDA 5 2003]

VDA 5: *Prüfprozesseignung, Verwendbarkeit von Prüfmitteln, Eignung von Prüfprozessen, Berücksichtigung von Messunsicherheiten.* Frankfurt am Main: Verband der Automobilindustrie e.V., 1. Auflage 2003.

[VDI 2860 1990]

VDI 2860: *Montage- und Handhabungstechnik, Handhabungsfunktionen, Handhabungseinrichtungen; Begriffe, Definitionen, Symbole.* Verein Deutscher Ingenieure, Berlin: Beuth Verlag, 1990.

[VDI 3423 2002]

VDI 3423: *Verfügbarkeit von Maschinen und Anlagen.* Düsseldorf: VDI Verlag, 2002.

[VDI 4004-2 1986]

VDI 4004 Blatt 2: *Zuverlässigkeitskenngrößen - Überlebenskenngrößen.* Düsseldorf: VDI Verlag, 1986.

[VDI 4004-3 1986]

VDI 4004 Blatt 3: *Kenngrößen der Instandhaltbarkeit.* Düsseldorf: VDI Verlag, 1986.

[VDI 4004-4 1986]

VDI 4004 Blatt 4: *Zuverlässigkeitskenngrößen - Verfügbarkeitskenngrößen.* Düsseldorf: VDI Verlag, 1986.

[SN 04]

Siemens-Norm 29500 2004: Ausfallraten Bauelemente. München und Erlangen: CT SR Corporate Standardization & Regulation, Siemens AG, 2004

10 Abbildungs-, Tabellen- und Abkürzungsverzeichnis

Abbildungsverzeichnis

Kapitel 1		Seite
1-1	Umsatzentwicklung in der deutschen Automatisierungsbranche	2
1-2	Automatisiertes Montage- und Prüfsystem (AMPS) für Nockenwellenversteller	3
1-3	Einflussgrößen auf das Messergebnis in der Labormesstechnik [Weckenmann 1999] und automatisierten Fertigungsmesstechnik [Herz 2004]	5
Kapitel 2		
2-1	Qualitätsmerkmale des Betriebsverhaltens von AMPS	8
2-2	Kenngrößen der Prüfprozesseignung [MSA 2002; DIN 1319-1 bis 4 1995; Dietrich 1998a; Linß 2005]	11
2-3	Ablauf der statistischen Prozessanalyse [Sandau 1999]	16
2-4	Fähigkeitskennwerte [Dietrich 1998a, S. 14]	17
2-5	Verteilungsfunktionen für nicht normalverteilte Merkmale [Dietrich 2003, S. 129]	19
2-6	Lineare Berücksichtigung der Messunsicherheit an den Toleranzgrenzen [DIN EN ISO 14253-1]	21
2-7	Quadratische Berücksichtigung der Messunsicherheit [Berndt 1968]	22
2-8	Einfluss der Messunsicherheit auf Fehlentscheidungen an den Toleranzgrenzen [Hofmann 1988]	22
2-9	Zweidimensionale Wahrscheinlichkeitsdichtefunktion von Prozess- und Messabweichung [Linß 2005]	23
2-10	Unsicherheitsbereich verursacht durch die Messunsicherheit und Prozessverteilung	26
2-11	Wahrscheinlichkeit für eine Fehlentscheidung in Abhängigkeit von Messunsicherheit und Prozessfähigkeit	26
2-12	Berücksichtigung der Messunsicherheit [VDA 5 2003, S. 44]	27
2-13	Zu erwartender Fehler in Abhängigkeit des gewählten Fertigungsprozesses	28
2-14	Funktions- und Fertigungstoleranz in Zusammenhang mit Driftausfall in der Produktions [Hofmann, 1986, S. 222]	29
2-15	Verfügbarkeitsarten im Überblick	34
2-16	Einteilung der zeitlichen Defekte und ihre Absicherungsstufen [Geb 92]	36
2-17	Beispiele für Zuverlässigkeitsschaltbilder - Reihenschaltung	38
2-18	Gesamtzuverlässigkeit von Reihenschaltungen [DGQ 94]	38

2-19	Beispiele für Zuverlässigkeitsschaltbilder - Parallelschaltung	39
2-20	Redundanz	40
2-21	Zuverlässigkeitsschaltbild Parallelsystem	41
2-22	Gesamtzuverlässigkeit von Reihen und Parallelschaltung [DGQ 94]	41
2-23	Zuverlässigkeitsschaltbild mit Reihen und Parallelanordnung	42
2-24	Zusammenhang zwischen Ausfallrate und Lebensdauer [VDI 4004-2 1986, S. 5]	45
2-25	Übersicht Zuverlässigkeitsanalysen [VDA 03]	47
2-26	FMEA-Varianten [Ber 99]	48
2-27	Literatur für Bauteilbelastungs- und Zuverlässigkeitsprognosen [Ket 07]	55
2-28	Zustandsgraf [Ber 99]	64
2-29	Zusammensetzung erfasster Zeiten für ein AMPS [Beispiel nach Ket 07]	70
Kapitel 3		
3-1	Funktionen der Montage [DIN 8593 2003, VDI 2860 1990]	80
3-2	Komponenten von AMPS [Bihler ohne Jahr]	81
3-3	Strukturierung von AMPS in Funktionsbereiche	82
3-4	Allgemeine Darstellung der Komponenten der Messebene (Messkette)	83
3-5	Messebene (Messkette) am Beispiel „Stift einpressen“ [Ploetz 2004]	83
3-6	Regelkreis der Steuerung auf Stationsebene [Ploetz 2004]	84
3-7	Beispiel für die Stationsebene [Ploetz 2004]	84
3-8	Prozessebene [Ploetz 2004]	85
3-9	Beispiel für die Prozessebene	86
3-10	Einflussgrößen auf das Betriebsverhalten von AMPS [Köhrmann 2000]	88
3-11	A-posteriori Verteilung des Montage- und Prüfprozesses über die Zeit	89
Kapitel 4		
4-1	Komponenten der Qualitätsleistung	92
4-2	Gliederung der Methoden zur Fehlererkennung	93
4-3	Gliederung der Redundanzkonzepte	94
4-4	Darstellung der Differenz der Messstationen	99
4-5	Einflüsse auf die Differenz der beiden Messungen	99
4-6	Ablauf der Differenzbewertung	100
4-7	Beispiel für den Verlauf der Differenz bei homogener Hardwareredundanz	101
4-8	Gliederung der analytischen Redundanz	102
4-9	Montagestation und parallele baugleiche Messstationen	105
4-10	Vorlauf mit Messabweichung ab Urwert 51	106

4-11	t-Test mit n=6	107
4-12	Glättung der Prüfgröße $t_{prüf}$ durch größeres n (hier n=20)	107
4-13	Mittlere Warngrenzen anhand des stabilen Vorlaufs sowie Verletzung der unteren Eingriffsgrenze	108
4-14	Stromaufnahme eines Servomotors (oben) und Momentmessung mit einem Drehmomentaufnehmer (unten) über die Zeit	109
4-15	Proportionalitätsbeziehung zwischen Stormaufnahme und Drehmoment	110
4-16	Sensormoment (oben), Motormoment (Mitte) und Differenzbildung zur Fehlererkennung (unten)	111
4-17	Gliederung der Fehlererkennung durch Selbsttests	112
4-18	Wheatstone-Brückenschaltung mit Messkanalverstimmung	113
4-19	Nullpunkttest (links) und Kalibrierwerttest (rechts)	115
4-20	Leerlauf am Beispiel Drehbewegung	117
4-21	Funktionsprinzip der Kalibrierwertregelkarte	118
4-22	Gliederung der Normale	119
4-23	Anwendung der Referenzteile	119
4-24	Beispiel für die Verbausicherung eines Kalibriernormals	120
4-25	Setzkasten zur Vollzähligkeitskontrolle von Gebrauchsnormalen	121
4-26	Automatischer Umlauf von Gebrauchsnormalen	121
4-27	Leertakten nach manuellem Eingriff	122
4-28	Schlechtteil Quittierung, Sortierweichen Bruchkontrolle sowie Umsetzen des Prinzips „Verbot mit Erlaubnisvorbehalt“	123
4-29	Nicht manipulierbare Schlechtteilbehälter und Transportbänder	124
4-30	Variabler Schlechtteil-Speicherplatz	124
4-31	Integrierte Ausschuss- und Nacharbeitszelle	125
4-32	Schwellgrenzen	126
4-33	Möglichkeiten der Teilekennzeichnung	127
4-34	Gliederung der Teilerückverfolgbarkeit	128
4-35	Zwischenkastenprinzip	129
4-36	Kombinierte Bewegungs- und Zeitüberwachung [Ploetz 2004]	130
4-37	Messbereichsüberwachung beim Kalibrieren	130
4-38	Bewegungsüberwachung in der Messkette	131
4-39	Mehrmalige Schlechtbewertung in Folge [Ploetz 2004]	131
4-40	Werkzeugidentifikationssystem	132
4-41	Automatische Programmumstellung bei Typenwechsel	132

Kapitel 5		
5-1	Planungswerkzeug zur bedarfsgerechten Planung des E-Ab-Al	140
Kapitel 6		
6-1	Idealisierter Verfügbarkeitsgewinn durch ein fehlersicheres System (unten) im Vergleich zu einem konventionellen System (oben)	141
6-2	Methoden zur Realisierung von Fehlersicherheit	142
Kapitel 7		
7-1	PKW-Motor mit je einem Nockenwellenversteller für die Ein- und Auslassseite [auto 2005, S. 28]	147
7-2	Geplantes AMPS für Nockenwellenversteller	148
7-3	Kombinierte Prüfstation für Durchmesser und Ölbohrungen	151
7-4	Messprinzip der Spaltmaßprüfung	152
7-5	Zylinderstift einpressen mit Referenzmesssystem	152
7-6	Schraubspindel mit redundantem Messaufnehmer	153
7-7	Doppelte parallele Messstationen zur Funktionsprüfung	154
7-8	Integrierte Ausschuss- und Nacharbeitszelle zur reversiblen Schlechtteilkennzeichnung mit Etikett	154

Tabellenverzeichnis

Kapitel 1		Seite
1-1	Grad der Automatisierung [Spur 1986, S. 594f]	3
1-2	Komponenten von AMPS	7
Kapitel 2		
2-1	Neue Berechnung der Qualitätsleistung (QL) und Mengengerüst	10
2-2	Stand der Technik bei der Prüfprozesseignung [Linß 2005b]	12
2-3	Berechnung für normalverteilte Merkmalswerte [Linß 2002]	18
2-4	Berechnung für nicht normalverteilte Merkmalswerte nach der Prozentanteilmethode [Dietrich 1998a; Linß 2002]	20
2-5	Mindestanforderungen für die Bewertung [Linß 2002, S. 348f]	21
2-6	Verfügbarkeit in Normen und Richtlinien	32
2-7	Zeiterfassung nach [VDI 3423 2002]	32
2-8	Ausfallzeiten, Ausfallursachen, Abhängigkeiten und Verantwortung	33
2-9	Verfügbarkeitsberechnung	34
2-10	Strukturen von Blockdiagrammen und Zuverlässigkeitsfunktionen	43
2-11	Bildzeichen Auszug aus [DIN 25424-1 1981]	49

2-12	Bildzeichen Auszug aus [DIN 25419 1985]	52
2-13	Beispiel für die Angabe der Ausfallrate in Abhängigkeit von Umwelteinflüssen	53
2-14	Übersicht über Quellen zur Bauteilbelastungsanalyse (letzter Besuch der Webseiten: 02.11.2007)	55
2-15	Umgebungsbedingungen und zugehörige π_E-Faktoren [Bir 04]	60
2-16	Systematik nach [Ket 07]	68
2-17	Systematik nach [Ket 07]	69
2-18	Begriffe, Tätigkeiten und Kenngrößen der Instandhaltbarkeit	71
2-19	Berechnung der Kenngrößen der Instandhaltbarkeit	71
2-20	Berechnung der organisatorischen Ausfallzeiten	72
2-21	Berechnung des Leistungsgrades	73
2-22	Mindestanforderungen an die Gesamtanlageneffektivität	75
2-23	Mindestanforderungen an die maschinenbedingte Gesamtanlageneffektivität	75
2-24	Maschinenbedingte Gesamtanlageneffektivität	76
2-25	Gesamtanlageneffektivität	76
2-26	Ablauf der Ermittlung der Systemfähigkeit	77
2-27	Übersicht Systemfähigkeit	78
Kapitel 3		
3-1	Übersicht der Funktionsbereiche und Schnittstellendefinition	87
3-2	Strukturmatrix	87
3-3	Finale Fehler im Funktionsbereich Messebene (Messkette)	90
3-4	Finale Fehler im Funktionsbereich Stationseben	90
3-5	Finale Fehler im Funktionsbereich Prozessebene	91
3-6	Finale Fehler im Funktionsbereich Manuelle Eingriffs-Ebene	91
Kapitel 4		
4-1	Homogenen Hardwareredundanz in einer Montagestation	96
4-2	Diversitäre Hardwareredundanz in einer Montagestation (hier Spindelpresse)	97
4-3	Homogene Hardwareredundanz in einer Längenmessstation	98
4-4	Zusammenfassung der Vor- und Nachteile der Hardwareredundanz	101
4-5	Wiederholmessung in einer Messstation	103
4-6	Vergleich der beiden Vorgehensweisen	104
4-7	Mathematische Grundlagen des t-Tests	106
Kapitel 5		
5-1	Standard-Absicherungs-Algorithmus für alle AMPS	134
5-2	Bewertungsmaßstab	136

5-3	Funktionsbereich „Messkette“	136
5-4	Funktionsbereich „Station“	137
5-5	Funktionsbereich „Prozess“	137
5-6	Funktionsbereich „Manueller Eingriff“	138
Kapitel 6		
6-1	Verfügbarkeitsgewinn durch Fehlersicherheit an Beispielen	141
6-2	Ausfallraten für Komponenten von AMPS ermittelt aus Angaben für bauähnliche Systeme [Mahmoud 2000]	144
6-3	Berechnung der zusätzlichen mittleren Reparaturzeit (MTTR) aufgrund der eingesetzten Hardwareredundanz im Vollbetriebsjahr (7200h)	145
6-4	Zusätzlicher Aufwand für Hardwareredundanz	145
Kapitel 7		
7-1	Montage- und Prüfvorgänge im AMPS für Nockenwellenversteller	148
7-2	Anwendung des S-Ab-Al als Checkliste	149
7-3	E-Ab-Al für die „Durchmesserprüfung durch Messung am Einzelteil Rotor“ mit einem pneumatischen Düsenmessdorn	150
7-4	E-Ab-Al für die „Attributive Prüfung von fünf Ölbohrungen“ mit einem Lehrdorn	151
7-5	E-Ab-Al für die „Spaltmaßprüfung durch Messung zwischen Rotor und Stator“ mit induktiven Messtastern	151
7-6	E-Ab-Al für den Montagevorgang „Zylinderstift einpressen“ mit einer elektromechanischen Presse mit integrierter Überwachung der Kraft mit einem Dehnungsmessstreifen (DMS) Kraftaufnehmer und inkrementalen Wegmesssystem	152
7-7	E-Ab-Al für den Montagevorgang „Fünf Verschraubungen“ mit fünf elektromechanischen Schraubern mit integrierter Überwachung des Momentes und des Drehwinkels	153
7-8	E-Ab-Al für „Funktionsprüfung Verriegelungsspiel“ mit zwei parallelen Messstationen und inkrementalen Drehwinkelmesssystem	153
7-9	Ermittlung der vorläufigen Systemfähigkeit	155
7-10	Durchschnittlicher und reduzierter Aufwand für präventive Instandhaltungsmaßnahmen	156
7-11	Ausbringungsmenge des Probelaufs	157
7-12	Ausfallanalyse während des Probelaufs	158
7-13	Analyse der Schlechtteilmenge	158
7-14	Ausfallzeiten während des Probelaufs	159
7-15	Berechnung des Leistungsgrades	161
7-16	Berechnung der maschinenbedingten Gesamtanlageneffektivität	162
7-17	Gesamtanlageneffektivität	162
7-18	Zusammenfassung zur Systemfähigkeit	164

Abkürzungsverzeichnis

A	Auftretenswahrscheinlichkeit (eines Fehlers)
a	Jahr
AA	Arbeitsausschuss
AL	Ausgangslage (einer Bewegung)
AMPS	Automatisierte Montage- und Prüfsysteme
AT	Antrieb
BW	Bewegung
Cg	Potenzial Messmittelfähigkeit
Cgk	Fähigkeitsindex Messmittelfähigkeit
Cm	Maschinenpotenzial
Cmk	Kritische Maschinenfähigkeit
Cp	Langzeit-Prozesspotenzial
Cpk	Langzeit-Prozessfähigkeit
DIN	Deutsche Industrienorm
DMS	Dehnungsmessstreifen
d_n	Tabellenwert für die Ermittlung eines Schätzwertes für die Standardabweichung
E	Entdeckungswahrscheinlichkeit (eines Fehlers)
E-Ab-Al	Erweiterter-Absicherungs-Algorithmus
EL	Endlage (einer Bewegung)
EN	Europanorm
F(t)	Lebensdauerfunktion/Ausfallfunktion
FMT	Fertigungsmesstechnik
f(t)	Dichtefunktion der Ausfalldauer- bzw. Lebensdauerfunktion
G	Gewicht (eines Fehlers)
G.A.E	Gesamtanlageneffektivität
$G.A.E_{mb}$	Maschinenbedingte Gesamtanlageneffektivität
g_{pp}	Eignungskennwert Prüfprozess nach [VDA 5 2003]
G_{pp}	Empfohlener Grenzwert je nach Toleranzklasse [VDA 5 2003]
GRR	Eignungskennwert Prüfprozess nach [MSA 2002]
GUM	Guide to the expression of uncertainty in measurement
h	Stunde
KRK	Kalibrierwertregelkarte

k	Erweiterungsfaktor
k. A.	keine Angaben
i. O.	in Ordnung
ISO	International Organization for Standardization
L	Mittlere Lebensdauer
LG	Leistungsgrad
LMT	Labormesstechnik
LSL	Lower specification limit (untere Spezifikationsgrenze)
M	Tatsächliche Mengenleistung
MA	Messaufnehmer
ML	Montagelinie
MM	Merkmal
M_{plan}	Geplante Mengenleistung
mb	maschinenbedingt
MDT	**M**ean **D**own **T**ime
MRDA	**M**ean **R**elated **A**dministrated **D**owntime
MRDL	**M**ean **R**elated **L**ogistic **D**owntime
MRDP	**M**ean **R**elated **D**owntime for **P**reventive Maintenance–
MTBF	**M**ean **T**ime **B**etween **F**ailure
MTTR	**M**ean **T**ime **T**o **R**epair
M_{real}	Reale Mengenleistung
M_{theo}	Theoretische Mengenleistung
m	Gefertigte Anzahl Teile (gut und schlecht)
m_a	Anzahl Schlechtteile
m_{amb}	Anzahl Schlechtteile maschinenbedingt
m_{anmb}	Anzahl Schlechtteile nicht maschinenbedingt
m_{gut}	Anzahl Gutteile
max	Maximum
min	Minuten
NA	Nacharbeit
NA_{mb}	Nacharbeit maschinenbedingt
NA_{nmb}	Nacharbeit nicht maschinenbedingt
n	Anzahl Messungen
n^*	Anzahl Messungen zur Ermittlung eines Messwertes im Fertigungsprozess

$N.i.O.$	Nicht in Ordnung
$N.i.O._G$	Anzahl der Schlechtteile in der Menge der Gutteile
$N.i.O._{Gmb}$	Anzahl der Schlechtteile in der Menge der Gutteile maschinenbedingt
$N.i.O._{Gnmb}$	Anzahl der Schlechtteile in der Menge der Gutteile nicht maschinenbedingt
NG	Nutzungsgrad
nmb	nicht maschinenbedingt
$O.E.E.$	Overall Equipment Effectiveness
OEG	Obere Eingriffgrenze
OGW	Oberer Grenzwert
OPT	Obere Produktionstoleranz
OT	Obere Toleranz
OWG	Obere Warngrenze
o_p	Oberer Prozentpunkt
ppm	Parts per million
P_{an}	Anteil richtig angenommener Gutteile
$P_{an;j}$	Anteil fälschlich angenommener Schlechtteile
P_{ab}	Anteil richtig zurückgewiesener Schlechtteile
$P_{ab;j}$	Anteil fälschlich abgelehnter Gutteile
Pp	Vorläufiges Prozesspotenzial
Ppk	Kritische vorläufige Prozessfähigkeit
PT	Plausibilitätsteil
QL	Qualitätsleistung / Qualitätsgrad
QL_{mb}	Maschinenbedingte Qualitätsleistung
QRK	Qualitätsregelkarte
r	Korrelationskoeffizient
R_1 - R_4	Widerstände (hier in Form von Dehnungsmessstreifen)
R_5	Kalibrierwiderstand
$\bar{\bar{R}}_i$	Mittelwert der Spannweite zwischen Bedienern
$R\&R$	Wiederholbarkeit und Nachvollziehbarkeit
RPZ	Risikoprioritätszahl
$R(t)$	Zuverlässigkeitsfunktion
RT	Referenzteil
SA	Scheinausschuss
SA_{mb}	Scheinausschuss maschinenbedingt

SA_{nmb}	Scheinausschuss nicht maschinenbedingt
S-Ab-Al	Standard-Absicherungs-Algorithmus
s_g	Standardabweichung einer Messreihe von Wiederholmessungen
S_{ges}	Gesamtstandardabweichung
s	Standardabweichung der Stichprobe
$\hat{s}_i$	Schätzwert für die Standardabweichung
S_1	Schalter für Kalibriersignal
SPS	Speicherprogrammierbare Steuerung
ST	Station
T	Toleranz oder auch Spezifikationsbereich
$T`$	Übereinstimmungsbereich (um die Messunsicherheit reduzierte Toleranz)
T_B	Belegungszeit
T_{Bereit}	Bereitschaftszeit
$T_{Bereit\ theo}$	Theoretische Bereitschaftszeit
T_{Lauf}	Laufzeit
T_O	Organisatorische Ausfallzeit (z.B. administrative und logistische Gründe)
$T_{O\ ad}$	Administrativer Anteil der organisatorischen Ausfallzeit
$T_{O\ log}$	Logistischer Anteil der organisatorischen Ausfallzeit
T_T	Reparaturzeit (Technische Ausfallzeit)
T_W	Inspektions- und Wartungszeit
t_{krit}	Kritische t-verteilte Größe (Verwendung beim t-Test)
t_{plan}	geplante Taktzeit
$t_{prüf}$	Prüfgröße des t-Tests
t_{real}	realisierte Taktzeit
TPM	Total Productive Maintenance
U	Erweiterte Messunsicherheit
u	Standard Messunsicherheit
U_A	Ausgangsspannung (Ausgang des Verstärkers)
UEG	Untere Eingriffgrenze
UGW	Unterer Grenzwert
UT	Untere Toleranz
U_m	Messsignal (Ausgang der Brücke)
u_p	Unterer Prozentpunkt
USL	Upper specification limit (obere Spezifikationsgrenze)

U_S	Brückenspeisespannung
U_V	Versorgungsspannung
UWL	Untere Warngrenze
u_{Zuf}	Zufälliger Anteil der Messunsicherheit
V	Verfügbarkeit
V_p	Praktische Verfügbarkeit
V_O	Operationelle Verfügbarkeit
V_t	Technische Verfügbarkeit
V_{theo}	Theoretische Verfügbarkeit
WT	Werkstückträger
WZ	Werkzeug
$\bar{x}$	Mittelwert der Stichprobe
$\bar{\bar{x}}$	Mittelwert der Stichprobenmittelwerte
x_{wahr}	Wahrer Wert einer Messgröße
Y	Messergebnis
Z_{krit}	Kritische Fähigkeit
Zk	Zwischenkasten
$z_{\alpha/2}$	Quantil der Normalverteilung
$\lambda(t)$	Ausfallrate
$\mu(t)$	Reparaturrate
$\hat{\mu}$	Schätzwert für den Prozessmittelwert
μ_1	Mittelwert der Prozessabweichung
μ_2	Mittelwert der Messabweichung
$\hat{\sigma}$	Schätzwert für die Prozess-Standardabweichung
φ_1	Prozessabweichungen
φ_2	Messabweichungen
Δ_{Max}	Maximal zulässige Differenz zwischen den Messergebnissen redundanter Messsysteme
Δ_{Sys}	Systematischer Anteil der Messunsicherheit

11 Anhang

Anhang A: Tabellen zur Fehleranalyse [Ploetz 2004]

A.1 Messkette

	Fehlerursache	Fehler	Fehlerfolgen	Maßnahmen zur Fehlererkennung/ Vermeidung
Messkette	Kabelbruch, Beschädigung durch mechanische oder elektrische Überlastung	Messwertaufnehmer fällt aus	Bauteile werden unvermessen zur nächsten Bearbeitungsstufe transportiert oder als N.i.O. eingestuft	Selbsttest, redundante Messwertaufnehmer, Signalzeitüberwachung[1], Ruhelagenüberwachung
	Taster oder Teil falsch verspannt/fixiert, in falscher Lage/Position, Teil wird weiter bewegt, obwohl Taster noch auf Teil, Materialermüdung	Tasterbruch	Alles N.i.O. und Erhöhung des internen Ausschusses oder alles i.O. und N.i.O.-Teile werden als i.O. bewertet	Bewertungskriterien für Regelkarten, bei elektrisch leitendem Materialien: wenn Taster antastet, wird Prüfstrom durch Taster und Bauteil geschickt, Ruhelagenüberwachung, Messbereichsüberwachung beim Nullen
	Mechanische Einwirkung, Materialermüdung	Kabelbruch Messsystem	Kein Messsignal	Signalzeitüberwachung
	Taster legt sich zu langsam an / ist schwergängig	Messstart erfolgt vor Anlegen des Tasters	Fehlmessung	Kalibrierregelkarte, Plausibilitätskontrolle im Automatikbetrieb, Bewertungskriterien für Regelkarten
	Taster fest, defekt	Gleichbleibendes Messsignal	Bewertung von AA/NA als i.O.	Signalzeitüberwachung, Ruhelagenüberwachung

[1] Signalzeitüberwachung: Wird ein Vorgang gestartet, in dem eine bestimmte Folge von Signalen zu erwarten ist, kann der nächste Schritt der Abfolge erst erfolgen, wenn das Signal registriert wurde. Wird das Signal innerhalb einer definierten Zeit nicht aufgenommen, bricht die Anlage den Vorgang ab und es wird eine Fehlermeldung ausgegeben.

	Fehlerursache	Fehler	Fehlerfolgen	Maßnahmen zur Fehlererkennung/ Vermeidung
Messkette	Test auf Messmittelfähigkeit nicht durchgeführt (z.B. Versäumnisse bei der Abnahme)	Messmittelfähigkeit nicht gegeben	Fehlmessungen, Auslieferung von AA/NA Baugruppen	Plausibilitätskontrolle
	Menschliches Versagen, ungenügende Arbeitsanweisungen	Tasterpolarität vertauscht	Fehlmessungen, Erhöhung des internen Ausschusses, Auslieferung von AA/NA Baugruppen	Plausibilitätskontrolle, Kalibrierregelkarte, Bewertungskriterien für Regelkarten
	Menschliches Versagen, keine Justierhilfe vorhanden, ungenügende Arbeitsanweisungen	Messsystem nicht korrekt justiert	Messsystem außerhalb des linearen Bereichs, Messbereich nicht über gesamten Toleranzbereich	Selbsttest nach Instandhaltung / während der Produktion, ob benötigter Messbereich zur Verfügung steht, Messbereichsüberwachung beim Nullen
	Kabelbruch wird bei zwei redundant sich gegenseitig überwachenden Kraftsensoren nicht erkannt	Es wird nur Differenz zwischen beiden Kraftsensoren überwacht, messen beide das Gleiche, ist Differenz null, bei Kabelbruch jedoch auch	Erhöhung des internen Ausschuss	Einen Kraftsensor mit Offset kalibrieren und i.O. Messung für Differenz entsprechend Offset verändern, Ruhelagenüberwachung
	Messbereich reicht nicht über Toleranzgrenzen hinaus	N.i.O.-Teile als i.O. gemessen	Mögliche AA Teile werden verkauft	Selbsttest nach Instandhaltung / während der Produktion, ob benötigter Messbereich zur Verfügung steht, Plausibilitätskontrolle
	Messsystem beschädigt, Werkzeugbruch	Anzugsmoment/ Anzugswinkel von Schraubenverbindung N.i.O.	Schraubenverbindung N.i.O.	Redundante Schraubstationen, Moment- oder Wegaufnehmer, Selbsttest

	Fehlerursache	Fehler	Fehlerfolgen	Maßnahmen zur Fehlererkennung/ Vermeidung
Messkette	Verschmutzung, verschlechterte Bauteilqualität, , Messobjekt nicht von Umwelt befreit	Messsystem verschleißt / ist beschädigt	Erhöhung der Streuung Erhöhung des internen Ausschusses,	Redundante Messsysteme, Selbsttest, Plausibilitätstest
	Verschmutzung, neue Charge, mechanische Einwirkung auf Messsystem, Warmlaufverhalten	Verschleiß	Verschiebung des Mittelwertes → Drift, Erhöhung des internen Ausschusses, Messung AA/NA als i.O.-Teil	Redundante Messsysteme, Selbsttest, Plausibilitätstest
	Direkte Sonneneinstrahlung, Wechsel Tag/Nacht, Sommer/Winter	Messfehler durch Erwärmung	Messung AA/NA als i.O.-Teil oder Erhöhung des Scheinausschusses	Produktionsbereich klimatisieren, Fenster abschirmen (keine direkte Sonneneinstrahlung zulassen)
	Menschliches Versagen, ungenügende Arbeitsanweisungen	Eingabe falscher Nullungswerte	Messung AA/NA als i.O.-Teil oder Erhöhung des Scheinausschusses	Plausibilitätskontrolle durch vermessenes unabhängiges Bauteil
	Temperaturschwankungen, Sauberkeit, Feuchtigkeit, Schwingungen, Messkraft zu groß/klein, Messobjekt nicht von Umwelt befreit, siehe Fischgrätendiagramm	Messfehler	Auslieferung von AA Teilen, Erhöhung des internen Ausschusses	Redundante Messsysteme, Selbsttest, Plausibilitätstest, Nullung,
	Unachtsamkeit des Bedieners, fehlende Arbeitsanweisungen	Toleranzgrenzen falsch eingegeben	Falsche Zuordnung der Teile	Plausibilitätskontrolle durch Plausibilitätsteile im WT-Umlauf
	Kabelbruch, gelöste Verbindung	Kein Messsignal	Produktion läuft weiter ohne Messung des Teils	Signalzeitüberwachung
	Verschmutzung, Verschleiß Nullungsteile, falsches Nullungsteil, falsche Kalibrierwerte eingetragen, Taster misst auf anderer Messebene als 3D	Fehler beim Kalibrieren/ Nullen	Messungen fehlerhaft, Auslieferung von AA Teilen, Erhöhung des internen Ausschusses	Kalibrierregelkarte + Plausibilitätskontrolle mit unabhängigem vermessenen Bauteil

	Fehlerursache	Fehler	Fehlerfolgen	Maßnahmen zur Fehlererkennung/ Vermeidung
Messkette	Falsche theoretische Grundlagen, viele Merkmale miteinander verrechnet	Fehler behaftete Auswertung durch Messrechner	n.i.O Teile werden ausgeliefert, Erhöhung des internen Ausschusses	Plausibilitätskontrolle
	Starke elektromagnetische Felder, keine Abschirmung der elektronischen Geräte	Elektromagnetische Störungen, Messrechner erhält fehlerhaftes Signal	Messrechner bewertet Werkstück nach falschem Signal	Plausibilitätskontrolle, Abschirmung der Kabel, Lichtleiterkabel verwenden, getrennte Spannungsversorgung
	Menschliches Versagen, ungenügende Arbeitsanweisungen, überraschende Inkompatibilität	Falscher Taster eingebaut	Fehlmessungen, Auslieferung von AA/NA Baugruppen	Plausibilitätstest, Referenzteile
	Angrenzende Bearbeitungsmaschinen	Fehler durch Schwingungsverhalten	Erhöhte Streuung, erhöhter interner Ausschuss	Stationen auf Feder - Dämpfer - Systemen lagern
	Ungenaues Messsystem, Beschädigung des Messaufnehmers	Linearitätsfehler	Fehler behaftete Messungen	Plausibilitätskontrolle mit zwei vermessenen Bauteilen an oberer und unterer Toleranzgrenze
	Falsche Feder verwendet, Druck von Pneumatik / Hydraulik zu groß	Antastkraft zu hoch	Verdrücken des Bauteils, Eindruck in Material → Fehlmessung	Plausibilitätskontrolle
	Taster während Betrieb oder durch Rüsten / Instandhalten anders justiert	Messung auf falscher Messebene	Fehlmessungen	Plausibilitätskontrolle, Kalibrierregelkarte
	Gemeinsame Stromversorgung von mehreren Peripheriekomponenten verursacht Stromschwankungen	Schwankungen im Signal von Messwertaufnehmer	Zufällige Messfehler	Signal von Messwertaufnehmer in Ruhestellung überprüfen
	Verschmutzte zugeführte Werkstücke, geringer Wartungszyklus, unmotivierte Mitarbeiter	Verschmutzung der Messtechnik	Kalibrierfehler, Messfehler, Auslieferung schlechter Endprodukte, erhöhter Scheinausschuss	Kalibrierregelkarte, redundante Messtechnik, analytische Redundanz, Schwellwerte, ...

A.2 Stationsebene

	Fehlerursache	Fehler	Fehlerfolgen	Maßnahmen zur Fehlererkennung / Vermeidung
Stationsebene	Teil fällt während Montage aus Montagevorrichtung, Fehler bei Instandhaltungsmaßnahmen, unvollständiger Bewegungsablauf	Montage unvollständig / nicht bis zum Ende ausgeführt	Nächster Montageschritt kann nicht / nur fehlerhaft ausgeführt werden, Auslieferung fehlerhafter Baugruppen, Beschädigung der Produktionsanlage	Bewegungsüberwachung, post Prozess Prüfzelle, Überwachung der Geometrie des von der Montage veränderten Bereichs
	Falsche (ähnliche) Teile eingelegt	Falsche (ähnliche) Teile montiert	Erhöhung des internen Ausschusses, nachfolgende Stationen können beschädigt werden, eventuell Auslieferung von AA Teilen	Charakteristische Merkmale der Zuführteile zu 100% prüfen
	Lieferantenproblem, ungeprüfte Teile verbaut, Chargenwechsel	Teile ungenügender Qualität montiert	Funktionsstörung/ -ausfall der Baugruppe	Zuführteile zu 100% prüfen
	Verrutschen während des Transports → keine Transportsicherung	Teile in falscher Lage montiert	Nächster Montageschritt kann nicht / nur fehlerhaft ausgeführt werden, Auslieferung fehlerhafter Baugruppen, Beschädigung der Produktionsanlage	Lage- und Positionsüberwachung
	Periode zum Auswechseln des Werkzeuges zu lang	Werkzeugverschleiß	Produktion von N.i.O.-Teilen	Werkzeugüberwachung mit Lichtschranke oder Kamera, akustische Überwachung
	Periode zum Auswechseln des Werkzeuges zu lang	Werkzeugbruch	Produktion von N.i.O.-Teilen	Werkzeugüberwachung mit Lichtschranke oder Kamera, akustische Überwachung

	Fehlerursache	Fehler	Fehlerfolgen	Maßnahmen zur Fehlererkennung / Vermeidung
Stationsebene	Kontakt zwischen Initiator und Bauteil, menschliches Versagen	Initiator wird verstellt, bleibt aber funktionstüchtig	Keine Erkennung von Bauteilen mehr möglich, falsche Erkennung von Zuständen	Signalzeitüberwachung
	Kontakt zwischen Initiator und Bauteil, menschliches Versagen	Initiator fällt aus	Keine Erkennung von Zuständen mehr möglich, Anlage bildet Zustände im internen Modell falsch ab	Selbsttest des Initiators
	Verschmutzung, unebene Auflageflächen, Fixierungsproblem durch Werkstück	Fehlerhafte Fixierung der Werkstücke	Fehlmessungen, Beschädigung Produktionsanlage	Positions- und Lageüberwachung
	Verschmutzung, Werkzeugbruch, beschädigtes Positioniersystem	Fehlerhafte Positionierung der Werkstücke	Beschädigung der Produktionsanlage, keine oder fehlerhafte Montage/Messung	Positions- und Lageüberwachung
	Beschädigter Antrieb, schwergängige Lager, Stromversorgung Antrieb unterbrochen (Kabelbruch, Wackelkontakt)	Endlagen von Bewegungen nicht erreicht	Folgende Aktion wird ausgeführt, obwohl Endlage nicht erreicht, Beschädigung der Produktionsanlage / des Werkstücks	Bewegungsüberwachung
	Falsche Einspannung der Bauteile, unvollständige Montage, Rüstvorgänge, Instandhaltungsmaßnahmen → menschliches Versagen	Initiator wird beschädigt	Initiator fällt aus	Selbsttest des Initiators
	Kabelbruch / Wackelkontakt der Stromversorgung, Druckluftabfall, beschädigter Antrieb	Antriebseinheit bewegt sich nicht Antriebseinheit beschädigt	Endlagen nicht erreicht	Bewegungsüberwachung, Leistungsaufnahme Antrieb abfragen

	Fehlerursache	Fehler	Fehlerfolgen	Maßnahmen zur Fehlererkennung / Vermeidung
Stationsebene	Antrieb wir nicht abgeschaltet	Einheit fährt über Endlage hinaus	Beschädigung der Montageanlage, des Werkstücks	Endlagenschalter, Not Stopp Schalter, mechanische Beschädigungssicherung (Sollbruchstelle)
	Kabelbruch, Wackelkontakt, mechanische Einwirkung	Endlagenschalter defekt	Antrieb wird nicht abgeschaltet	Selbsttest, Modul zur eigenständigen Überwachung von Tastern oder Initiatoren
	Mechanische Einwirkung, kein Druckaufbau durch Kompressor, Ventil beschädigt, Verbindung locker, Druckluftschwankungen	Hydraulik / Pneumatik beschädigt	Bewegungen werden nicht ausgeführt	Bewegungsüberwachung, Signalzeitüberwachung
	Antrieb beschädigt	Vorgang nicht ausgeführt	Unvollständige Montage	Bewegungsüberwachung
	Menschliches Versagen, Materialermüdung, Konstruktionsfehler,	Montagesystem nicht korrekt justiert	Beschädigung des Werkstücks, Werkzeugs, unvollständige Montage,	Rüst- und Instandhaltungsprozeduren
	Menschliches Versagen	Nullungsteil wird verbaut	Funktionsstörung des Endprodukts	Verbausicherung
	Werkzeugbruch	Einpressung trotzt Weg-Überwachung nicht tief genug	Einzupressendes Teil nicht tief genug eingepresst	Werkzeugbruchüberwachung, Überwachung Einpresstiefe ex post
	Keine Abfrage, ob vorher notwendige Bewegungen schon ausgeführt wurden	Bewegung aus beliebiger Lage in Ausgangslage führt zu Crash	Beschädigung der Montageanlage	Bewegungsüberwachung und Sperrung von Bewegungen

	Fehlerursache	Fehler	Fehlerfolgen	Maßnahmen zur Fehlererkennung / Vermeidung
Stationsebene	Beschädigte Fixierung, Vibrationen durch angrenzende Anlagen / durch Produktionsanlage, Konstruktionsfehler, Fehler in Werkstückgeometrie	Teil löst sich bei Montagevorgang aus Fixierung und fällt herunter	Teil befindet sich ohne Zuordnung in Station, Teil wird i.O.-Teilen zugeordnet	Existenzüberwachung, ist Teil bei nächster Station nicht mehr vorhanden Stopp und Fehlermeldung, Arbeitsanweisung, dass alle Teile ohne Zuordnung aus Station unverzüglich entfernt werden müssen
	Menschliches Versagen, Materialermüdung, Vibrationen von angrenzenden Anlagen, Vibrationen durch Produktionsanlage	Gelockerte Befestigungen des Montagesystems	Position von Montage-, Mess-, Fixierungs- oder Positionierungseinrichtungen nicht mehr i.O.	Positions- und Lageüberwachung, In Prozess Überwachung von Montagevorgängen
	Fehlerhafte Positionierung	Beschädigung der Fixierungsvorrichtung	Beschädigung der Produktionsanlage, keine oder fehlerhafte Montage/Messung	Positions- und Lageüberwachung, In Prozess Überwachung von Montagevorgängen
	Menschliches Versagen	Fremdkörper (Schutzbrillen, Handschuhe, Schraubenschlüssel, ...) verbleiben nach Rüsten/ Instandhalten in Station	Beschädigung der Produktionsanlage, der Werkstücke	Mit Prozeduren und Checklisten absichern, dass alles, was in der Anlage benutzt wurde, auch wieder herausgenommen wird (wie bei der Operation im Krankenhaus)
	Fremdkörper im Prozess	Beschädigte Weichen	Werkstück wird falsch einsortiert und eventuell AA als i.O. verkauft	Überwachen, ob Weichen tatsächlich geschaltet haben
	Verschmutzte zugeführte Werkstücke, geringer Wartungszyklus, unmotivierte Mitarbeiter	Verschmutzung der Montagetechnik	Fehlerhaft montierte Baugruppen, erhöhter Ausschuss	Duckluftdüse, Staubsauger, Bürsten

A.3 Prozessebene

	Fehlerursache	Fehler	Fehlerfolgen	Maßnahmen zur Fehlererkennung / Vermeidung
Prozessebene	Teil fällt herunter und wird einfach wieder dem Prozess zugeführt	Bauteile zweimal bearbeitet	Funktionsstörung der Baugruppe	Teile-Zuordnung gewährleisten
	Schieberegister wird verschoben, Teil wird unbefugt aus Prozess entnommen, im Prozess vertauscht, fällt herunter	Teilezuordnung geht verloren, Synchronisation Material zu Datenfluss gestört	Kennzeichnungsfehler, Montage falscher Paarungen	Sensor auf WT anbringen, der erkennt, ob Teil vorhanden oder nicht
	Elektrische, magnetische Felder	Datenfluss gestört	Werkstücken werden falsche/ unvollständige Daten zugeordnet, ja/nein Abfragen (z.B. Initiator) geben nur noch ja oder nein aus	Plausibilitätstest, Paritätsbits,
	Weiche defekt, falsche Klasseneinteilung	Teilesortierung (i.O., Schlecht NA, AA, Setup, Warmlauf, Nullungsteile) fehlerhaft	Erhöhung des internen Ausschusses, Auslieferung von AA-, Setup-, Nullungsteilen, ... an Kunden	Ausschussgegenkontrolle (Überwachung, ob AA wirklich den Ausschussbereich erreicht hat)
	Bei manueller Entnahme: Fehler in Personalplanung, Bediener nicht am Platz; bei automatischer Entnahme: Defekt von Entnahmevorrichtung	Entnahme erfolgt nicht	Stau an Entnahmeband, Behinderung der Produktion, Bauteile werden auf Entnahmeband platziert, obwohl dieses schon voll ist	Auslastung der Entnahmestation überwachen

	Fehlerursache	Fehler	Fehlerfolgen	Maßnahmen zur Fehlererkennung / Vermeidung
Prozessebene	Antrieb Transporteinheit beschädigt, Bediener nicht am Platz	Teile werden nicht abtransportiert	Stau auf/vor Transportband, Stop der Linie durch Rückstau	Werkstücküberwachung auf Transporteinrichtung
	Geöffnete Abdeckung der Transportvorrichtung, menschliches Versagen	Teile werden aus dem Prozess unbefugt entnommen	Teilezuordnung geht verloren	Bänder abdecken, Ausschussgegenkontrolle, sicherer Ausschusskasten
	Zuordnung Daten zu Teil geht verloren	Schieberegister fehlerhaft	N.i.O. wird i.O. bewertet	Maschinenabnahme
	Beschriftungsanlage defekt	Prüfzeichen an Bauteil fehlt; allg. Vorgang nicht ausgeführt	Teilezuordnung nach Entnahme aus Prozess nicht mehr möglich	Bilderkennung, die Vorhandensein der Beschriftung überprüft
	Menschliches Versagen	Keine Beschriftung der Ausschussbänder	AA wird NA, keine Nacharbeit, da jetzt AA	Maschinenabnahme
	Speicherfehler, unbefugter Zugriff	Daten gelöscht	Rückverfolgbarkeit nicht mehr gegeben, keine Zuordnung zu i.O oder N.i.O.	redundante Datenspeicherung, Passwortabfrage gegen unbefugten Zugriff
	Teilezuordnung nicht gewährleistet	Kennzeichnungsfehler	Keine Rückverfolgbarkeit möglich, Verkauf von AA als i.O.	Überwachung, ob Kennzeichnung ausgeführt wurde, automatisches Einlesen der Kennzeichnung und Abgleich mit Sollkennzeichnung

A.4 Rüstebene

	Fehlerursache	Fehler	Fehlerfolgen	Maßnahmen zur Fehlererkennung / Vermeidung
Rüstebene	Unachtsamkeit Bediener, komplexer Rüstvorgang, ungenügende Arbeitsanweisungen, menschliches Versagen	Falsches Handlingsystem gerüstet	Bauteile fallen herunter, Zuordnung geht verloren	Identifikationssystem für Rüstvorgang installieren
	Mensch ist in Prozess eingebunden	Unachtsamkeit, fehlende Motivation / Qualifikation des Bedieners, menschliches Versagen	Jeder denkbare und undenkbare Fehler	Rüstvorgang so aufbauen, dass nur eine einzige Abfolge, sowie Art und Weise des Rüsten möglich ist, Identifikationssystem für Rüstvorgang installieren
	Menschliches Versagen	Auf falsche Type gerüstet	Beschädigung der Anlage, Auslieferung fehlerhafter Teile, Erhöhung des internen Ausschusses	Teile von Type 1 dürfen nicht in Vorrichtungen von Type 2 einlegbar sein → Poka Yoke Lösung
	Unachtsamkeit Bediener, komplexer Rüstvorgang, ungenügende Arbeitsanweisungen	Falsches Montagewerkzeug wird gerüstet	Produktion von Ausschuss, Beschädigung der Produktionseinheit, Stillstand der Produktionseinheit	Arbeitsanweisungen, Rüsthilfen, der Mensch sollte beim Rüsten nur noch Handlingaufgaben übernehmen
	Menschliches Versagen	Falsches Messsystem / Messaufnehmer wird gerüstet	Fehlmessungen	Identifikationssystem für Rüstvorgang installieren
	Unachtsamkeit Bediener, komplexer Rüstvorgang, ungenügende Arbeitsanweisungen	Falsches Programm wird in Messrechner geladen	Produktion von Ausschuss, Beschädigung der Produktionseinheit, Stillstand der Produktionseinheit	Checklisten

A.5 Ebenenübergreifende Fehler

	Fehlerursache	Fehler	Fehlerfolgen	Maßnahmen zur Fehlererkennung / Vermeidung
Ebenen übergreifende Fehler	Menschliches Versagen	Menschliches Versagen	Beschädigung der Anlage, Verkauf von NA, AA, ...	Prozeduren, Arbeitsanweisung, Checklisten
	Menschliches Versagen Menschliches Versagen	Einrichtteile, Nullungsteile, AA, NA verkauft, obwohl die Zuordnung korrekt war	Kundenreklamationen	Einrichtteile vor Einrichten deutlich kennzeichnen, Verbausicherung Nullungsteile, AA-Teile kennzeichnen / zerstören, NA in integriertem Sperrlager neu Prozess zuführen
	Menschliches Versagen Menschliches Versagen	Fehlende Prozeduren / Arbeitsanweisungen	Erhöhtes Fehlerpotential	Abnahmechecklisten
		Instandhaltung findet nicht statt	Verschleiß, Verschmutzung	Prozeduren und Arbeitsanweisungen
	Ungenaue Positionierung, Fixierung, ungenaues Greifen	Bauteil wird bei Montage zerstört und In - Prozess - Überwachung merkt dies nicht	Funktionsstörung /-Ausfall Baugruppe	Ex post Kontrolle
	Stillstand der Montagelinie	Lagerung in Puffer lässt Teile „schlecht“ werden (z.B. Rost)	Erhöhung des internen Ausschusses, Kundenreklamation	System zur Erkennung von Rost, ...
	Menschliches Versagen	Verpackungsfehler	Beschädigung während des Transports	Wiegen der einzelnen Verpackungsschritte
	Nullungsteile nicht eindeutig als solche gekennzeichnet	Nullungsteile bearbeitet	Beschädigung an der Montage- und Prüfanlage, Beschädigung der Nullungsteile	Bearbeitungssicherung
		Konstruktionsfehler		Soll nicht Gegenstand der Arbeit sein

Anhang B:

Befragungsergebnisse in Produktionswerken

Anwendung	Kalibrierzyklus	Kalibrierzeit	Kalibrierintervall (Zyklen)	Nächste Wartung
Induktive Taster	42,8% 1x pro Schicht 38% mehrmals pro Schicht 14,2% 1x pro Tag	50% bis 5 min 35,8 % 5-10 min 7,1 % 10-20 min 7,1% k. A.	50% 5000-10000 35,8% 1000-5000 7,1% alle 500 7,1 % mehr als 10000	35,7% 0,5-1 Jahr 21,4% keine Angabe 21,4% bis 3 Monate 7,2% wenn defekt 7,2% unterschiedlich 7,2% bis 2 Jahre
Inkrementelle Taster	35,7% 1x pro Schicht 28,5% mehrmals pro Schicht 28,5% k. A. 7,14% 1x pro Woche	50% bis 5 min 28,5% k. A. 14,2% 5-10 min	33,3% bis 1000 33,3% 5000-10000 33,3% k. A.	42,8% k. A. 28,5% 2 Jahre 14,28% 0,5-1 Jahr 7,1% 5-10 Jahre 7,1% wenn defekt
Pneumatische Taster	44,4% 1x Schicht 27,7% mehrmals pro Schicht 27,7% k. A.	40% 10 min 33,3% k .A. 20% 5 min 6,6% 10-20 min	40% 5-10 min 31,25% k. A 18,75% 5 min 6,2% 10-10 min	50% k. A. 21,4% 0,5-1Jahr 21,4% 3 Monate 7,1% wenn defekt 7,1% 2 Jahre
Pressen	31,25% 1x Schicht 18,75% 1x Woche 18,75% mehrmals pro Schicht 12,5% Wz.-Wechsel 12,5% k. A. 6,25% 1x Tag	64,28% 5-10 min 21,4% bis 5 min 7,1% 10-20 7,1% k. A.	53,3% bis 10000 20% 10000-100000 13,3% k. A. 6,6% bis 1 Million. 6,6% Wz.-Wechsel	53,8% bis 1 Jahr 38,46% k. A. 15,38% k. A. 7,6% bis 3 Monate
Schraubsysteme	50% k. A. 28,5% 1 x Jahr 7,1% 1x Woche 7,1% 1x Schicht	61,5% k. A. 23% 10-20 min 7,6% demontiert 7,6% 5-10 min	50% k. A. 28,5% 10000-100000 14,2% bis 10000 7,1% 1 Million.	64,28 k. A. 28,5% bis 1Jahr 7,1% 2-3 Jahre

Legende: Wz...Werkzeug, k. A....keine Angaben

Anhang C:

Ermittlung des zufälligen Anteils der maximal zulässigen Differenz zwischen den Messergebnissen redundanter Messstationen:

<table>
<tr><th>Bestehende Verfahren z.B. MSA 2002</th><th>VDA Band 5</th><th>GUM</th></tr>
<tr><td>Für Messsystem 1:
s_{g1} und $\overline{\overline{R}}_1$
$s_{ges1} = \sqrt{s_{g1}^2 + \hat{s}_1^2}$
Für Messsystem 2:
s_{g2} und $\overline{\overline{R}}_2$
$s_{ges2} = \sqrt{s_{g2}^2 + \hat{s}_2^2}$
$mit \quad \hat{s}_i = \frac{\overline{\overline{R}}_i}{d_n}$
z.B.: d_n = 3,08 für n = 10
d_n = 3,93 für n = 25
d_n = 4,50 für n = 50</td><td>Für Messsystem 1:
$u_1 = \sqrt{u_{A/B1}^2 + u_{Aufl\,1}^2 + u_{temp1}^2 + u_{Bed\,1}^2 + u_{Obj\,1}^2 + u_{Kali\,1}^2}$
Für Messsystem 2:
$u_2 = \sqrt{u_{A/B\,2}^2 + u_{Aufl2}^2 + u_{temp2}^2 + u_{Bed\,2}^2 + u_{Obj\,2}^2 + u_{Kali\,2}^2}$</td><td>wie
VDA Band 5</td></tr>
<tr><td colspan="3">Die Differenz der Messergebnisse $(Y_1\text{-}Y_2)$ ist normalverteilt mit der Varianz:
$Var(Y_1 - Y_2) = Var(Y_1) + Var(Y_2) - 2 \cdot Cov(Y_1, Y_2)$</td></tr>
<tr><td colspan="3">Für die Unabhängigkeit der Messergebnisse (d. h. Korrelationskoeffizient r = 0) wird die Kovarianz Null. Hieraus ergibt sich:</td></tr>
<tr><td colspan="2">Bei MSA und VDA 5 ist immer r = 0</td><td>für r ≠ 0</td></tr>
<tr><td>$u_{Zuf} = \sqrt{s_{ges\,1}^2 + s_{ges\,2}^2}$</td><td>$u_{Zuf} = \sqrt{u_1^2 + u_2^2}$</td><td>$u_{Zuf} = \sqrt{u_1^2 + u_2^2 - 2 \cdot r \cdot u_1 \cdot u_2}$</td></tr>
<tr><td colspan="3">Folgende Null- bzw. Alternativhypothese wird betrachtet: H_0: $Y_1 = Y_2$ H_1: $Y_1 \neq Y_2$</td></tr>
<tr><td colspan="2">Unter H_0 hat $Y_1\text{-}Y_2$ den Erwartungswert Null:</td><td>$Y_1\text{-}Y_2 \sim N\,(0,\, u_{Zuf})$</td></tr>
<tr><td colspan="2">Durch Normierung auf die Standardnormalverteilung ergibt sich:</td><td>$\frac{Y_1 - Y_2}{u_{Zuf}} \sim N(0,1)$</td></tr>
<tr><td colspan="2">H_0 ist mit einer Irrtumswahrscheinlichkeit α abzulehnen, wenn:</td><td>$\frac{Y_1 - Y_2}{u_{Zuf}} > z_{\alpha/2}$</td></tr>
<tr><td colspan="3">Die Messungen unterscheiden sich hinsichtlich ihres zufälligen Anteils signifikant, wenn: $|Y_1 - Y_2| > z_{\alpha/2} \cdot u_{Zuf}$</td></tr>
</table>

Herleitung des Wurzel n*-Gesetzes:

Die Messunsicherheit der zwei Messstationen $(u_1; u_1)$ wird wie folgt dargestellt:

$$u_1 = \sqrt{Var(x_{St,1})} \text{ und } u_2 = \sqrt{Var(x_{St,2})} \quad (1)$$

Die Unsicherheit des Mittelwertes zwischen den beiden Messstationen ist:

$$u_m = \sqrt{Var(X_m)} \quad (2)$$

Der Mittelwert berechnet sich aus: $x_m = \frac{x_{St.1} + x_{St.2}}{2}$ (3)

Somit folgt: $$u_m = \sqrt{Var\left(\frac{x_{St,1} + x_{St,2}}{2}\right)} \quad (4)$$

Da gilt: $Var(a \cdot X) = a^2 \cdot Var(X)$ [Bosch 1992, S.308] (5)

Folgt: $$u_m = \sqrt{\frac{1}{4} Var(x_{St,1} + x_{St,2})} = \frac{1}{2}\sqrt{Var(x_{St,1} + x_{St,2})} \quad (6)$$

Da gilt: $Var(X + Y) = Var(X) + Var(Y) + 2 \cdot Cov(X, Y)$ (8)

Folgt: $$u_m = \frac{1}{2}\sqrt{Var(x_{St,1}) + Var(x_{St,2}) + 2 \cdot Cov(x_{St,1}.x_{St,2})} \quad (9)$$

Wenn die beiden Messstationen unabhängig sind, wird die Kovarianz Null.

Somit folgt: $$u_m = \frac{1}{2}\sqrt{Var(x_{St,1}) + Var(x_{St,2})} \quad (10)$$

Unter Berücksichtigung von (1) ergibt sich: $u_m = \frac{1}{2}\sqrt{u_1^2 + u_2^2}$ (11)

Wenn die Messunsicherheit der beiden Messstationen gleich ist $(u_1 = u_2)$ gilt:

$$u_m = \frac{1}{2}\sqrt{2 \cdot u_1^2}$$

Die Messunsicherheit (u_m) bei der Mittelwertbildung der Messungen beider Messstationen berechnet sich aus den Messunsicherheiten der einzelnen Messstationen durch: $u_m = \frac{1}{2}\sqrt{u_1^2 + u_2^2} = \frac{1}{2}\sqrt{2 \cdot u_1^2} = \frac{1}{\sqrt{2}}\sqrt{u_1^2} = \frac{1}{\sqrt{2}} \cdot u_1$

Herleitung des Wurzel n* Gesetzes am Beispiel n*=2.

	FMEA für automatische Montage- und Prüfsysteme	Erstellt durch: Stephan Sommer	Überarbeitet durch: Stephan Sommer	Genehmigt durch:
		Datum: 14.04.2005	Datum: 14.04.2005	Datum:
	Merkmal: Rotordurchmesser u. Ölbohrungen	500 < RPZ < 1000 300 < RPZ < 500 0 < RPZ < 300	Teil-Nummer:	Teil-Bezeichnung: Rotor

	Finale Fehler	Ursache	Folge	Istzustend					Verbesserter Zustand					Kosten (in 1000€)	Anzahl Type
				Absicherungs-maßnahme	Auftreten	Gewicht	Entdeckung	RPZ		Auftreten	Gewicht	Entdeckung	RPZ		
Messkette	Messwert liegt knapp außerhalb der Produktionstoleranz	Messunsicherheit an Toleranzgrenzen, Messystem nicht korrekt justiert, Kalibrier fehler	Teil wird in AA/NA sortiert	S-Ab-Al	7	3	3	63							
			Teil wird in eine Nachbar gutgruppe sortiert		7	5	3	105	Wiederholmessung bei Schlechtbewertung						
	Messwert liegt außerhalb der Funktionstoleranz	grober Messfehler durch grobe Störfaktoren (z. B. Verschmutzung, Werkzeugbruch)	Teil wird in AA/NA einsortiert	S-Ab-Al	7	3	5	105	KRK PC-gestützt mit ZK (bei Diff. Messung nicht mgl.) 5; 0,5/MM)						
			Teil wird in eine entfernte Gtugruppe sortiert		7	10	10	700	Bemerkung zur Auswahl 1: Wird in Station 7 mitgeprüft- Maßnahme ist ausreichend	7	10	5	350	0,5	1
Messkette	Messsystem verschleißt oder ist beschädigt	Umwelteinfluss auf Messung, Gebrauchsspuren; verschleiß, Überlast	Messunsicherheit steigt, z.B. Erhöhung der Streueung, Drift, AA/NA-Anteil steigt	S-Ab-Al	7	7	8	392	min, max, mittel Referenzteil mit ZK (7; 1,5/MM) Bemerkung zur Auswahl 2: Maßnahme ist ausreichend	7	7	7	343	1,5	1
Messkette	Messwertaufnehmer fällt aus, kein Messsignal	Taster fest, Kabel, Taster defekt	alles N.i.O.	S-Ab-Al	7	10	3	210							
			N.i.O. wird gut oder andere Gutgruppe		7	10	5	350	leer Bemerkung zur Auswahl 3: Fehler wird durch S-Ab-Al bemerkt	7	10	0		0	1
Messkette	Sehr hohe Messunsicherheit	Grobe Umwelteinflüsse, elektromagnet. Einflüsse, falscher Taster	Gut wird N.i.O.	S-Ab-Al	4	8	4	128							
			N.i.O. wird gut		6	10	8	480	leer Bemerkung zur Auswahl 4: Fehler wird durch S-Ab-Al bemerkt	6	10	0		0,0	1

Station	Antriebseinheit beschädigt;	Stromversorgung unterbrochen, Druckluftabfall	Endlage wird nicht erreicht, unvollständige Montage	S-Ab-AI	8	8	2	128							
	Antrieb wird nicht abgeschaltet		Antrieb fährt über Endlage hinaus		8	8	5	320	leer	8	8	0		0,0	1
Station	Werkzeugbruch	Werkzeugwechselperiode zu lang	Gut wird N.i.O.	S-Ab-AI	5	8	5	200							
			N.i.O. wird gut		8	10	7	580	Bemerkung zur Auswahl 7: Maßnahme ist ausreichend, da Verschleiß nicht zu erwarten ist (gehärteter Lehrdorn)	8	10	4	320	1,0	1
Station	Initiator sendet falsches Signal	Initiaor wird verstellt oder beschädigt, elektromagnetische Störungen	keine Erkennung von Zuständen oder Bauteilen mehr möglich	S-Ab-AI	5	8	8	320	Doppelbelegung Initiatoren prüfen (Wackler, Preller) (4;0,5/BW) Bemerkung zur Auswahl 8:	5	8	4	160	0,5	1
Station	falsche Teile montiert, fehlerhafte Fixierung bzw. Positionierung	keine sichere Handhabung der Teile, unebene Auflägeflächen z.B. durch Verschmutzung	nächster Montageschritt kann nicht / nur fehlerhaft ausgeführt werden	S-Ab-AI	5	10	3	150	Bemerkung : Absicherung durch S-Ab-AI auf Stations ebene (Existenz, Position Werkstück prüfen)	5	10				
Station	AA/NA – Teil wird als Gutteil in Folgeteil verbaut	Fehler wurde vor Weiterbearbei tung nicht erkannt, weil nicht geprüft	Folgeteil fehlerhaft	Fehler wird in Folgeprüfung erkannt	5	5	5	125	Fehler wird in Folgeprüfung erkannt	5	5				
				Fehler wird nicht in Folgeprüfung erkannt	5	10	10	500	leer Bemerkung zur Auswahl 8:	5	10	0		0,0	1
Prozess	Teil durch Prüfsystem richtig bewertet, aber SPS oder Mechanik/Roboter sortiert falsch	Zuordnung Teile-Daten in SPS falsch oder beschädigt bzw. falsch justiert	N.i.O. wird gut	S-Ab-AI	5	10	7	350	Chargengebundene Teilerückverfolgung (7; 1/ML) Bemerkung zur Auswahl 11: Maßnahme ist ausreichend	5	10	7	350	1,0	1
Prozess	AA/NA – Teil landet in Gutteile	Fehler im Ablauf oder Sonstiges	Messunsicherheit steigt, z.B. Erhöhung der Streueung, Drift, AA/NA-Anteil steigt	S-Ab-AI	5	7	10	350	Je N.i.O. Merkmal ein N.i.O. Soeicherplatz (/; 1/MM9 Bemerkung zur Auswahl 12:	5	7	7	245	1,0	0
			alles N.i.O. N.i.O. wird gut oder andere Gutgruppe		5	10	10	500	leer Bemerkung zur Auswahl 13: Nicht zutreffend	5	10	0		0,0	-

Prozess	zu viele N.i.O. Teile	Fehlerhafte Einzelteile oder Montage	Häufung von N.i.O., N.i.O.-Speicher läuft über	S-Ab-Al	7	8	8	448	Ausreichend große N.i.O.-Speicher vorsehen (5;0,5/MM) Bemerkung zur Auswahl 14:	7	8	5	280	0,5	1
Prozess	unbekannter N.i.O.-Grund	N.i.O. Ursache nicht zuordenbar	Fehlerursachen schwierig zu finden	S-Ab-Al	6	7	8	336	leer Bemerkung zur Auswahl 15: Fehler wird im N.i.O. Speicher abgesichert	6	7	0		0,0	1
man. Eingriff	Falsche Komponenten Steuer- oder Messprogramm gerüstet	menschliches Versagen, ungenügende Arbeitsanwei sung, komplexer Rüstvorgang	Produktion läuft mit falschem Programm	S-Ab-Al	5	10	8	400	automatische Programmumstellung bei Typenwechsel (3; 1M/L) Bemerkung zur Auswahl 18:	5	10	3	150	1,0	1
man. Eingriff	Bauteile fallen herunter oder werden entnommen	manueller Eingriff, Fehler im automatischen Ablauf	ungeprüfte oder halbferti ge Teile verseuchen Gutteile	S-Ab-Al	7	10	9	530	Verbausicherung Referenzteile (4; 0,5/RT) Bemerkung zur Auswahl 19: Zusätzlich zum Leertakten nach manuellem Eingriff	7	10	4	280	0,5	1
man. Eingriff	Referenzteile verbleiben im Arbeitsbereich	Unachtsamkeit, Überlastung	Referenzteile werden verbaut	S-Ab-Al	7	10	7	490	leer Bemerkung zur Auswahl 120: Fehler wird durch die Verbausicherung vermieden (siehe oben)	7	10	0		0,0	1

Anhang D:

Checkliste der elektrisch und mechanischen Ausführung

1. Steuerungstechnik

1.1 Einsatz eines Bussystems, wenn erforderlich. (ASI oder Profibus)
- flexibel erweiterungsfähig
- umfangreiche Diagnosevorgänge sind möglich

1.2 Steckverbindungen für Sensoren und Aktoren
- einfache Reparatur
- kurze Stillstandszeiten

1.3 Elektronisches Bedienfeld / Touch Panel
- einheitliche Bedienung
- flexibel änderbar, wiederverwendbar
- landesspez. Sprachumschaltung der Bedienoberfläche und An zeigen

1.4 Speicherprogrammierbare Steuerung (z.B. SIMATIC S7)
- einheitliche Programmstruktur
- Fehlerdiagnose
- Fernwartung optional möglich

1.5 Betreuung
- separate Anlaufbetreuung optional möglich
- Softwareupdates während der gesamten Laufzeit der Maschine möglich

1.6 Fernwartung weltweit
- Anlagenoptimierung
- schnelle Störungsbehebung

1.7 Anlagenvisualisierung über Internet
- zentrale Teilerückverfolgung möglich
- Nutzung darstellbar
- Stückzahlen ermittelbar
- Analysen durchführbar (z.B. Laufzeiten)

1.8 Typenverwaltung für die Anlage (am Aufstellungsort möglich)

1.9 Elektronisches Schichtbuch (am Aufstellungsort möglich)

1.10 Schnittstelle zu MES (Manufacturing Execution System) in Planung

2. Mechanik

2.1 Schnellwechselsysteme für Werkzeuge und Verschleißteile
- Verkürzung der Rüstzeit
- Erhöhung der Nutzung
- Reduktion der Reparatur und Serviceeinsätze

2.2 Standardisierte Grundmaschinen
- wiederverwendbar
- bewährte Technik
- einheitliche Optik

2.3 Einheitliche Grundabstimmung bei baugleichen Maschinen
- austauschbare Werkzeugsätze und Einzelteile

2.4 Einheitliche Komponenten der Handhabungstechnik z.B. bei Förderbändern, Zuführungen, hochwertigen Wendelschwingförderern
- schnelle Servicereaktion
- einfachere Lagerhaltung für Ersatzteile

2.5 Einheitliche Farbgestaltung der Anlage
- Al-Teile im Griffbereich: eloxiert
- Al-Teile allgemein: natur
- Stahl-Schweißkonstruktionen und Blechoberflächen: Farbe nach RAL (Im Bereich, wo Gefahr besteht, dass Lackteilchen in das Produkt fallen können, werden die Teile anstelle der Lackierung brüniert, vernickelt oder aus Edelstahl bzw. Aluminium hergestellt.

2.6 Einhaltung der firmenspezifischen Konstruktionsrichtlinien

2.7 Zweckmäßiger Aufbau, übersichtliche und bedienungsgerechte Anordnung;

3. Messtechnik

- standardmäßig eingesetzte bewährte Industrie-PC (Mess-PC)

4. Technische Dokumentation

Mit der Maschinenauslieferung werden folgende Dokumentationen beigestellt:

4.1 2 Exemplare der Betriebsanleitung entsprechend EG-Maschinenrichtlinie in der Sprache des Verwenderlandes (gilt nicht für im Anhang aufgeführte Konstruktionsdokumentation des Herstellers).

4.2 1 Exemplar der Betriebsanleitung (nur Textteil) in der Sprache des Herstellers (Originalsprache), wenn die Sprache des Herstellers von der Sprache des Verwenderlandes abweicht.

4.3 EG-Konformitätserklärung in der Sprache des Verwenderlandes.

4.4 Für Wartung und Instandhaltung werden im Anhang der Betriebsanleitung folgende Teil der Konstruktionsdokumentation beigestellt:
- Montagezeichnungen
- Werkzeugmontagezeichnungen
- Werkzeugstückliste
- Werkzeugpläne
- Liste der Ersatz- und Verschleißteile
- Pneumatik/Hydraulikpläne
- Elektrounterlagen

Weitere folgende technische Dokumentationen werden in einem Exemplar ausgeliefert:
- Software auf Diskette
- Bei allen Stationen wird eine Prinzip-Skizze an der Schutzverkleidung angebracht, worauf der Arbeitsinhalt der Station dargestellt wird.
- Dokumentationen der Kaufteile
- Hersteller-Protokolle / Zertifikate

4.5 Die Konstruktionsdaten werden in folgender Form bereitgestellt:
- Konstruktionszeichnungen mit dem CAD Programm erstellt
- Konstruktionsstücklisten für Maschinen, Baugruppen und Werkzeuge

4.6 Alle Werkzeuge und Verschleißteile werden vollständig, dauerhaft und gut lesbar mit der Zeichnungsnummer gekennzeichnet.

Anhang E:

Checkliste für die Erstellung eines Lastenheftes
zur Anfrage bzw. Beschaffung eines Montage- und Prüfsystems

1. Allgemeine Angaben

1.1 Name des Projektes
1.2 Projektnummer
1.3 Land/Werk/Produktlinie
1.4 Gewünschter Angebotstermin
1.5 Aussteller mit Unterschrift; ggfs. Unterschrift „Leiter Produktlinie"
1.6 Projektleiter (Anwendungstechnik und/oder Produktion)
1.7 Ansprechpartner aus den Bereichen
- Arbeitsvorbereitung
- Fertigung
- Qualitätssicherung
- Zentrale Technologie

1.8 Ausgangsdatum des Lastenheftes
1.9 Version (Änderungsindex) des Lastenheftes

2. Aufgabenstellung, Informationen aus der bisherigen Planung

2.1 Ihre Qualitätsvorausplanung
2.1.1 bisherige Analysen bezüglich Montierbarkeit bzw. Prüfbarkeit
2.1.2 Fertigungsablaufplan bzw. detaillierte Planung der Prozessschritte / Arbeitsfolge
2.1.3 Maßnahmen aus Prozess-FMEA
2.1.4 Meßsystemanalyse
2.1.5 Besondere Merkmale
- kritische Merkmale (KM), bei Lenkungs- und Bremsenteilen (DV)
- Hauptmerkmale (HM) mit 100% Prüfung
- signifikante Merkmale (SPC)

2.2 Verpackungsspezifikationen

2.3 Zusammenfassung bisheriger Erfahrungen (incl. Mustermontage)

2.4 Auszug aus dem Projektplan (bei Top-Projekten)
(Meilensteine, die für die Anlagenbeschaffung relevant sind. z.B. Termin für Serien bzw. Produktionsstart

3. Produktdaten

3.1 Komplettes Typenspektrum mit Material- und Zeichnungsnummern
3.2 Aktuelle Produktionszeichnungen des Typenspektrums

3.3 Voraussichtliche Erweiterung des Typenspektrums
Welche Reserven für spätere Bauteilmaßänderungen sind zu berücksichtigen?
(Bitte nur realistische Bereiche angeben, da diese Anforderungen erhebliche Auswirkungen auf die Kosten haben können!)

3.4 Musterteile
- Vorserie verfügbar ab ....
- Serie verfügbar ab ....

Für die benötigten Mustermengen gelten folgende Richtwerte:
- für Auslegung der Zuführungen [ca. 200 Stück]
- für Produktionstest incl. Maschinenvorabnahme (ca. 2 x 4 Stunden Produktion)

4. Produktionsdaten

4.1 Jahresbedarf
4.2 geplante Losgrößen
4.3 geplante Umrüstintervalle
4.4 gewünschte Umrüstzeit (bezogen auf die Rüstgruppe)
4.5 geplante Schichtanzahl

5. Maschinendaten und technologische Angaben

5.1 Notwendige Funktionen
Vorschläge zu Bearbeitungs-, Montage- und Prüfabläufen

5.2 Maschinenbeschreibung bzw. Prinzipskizze, falls bereits vorhanden

5.3 Gewünschte Leistungsdaten
Die Leistungsdaten sind erheblich vom Maschinenkonzept abhängig. Deswegen werden die endgültigen Daten während der Projektierung erarbeitet und zwischen Kunden und Sondermaschinenbau abgestimmt.

5.4 Anforderungen an Mengen- Typen- und Nachfolgeflexibilität
(Bitte nur realistische Anforderungen stellen, da sich das Anforderungsmaß stark auf die Kosten auswirken kann!)

6. Prozess- und Werkzeugüberwachung

6.1 Pre-Prozess-Überwachung
Merkmale vor dem Prozess prüfen, die mit den Prozessergebnissen in Zusammenhang stehen.

6.2 In-Prozess-Überwachung Merkmale im Prozess prüfen, die mit den Prozess ergebnissen in Zusammenhang stehen.
z.B. Kraft-Weg-Überwachung beim Einpressvorgang.

6.3 Post-Prozess-Überwachung
Merkmale prüfen, die als Prozessergebnisse vorliegen.
z.B. Niettiefe messen nach dem Taumelnieten.

6.4 Werkzeugüberwachung
Das Werkzeug z.B. auf Bruch und Maßhaltigkeit überwachen.

7. Messtechnik

7.1 Messtechnik allgemein
Grundsätzlich gilt: Alle Messvorrichtungen, bzw. Messfunktionen müssen komplett, incl. Messwerterfassung und Messwertauswertung kalibrierbar sein.

7.1.1 Messtechnik bei Einzelstationen

- Prüfmerkmale und Auswertekriterien (z.B. Maß, Form, Lage, Oberfläche u.s.w.) definieren
- Angabe, ob statische oder dynamische Prüfungen gewünscht werden
- Grenzwerte nach Zeichnungsvorgaben oder Grenzwertmustern ermitteln
- Grenzwertteile für optische Prüfung definieren
- Messmittelfähigkeit für folgende Merkmale .... mit folgenden Indizes ....benennen
- Beschreibung des gewünschten Kalibriervorgangs
- Notwendige Kalibrierstücke, evtl. mit Kurzbeschreibung
- Einstellteile für die einfacheren „Abfrage“-Funktionen
- aut. Bewertung der Messergebnisse mittels statistischer Methoden (z.B. QS-Stat)

7.1.2 Gewünschte redundante Messungen

7.1.3 Sortieren von Teilen

- zulässige Gruppenüberdeckung zwischen den Nachbargruppen

7.1.4 Messtechnik im Bereich der Fördertechnik (z.B. optische Prüfung)

- Bandgeschwindigkeit, „Minutenstückzahl“ etc.

8. Schnittstellen, Infrastruktur

8.1 Materialfluss

8.1.1 Teilebereitstellung

- geordnet, palettiert
- KLT (Kleinladungsträger)
- Großkasten, Gitterbox
- Schachtel
- Kanne

8.1.2 Teileabtransport (Beispiele siehe bei „Teilebereitstellung“)

- Kennzeichnung der Fertigteile, Teilerückverfolgbarkeit
- Konservierungsart der Fertigteile
- Verpackung der Fertigteile

8.1.3 Teilebeschaffenheit der einzelnen Bauteile
(gehärtet, geölt, geseift, trocken, scharfkantig, schlagstellenempfindlich (max. zulässige Fallhöhe: ....)

8.1.4 Automatische Zu- und Abführungen (bei Integration in einer Verkettung)
- Art der Ladeeinrichtung
- Art der Zuführung
- Art der Abführung
- Werkstück-Einlaufhöhe
- Werkstück-Auslaufhöhe
- Lageorientierung der Teile beim Einlauf
- Lageorientierung der Teile beim Auslauf
- Qualitätsanforderungen an das Teilehandling

8.1.5 Vor- und nachgeschaltete Puffer

8.1.6 Notwendige zusätzliche Ein- oder Ausschleusung mit Positionsangabe

8.1.7 Restmaterialentsorgung- und Abfallentsorgung

8.2 Sonderwünsche für Energiefluss

8.3 Sonderwünsche für Hilfsmaterialfluss

8.4 Sonderwünsche für Informationsfluss
- Kommunikation zwischen Maschine und Bediener
- Zentraler Computer zur Maschinenüberwachung
- gewünschte Kommunikationsschnittstellen mit anderen Anlagen und/oder Zentralrechner

8.5 Stellplatz
- Hallenlayout
- verfügbarer Stellplatz .... [m] x .... [m]
- verfügbare Raumhöhe .... [m]
- zulässige Deckenbelastung .... [kN/m^2]
- max. Türquerschnitt beim Transport .... [m] x .... [m]
- Umgebungstemperatur am Arbeitsplatz [C°] min: .... max: ....
- Luftfeuchtigkeit am Arbeitsplatz .... [%]
- Umgebungsbeleuchtung (besonders wichtig bei optischen Prüfungen)

9. <u>Abnahmebedingungen</u>

9.1 Entwurfsgenehmigung
- Prüfung nach ergonomischen Gesichtspunkten
- Zugänglichkeit für Maschinenbedienung ,-pflege und –wartung
- sonstige technische Eigenschaften

9.2 Vorabnahme beim Hersteller
(Die Vorabnahme dient zur Freigabe für Lieferung und gilt als Start für die Verjährung von Mängelansprüchen)

Bedingungen:
- Maschinenfunktionen
- Leistungsdaten (Taktzeit)
- Maschinenfähigkeitsuntersuchung bei den folgenden Prozessen: ....
- verlangter Fähigkeitsindex ....
- Messmittelfähigkeitsuntersuchung bei den folgenden Messungen: ....
- verlangter Fähigkeitsindex ....
- Prüfprozesseignung
- technische Verfügbarkeit (maschinenbedingt) .... %
- Elektrotechnik nach Firmenrichtlinie oder Norm
- QS-technische Anforderungen

9.3 Endabnahme bei ungestörtem Maschinenbetrieb

9.4 Prüfung nach sonstigen Vorschriften (Bitte mit Angabe im Lastenheft!)

10. Technische Dokumentation / Schulung / Inbetriebnahme / Service

10.1.1 Sprache der Technischen Dokumentation, Schulung, Inbetriebnahme und Service

10.2 technische Unterlagen
technische Dokumentation eingepflegt in Dokumentenverwaltungssystem
- CE Konformitätserklärung
- Bedienungsanleitung
- Zusammenbauzeichnungen sowohl von der Gesamtanlage, als auch von den Einzelstationen
- Stücklisten und Verschleißteil-Stücklisten
- Einzelteilzeichnungen von den Verschleißteilen und Werkzeugen
- Wartungsplan
- Pneumatikpläne
- Elektropläne
- Software auf Diskette/CD
- An jeder Station wird eine Prinzipskizze die den Arbeitsinhalt der Station darstellt an der Schutzverkleidung angebracht.

10.3 Einweisung der Bediener
Wie viele Mitarbeiter müssen vor der Vorabnahme vom Lieferanten in die Bedienung und Wartung eingewiesen werden?
- Elektriker/Elektroniker
- Mechaniker
- Bedienpersonal
- Programmierer

11. Einzuhaltende Sonderbestimmungen

12. Zusatzbestellungen

- Werkzeuge
- Einstellteile
- Kalibrierteile
- Verschleißteile

13. Anlagen

- Zeichnungen
- Prinzipskizzen
- Angebote von im Vorfeld getesteten und angefragten Komponenten
- Hallenlayout mit Angabe des vorgesehenen Aufstellplatzes
- Layoutskizze von den bestehenden Anlagen, die berücksichtigt werden sollen
- Bedienseite
- Maschinentüren und deren Öffnungsrichtungen
- Schaltschranktüren und deren Öffnungsrichtungen

14. Anerkennung des Lastenheftes

Die Vertreter der beteiligten Organisationseinheiten bestätigen die Gültigkeit des Lastenheftes mit ihrer Unterzeichnung. Als Pflichtenheft gilt dann - auch als Ergänzung, Präzisierung bzw. Aktualisierung des Lastenheftes - das erstellte Angebot des Auftragnehmers. Sollten Anforderungen des Lastenheftes nicht umgesetzt werden können, ist dieses im Angebot konkret zu benennen.

Datum Unterschrift

Anhang F:

<table>
<tr><td colspan="6">Checkliste zur Abnahme von Prüf- und Messsystemen</td><td></td></tr>
<tr><td>Messgerät:</td><td colspan="4"></td><td>Messobjekt:</td><td></td></tr>
<tr><td>Inventarnr.:</td><td colspan="4"></td><td>Software</td><td></td></tr>
<tr><td>Kunde:</td><td colspan="4"></td><td>Software Version</td><td></td></tr>
<tr><td>Zeichnungsnr.:</td><td colspan="4"></td><td>Auftragsnr.:</td><td></td></tr>
<tr><td rowspan="2">Meisterteil; Kalibrierteil:</td><td>Teilnr.1:</td><td></td><td>Teilnr.3:</td><td></td><td rowspan="2">Absicherungsstufe nach firmenspezifischer Norm</td><td rowspan="2"></td></tr>
<tr><td>Teilnr.2:</td><td></td><td>Teilnr.4:</td><td></td></tr>
</table>

Checkpunkte für eine Prüfmittelabnahme	O.K.	Bemerkung
1. Offensichtliche Fehler der Mechanik, Steuerung u. Auswerteeinheit		
2. Überprüfung der Mechanik bzgl. Stabilität, Handling, Verstellbarkeit Verschleiß- und Verschmutzungsanfälligkeit		
3. Auflösung des Messsystems und Plausibilität der Anzeige		
4. Überprüfung des Messsystems bezüglich Stabilität, Drift		
5. Einstellung der Toleranzwerte mit Sicherheitskopie		
6. Wiederholbarkeit des Messsystems und Bedienereinfluss		
7. Gewährleistung des Messbereiches		
8. Messprinzip und Beschriftung (Equip.; PM-Nr.; Zeichnungsnr.;AA;NA)		
9. Schulung der Anwender und Bedienungsanleitung		
10. Sicherer Ausschuss- bzw Nacharbeitskasten		
11. Überwachung der Messkette auf Kabelbruch		
12. Ausschussweiche ist grundsätzlich geschlossen		
13. Ausschussklappenbruch absichern		

14. Keine Kalibrierung außerhalb der Messbereiches möglich		
15. Kalibrier- und Einrichtteile laufen automatisch a.d. Einrichtspur		
16. Halt nach mehrmals (i.d.R. 3x) AA - NA in Folge		
17. Änderungen der Rahmenbedingungen müssen zu AA - NA führen		
18. Jedes Teil gilt solange als AA bzw. NA, bis die Schrittkette vollständig und richtig abgearbeitet wurde		
19. Restteilbestände in der Maschine auf NA ausschleusen		
20. Eindeutiges Teilehandling (AA/NA) bei Notaus oder Halt in AL / Leerlauf und beim Wiederanlauf		
21. Sicherheit bei schwebender AA-Sortierung		
22. AL und EL werden grundsätzlich über Initiatoren überwacht		
23. AA-Klappe so nah wie möglich an der Messstation		
24. Mehrpunktkalibrierung bei Messsystemen, deren Kennlinie zu Messbereich definiert werden muss (z.B. pneumatische Messtechnik)		
25. AA- bzw. NA Klassifizierung. Für jedes AA / NA Merkmal eine Spur		
Bemerkung bzw. besonders zu beachten:		Datum / Unterschrift:

Kommentare	O.K.	Bemerkung
zu 1.)		
Stimmt der Stückzähler der SPS mit dem Messrechner sowie mit Realität überein?		
Werden Teile, die nicht zugeordnet werden können, ausgeschleust? (offene Schutzhaube, Störung, Notaus)		
Funktioniert das Kalibriervorwarnsignal zusammen mit der SPS?		
Funktionieren die Werkzeugkontrollzyklen? (bleibt Maschine stehen, wenn Referenzteil nicht erkannt wird?)		
Korrekte Funktion "Halt nach Leerlauf"		
Korrekte Funktion "Halt in Ausgangslage"		
Was geschieht bei "Notaus"?		
"Automatik EIN" auch ohne Teil im Einlauf möglich?		
"Gefährliche Bewegungen" bei geöffneter Schutzhaube mit Zustimmtaste?		

Düsenmessdorn nicht mit Quickstar verschraubt?		
Zuordnung der Startsignale, Weichen usw?		
Signalwechselüberwachung bei Ausschusskontrolle?		
Kalibriervorgang muss in einem angemessenen Zeitraum durchgeführt werden können (Einfaches Teile einlegen usw.)		
zu 2.)		
Abnahme bei geforderter Taktzeit?		
Fährt der Automat aus beliebiger Position ohne Crash in Ausgangslage?		
Sind alle Anschläge sicher geklemmt?		
Sauberer Durchlauf der Teile? (richtige Lage, kein Umfallen, Klemmen usw)		
Werden Teile beim Durchlauf beschädigt?		
Können Kabel von Messtastern abscheren, abreissen, abknicken?		
zu 3.)		
Liegt der Messtaster an richtiger Position bzw. Messebene an?		
Stimmt der Messbereich zum Messaufnehmer? - Taster, Analogeingang		
Stimmt die Polarität? Maß im Plus -> Angezeigtes Maß im Plus		
Stimmt die Verstärkung des Messsystems? Überprüfung mit Verstärkungsteilen		
Ist die Zuordnung und Verrechnungen der Messeingänge korrekt?		
Werden die Merkmale richtig bewertet?		
Messung nicht währen einer Bewegung?		
Ist das Prüfprinzip für den Anwendungsfall logisch, oder gibt es hierfür schon Anweisungen?		
zu 4.)		
Ist die Messkraft nicht zu groß oder zu niedrig?		
Liegt der Messtaster bei "Messung Start" schon am Prüfteil an?		
zu 5.)		
Sind alle Einstellungen richtig dokumentiert?		
Korrekte Einstellungen im Menü "Merkmale"?		
zu 6.)		
Sind die Messmittelfähigkeit-Test durchgeführt worden? cg:: 1 Teil WT/ Werkstückträger; 25 Messungen cgk: 1 Teil; 1 WT; 25 Messungen R+R: 5 Serienteile; 2 Bediener Attributivtest:		

Schalttellereinfluss / Einfluss Werkstückträger vorhanden? cg: 1 Teil; 25 WT/ 25 Werkstückträger; 25 Messungen - Schaltteller-aufnahmen gewechselt		
zu 7.)		
Reicht der Messbereich über Toleranzgrenzen hinaus?		
zu 8.)		
Texte in richtiger Sprache?		
zu 10.)		
Funktioniert die Ausschussgegenkontrolle?		
Ausschussgegenkontrolle bzw. Quitierung; Farbe Rot (Ausnahme bei Kundenwunsch ist gelber Kasten auch i.O., Unmanipulierbarkeit der Ausschussbänder bzw. Gutbänder (Abgedeckt und Abgeschlossen)		
zu 12.)		
Im Rüstvorgang / Einrichten. Ausschussklappen müssen schnell genug schalten (Anpassen an Taktzeit)		
AA / NA Abtransport jederzeit gewährleistet (z.B. Bänder laufen im Einrichten eine bestimmte Zeit nach)		
zu 13.)		
Ausreichend als Ausschussklappenbruchabsicherung: GS/AS Überwacht; Lichtschranke gefallen fehlt - Maschine Stop und Meldung Gutband abräumen		
Bei Fallschacht muss Teller vor dem Fallen stehen bleiben		
zu 17.)		
Verschmutzung führt zu Ausschuss und nicht zu falscher Eingruppierung - wichtig bei Gruppierung, die direkt zum Kunden gehen (z.B. TSTM20): Redundante Prüfung		
Kamera Lichteinfluss für zu AA - nicht zu gut		
Störungen müssen zur Ausschussbewertung führen		
zu 19.)		
Im Einrichtbetrieb (Schutzhaube offen und getaktet) Schieberegister der SPS löschen		
Bei verketteten Systemen kann nach Rücksprache mit der QS eine Sonderfreigabe erteillt werden		
Solange Register i.O. und Teile darin i.O. dann ok. Wenn nicht dann müssen die Teile ausgeschleust werden.		
Kundenabsprache dokumentieren		

zu 20.)		
Korrekte Gut - Ausschusssortierung? (Teileverfolgung)		
AA / NA muss korrekt sortiert werden		
Nur Wiederholmessungen in den Stationen erlauben, in denen vorher Gut oder noch nicht geprüft wurde. (Bei Schrittkettenfehler bzw. n.i.O. keine Wdh. - Messung. Teil als AA ausschleusen (Bsp.)		
zu 21.)		
z.B. wenn AA oder NA - Teile über die Gutspur transportiert werden muss		
zu 22.)		
Initiatoren werden auf Kabelbruch (Zeitüberschreitung), Doppelbelegung (A/E-Lage gleichzeitig) und Wackler (A/E-Lage 2x belegt) überwacht		
zu 25.)		
Ausnahme: sinnvolle Zusammenlegung von mehreren AA / NA Kriterien in einer Spur		

Anhang G:

Betriebsmittel-Abnahme

Verantwortliche koordinierende Fachabteilung (Werk, Abteilung, Name, Telefon)		Endabnahme-Soll-Termin
Betriebsmittel-Benennung		Ausstellungs-Datum
Typ/Baumuster	Zeichungsnummer	☐ Neubau ☐ Umbau ☐ Überholung ☐
Bestelldatum	Lieferdatum	
Inventar-Nr.	Projekt-Nr.	
Betriebsmittel-Nr.	Vorgaben-/ Vorgangs-Nr.	

Zu bearbeitende Werkstücke	Teil-Nr.	Zeichnungs-Nr.	Taktnutzungszeit Soll Ist
Lieferant / Hersteller		Lieferanten-Nr.	

Anwender / Betreiber	Kostenstelle	Gebäude/Etage	Empfehlung zur Zahlungsrückstellung in Euro ________________ ☐ wegen Mängel ____________ ☐ wegen fehlender Unterlagen____________
Dauer der vertraglichen Gewährleistung	Beginn	Ende	

Die Rechte aus §§ 341, 633 und 634 BGB sowie die Einrede des §320 BGB werden hiermit ausdrücklich vorbehalten

	Datum/Unterschrift	Datum/Unterschrift	Datum/Unterschrift	Datum/Unterschrift
An der Abnahme beteiligte Bereiche	☐ Versandabnahme ☐ Abnahme ☐ Änderungsabnahme ☐ **Endabnahme**	☐ Versandabnahme ☐ Abnahme ☐ Änderungsabnahme ☐ **Endabnahme**	☐ Versandabnahme ☐ Abnahme ☐ Änderungsabnahme ☐ **Endabnahme**	☐ Versandabnahme ☐ Abnahme ☐ Änderungsabnahme ☐ **Endabnahme**
Mängel siehe Anlage				
verantwortliche koordinierende Fachabteilung				
Lieferant				

<table>
<tr><td colspan="2">☐ Versandabnahme
☐ Abnahme
☐ Änderungsabnahme
☐ Endabnahme</td><td colspan="2">Zeichnungsnummer
Benennung
Typ / Baumuster</td><td colspan="2">Datum:

Koordinator:</td></tr>
<tr><td>Posi-
tion</td><td colspan="2">Mängel-Bezeichnung</td><td>Kosten-
träger</td><td colspan="2">Erledigung
durch bis</td></tr>
<tr><td></td><td colspan="2"></td><td></td><td></td><td></td></tr>
</table>

Stichwortverzeichnis

A

Absicherungs-Algorithmen 134

absolute Auflösung 11

Aktoren 108

Alternativhypothese 107

Analytische Redundanz 40

Anzahl der Stichprobe 18

Ausfallrate λ 8

Ausschusszelle 125

B

Belegungszeit T_B 32

Bereitschaftszeit T_{Bereit} 32

Berücksicht. der Messunsicherheit 21, 22

Betrachtungszeitraum 32

Bewegungsüberwachung 129

Bezugsnormale 119

C

Cg 78

Cgk 78

Cm Maschinenpotenzial 17, 78

Cmk Kritische Maschinenfähigkeit 17, 78

Cp Langzeit-Prozesspotenzial 17, 78

Cpk 17, 78

D

diversitäre Redundanz 94

Drehzahltest 117

E

Eigensicherheit 93

Einflussgrößen 5

Erw.-Absicherungs-Algorithmus 134

F

Fähigkeit 18

Fähigkeit des Montageprozesses 8

Fähigkeit des Prüfprozesses 8

Fehlererkennung 36, 93

Fehlerfrüherkennung 36

Fehlerpotenzial 88

Frühausfälle 45

G

G.A.E Gesamtanlageneffektivität 76

Gebrauchsnormale 119

Genauigkeit 11

Gesamtanlageneffektivität 73, 79

Gesamtnutzungsgrad 161

Gesamtqualitätsleistung QL 10, 78

H

Handhabung von Schlechtteilen 122

Handlingkomponenten 81

Hardwareredundanz 40

Hypothese Test 106

I

Inspektionszeit 8

Instandhaltbarkeit 8, 70

K

Kalibrierunsicherheit 12

Kalibrierwerttest 114

Kalibrierwertregelkarte 118

L

Laufzeit T_{Lauf} 32

Lebensdauer L 8, 45

Leistungsgrad 73, 79

Leistungsmerkmale 73

Linearität 11

logistische Ausfallzeit 8

M

Manuelle Eingriffs-Ebene 86

mehrmalige Schlechtbewertung 131

Mengenleistung M 8, 73

Messabweichung 23

Messbereichsüberwachung 130

Messebene 82

Messkette 82

Messunsicherheit 21

Messverstärkertest 115

Mittelwert der Stichprobe 18

Montagekomponenten 80

Motortest 116

MRDA 71, 38

MRDL 38

MRDP 36

MTBF 35

MTTR Mean Time To Repair 71

N

Nacharbeitszelle 125

Normale 119

Nullhypothese 106

Nullpunkttest 113

Nutzungsgrad 31

O

Objekteinfluss 14

Organisatorische Ausfallzeit T_O 32, 72

P

Plausibilitätskriterien 118

Poka Yoke Maßnahmen 133

Potenzial 18

Pp vorläufiges Prozesspotenzial 17, 78

Ppk 17, 78

praktische Verfügbarkeit 161

Primärnormale 119

Probelauf 157

Programmumstellung 132

Prozessabweichung 23

Prozessmittelwert 18

Prozess-Standardabweichung 18

Prozessebene 85

Prüfkomponenten 81

Prüfprozesseignung 11

Q

Qualitätsfähigkeit 9
Qualitätsleistung 9
Qualitätsmerkmale 8
Qualitätsregelkarte 108

R

R&R 78
Redundanzkonzepte 40, 94
Referenznormale 120
Referenztest 117
Reibwerttest 116
Reparaturzeit 8
Rüstvorgang 132

S

Schlechtbewertung 131
Schlechtteile m_a 9
Schlechtteilebehälter 124
Schnittstellenabgrenzung 86
Schwellgrenze 125
Sekundärnormale 119
Selbsttest 112
Spannungstest 115
Spätausfallphase 47
Stabilität 11
Stand.-Absicherungs-Algorithmus 134, 149
Stationsebene 83
Strukturmatrix 87
Systemfähigkeit 77

T

Taktzeit 8, 79
Technische Ausfallzeit T_T 32
technische Verfügbarkeit 157
Technische Zuverlässigkeit 35
Teilerückverfolgbarkeit 126
Test der Auswerteeinheit 115
Theoretische Bereitschaftszeit 34
T_O Ausfallzeit 34
Total Productive Maintenance 74
TPM 74
T_T Technische Ausfallzeit 34
t-Test 107
T_W Wartungszeit 32

U

Umgebungseinflüsse 15
Urwertregelkarte 105

V

Verbausicherung 120
Verfügbarkeit 31
Verfügbarkeitsgewinn 141
Verfügbarkeitsverlust 144
Vergleichspräzision 11
Versagensursache 35
Vollzähligkeitskontrolle 121
vorläufige Systemfähigkeit 155

W

Wartungszeit T_W 8, 32
Wegtest 117

Werkzeugidentifikationssysteme 132

Wiederholpräzision 11

Winkeltest 117

Z

Zeitpunktprognose 31

Zeitraumberechnung 31

Zeitüberwachung 129

Zufallsausfälle 47

Zufallsstreubereich 107

Zuverlässigkeit 8

Zuverlässigkeitsschaltbilder 38, 44

Zwischenkastenprinzip 129